CCTV
纸上纪录片

祁连山国家公园

《祁连山国家公园》摄制组 编

甘肃教育出版社

图书在版编目（CIP）数据

祁连山国家公园 /《祁连山国家公园》摄制组编
. -- 兰州：甘肃教育出版社，2022.9
ISBN 978-7-5423-5486-0

Ⅰ.①祁… Ⅱ.①祁… Ⅲ.①祁连山—国家公园—介绍—青海 Ⅳ.①S759.992.44

中国版本图书馆 CIP 数据核字（2022）第163815号

祁连山国家公园
《祁连山国家公园》摄制组　编

项目策划	薛英昭　孙宝岩
项目总监	石　璞
责任编辑	石　璞　李慧娟
装帧设计	石　璞
版式制作	雷们起

出　版	甘肃教育出版社
社　址	兰州市读者大道568号　730030
网　址	www.gseph.cn　E-mail　gseph@duzhe.cn
电　话	0931-8436489（编辑部）　0931-8773056（发行部）
传　真	0931-8435009
淘宝官方旗舰店	http://shop111038270.taobao.com

发　行	甘肃教育出版社　印　刷　山东新华印务有限公司
开　本	787毫米×1092毫米　1/16　印　张　18　字　数　144千
版　次	2022年9月第1版
印　次	2022年9月第1次印刷
书　号	ISBN 978-7-5423-5486-0　定　价　78.00元

图书若有破损、缺页可随时与印厂联系：0531-82079130
本书所有内容经作者同意授权，并许可使用。
未经同意，不得以任何形式复制转载。

谨以此书献给

祁连山生态保护者和热爱野生动物的所有人

引言
001

1 冰川
002

2 向往鹰的飞翔
034

3 湿地
058

4 亚麻图
088

5 再见，小狼
112

6 疏勒站
120

7 肃南
144

8 鸟类，新生命
162

目 录

9
动物的故事
174

10
音画祁连
228

11
关于纪录片
246

12
兽类，何以为家
252

13
野生动物摄影师
264

14
后记
272

—— CONTENTS ——

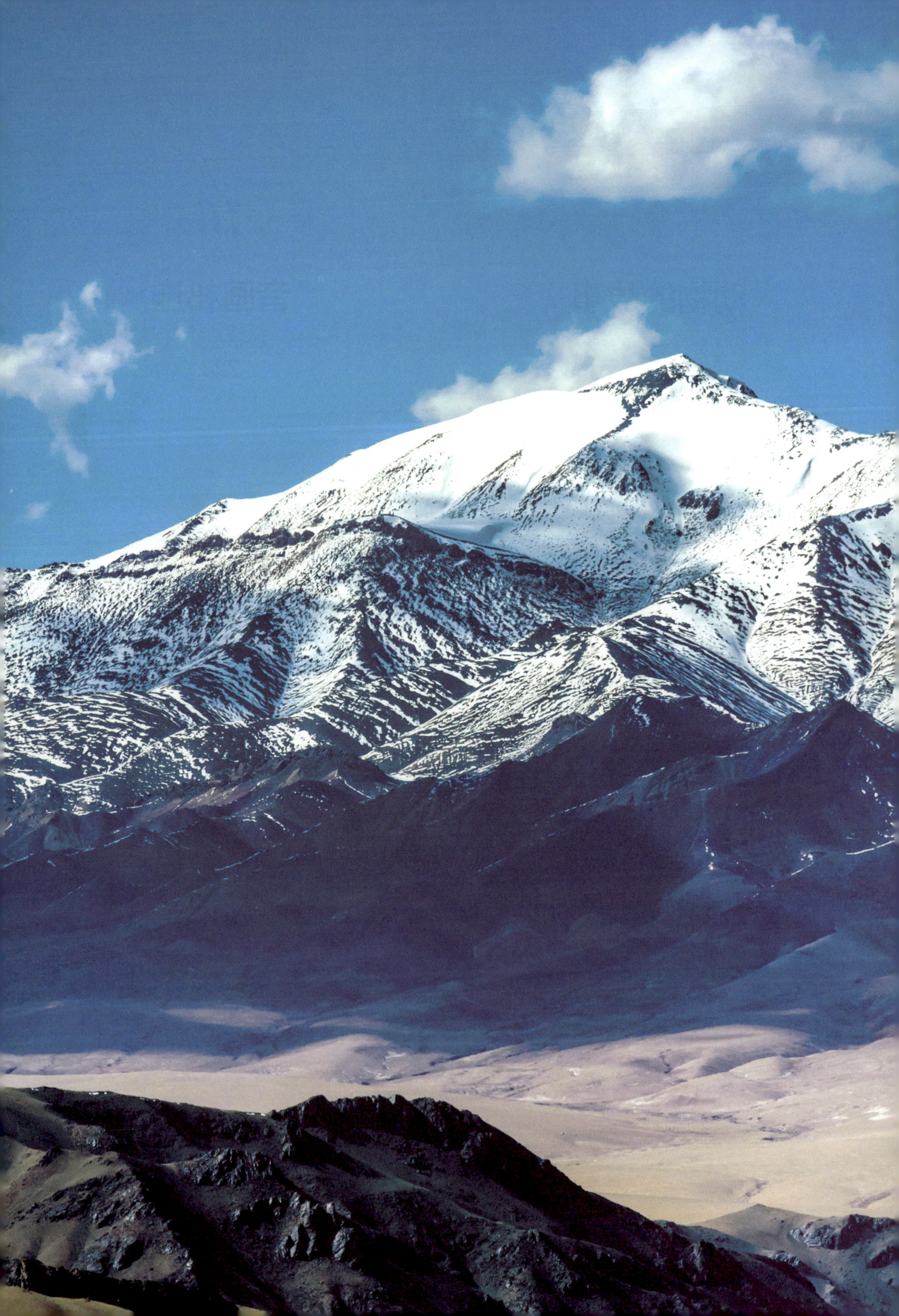

引言

《祁连山国家公园》在成片正式推出之前，一直有各种可能性。

我们要呈现的，虽然带有一定的科普性，但它绝对不是枯燥的科普片；它也带有一定的故事性，但也不是情绪饱满的故事片。它要符合人类对野生动物感触的度，既不能不够，也不能逾越。过度地逾越，过度地介入，显得稚嫩而缺乏说服力。

关于自然类纪录片的定义一直在被制作者涂改中，所幸我们不是总结者，而是实践者，不必为这个事去费脑筋。纪录片作为一门实验性片种，它有无数种被创作的可能，但是标准只有一个，就是让大多数人能愉快欣赏，例如自然类纪录片，让观众感受自然界的雄浑气魄，感受动物的可爱或凶猛。纽带就是寻找到野生动物和人类文化的共同之处。

当这部纪录片能让家人朋友，甚至不认识的人，真心说好的时候，那就是交片的时候。这是一开始剪辑的我最初的想法。

2019年2月，大概是正月初十，我坐在后期机房的桌子前。门外年味正浓，没人来打扰，我找了一个书夹，放了一百多页格子纸，开始看素材。素材涉及2013年10月至今，装满了三个阵列，量超过了100T，素材庞杂，从高清到8K，跨度很大。拍摄的机器，从最初的松下索尼，到后来的RED5K\8K，格式极为杂乱。我后来数了一下，大概有14种不同格式和分辨率的素材，对后期剪辑系统也是一种考验。

后期选择了苹果当时最新的一款6K剪辑机，虽然有时候还是会死机，但是总算是顺利完成了这部片长达两年的剪辑，没有"掉链子"。阵列也选了国际顶级的牌子，有效防止了可能出现的素材盘崩溃。音响在专家的建议下用了德国的还算不错的一款。

早上8点开始，晚上11点左右离机，整整用了40天，看完了所有的素材。实际上，大部分风景镜头都是瞬间拉过，将能用的镜头，标出了序号，并分了等级。比如哪些是特别不错的镜头，会将序列号写在本子上，然后简单地在序列号上画几个圈，圈越重，显示这个镜头的可用性越高，并且在旁边写上这几条拍了什么。

100页不够，最后又增加了47页。将挑出来的镜头输入剪辑工程，一遍一遍地看，大概3个月后，基本明白了这些素材涉及多少种野生动物，大概能组成怎样的细节或者故事。

纪录片的核心是讲故事，没有引人入胜的故事，就会让观众的观赏非常痛苦，纪录片也就失去了影响力和流传的可能性。

这时候，长期鼠标手导致右胳膊筋结块，疼痛难忍，便去医院打了一针封闭针。

没有太多的时间消化素材，匆匆开始粗剪。将每一种动物的素材放在一起，删除重复的部分，多看几遍，便有了一些想法，象征着第一步剪辑的结束。

由于拍摄的情况复杂多变，有些虽然有很好的细节，但是故事没有延伸，没有形成完整的段落，最后只能去掉。有些细节或者故事很好，却因为拍摄不到位，或者太晃动，或者光线太暗，也只能忍心割弃。

取舍是一个痛苦的过程，遗憾不断伴随，有时候眼前一亮，惊喜连连，有时候心生暗淡，痛苦不堪。这是剪辑这部纪录片的第二步。

最后的成片涉及十四五种野生动物，比如雪豹、野牦牛、黑颈鹤、白唇鹿等。这四种野生动物是必须有的，它们是祁连山野生动物的代表性物种。

和它们相关的生物圈也是回避不了的。比如雪豹和岩羊，黑颈鹤和斑头雁，狼和白唇鹿以及野牦牛等。盘羊也是一种比较珍贵的野生动物，这部纪录片中没有提及，最初的粗剪中，盘羊占了相当的比重，有12分钟的量，后来因为布局中，这个物种很难融入规划的系统中，最后彻底删除了。

自然类就是讲自然界的故事，动植物，甚至风雨雷电的故事。动物的故事是其中最好讲的，植物的次之，风雨雷电最难。

目前我们仅仅处于最初的、讲好动物故事阶段，会在接下来的几部纪录片中尝试讲好植物和风雨雷电这些气候的故事。探索和挑战总是让我们倍感兴奋，而重复和日常总是索然无味。

物种的取舍是第三步，这个时候纪录片到了内容的最后阶段。完成了第三步，象征着这部纪录片已经初步成形。

相比之下，祁连山的野生动物是比较难拍摄的，因此，在拍摄过程中发生了许多故事。本书主要讲述我们在祁连山的一些琐碎小事，以及纪录片《祁连山国家公园》的构思成型。

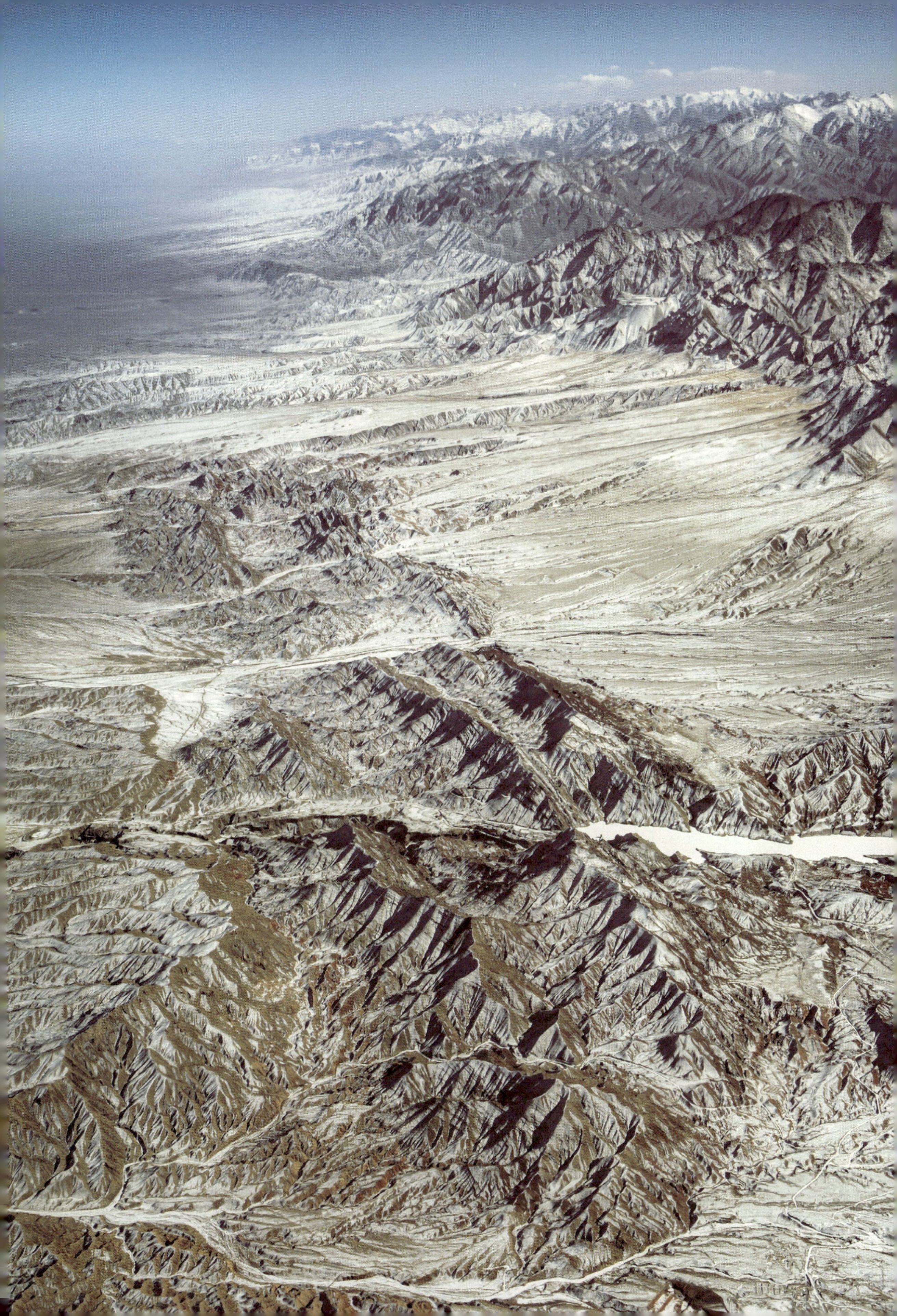

−1−
冰川

2009 年到 2012 年，我在罗布荒原进行野骆驼的生存调查和拍摄。那时候，从兰州到新疆，每次都会路过祁连山。遥望雪山森林草原，除了知道它曾经拥有的辉煌历史，其他的便一无所知。

2012 年 10 月，甘肃绿驼铃环境发展中心举行年会，碰到了兰州大学生命科学学院的张立勋老师，我们俩都是绿驼铃的理事。张老师正好和我坐在一起，他近些年一直在肃北做调查，讲了很多肃北野生动物的事。肃北蒙古族自治县属于祁连山北部，这是我对祁连山野生动物的最初了解。

2013 年我们受美国国家地理学会的委托拍一部关于冰川的短片，因为祁连山冰川是与人类大型活动距离最近的冰川之一，另外，当年在祁连山还有一个矿泉水厂也受到国际关注，去祁连山势在必行。

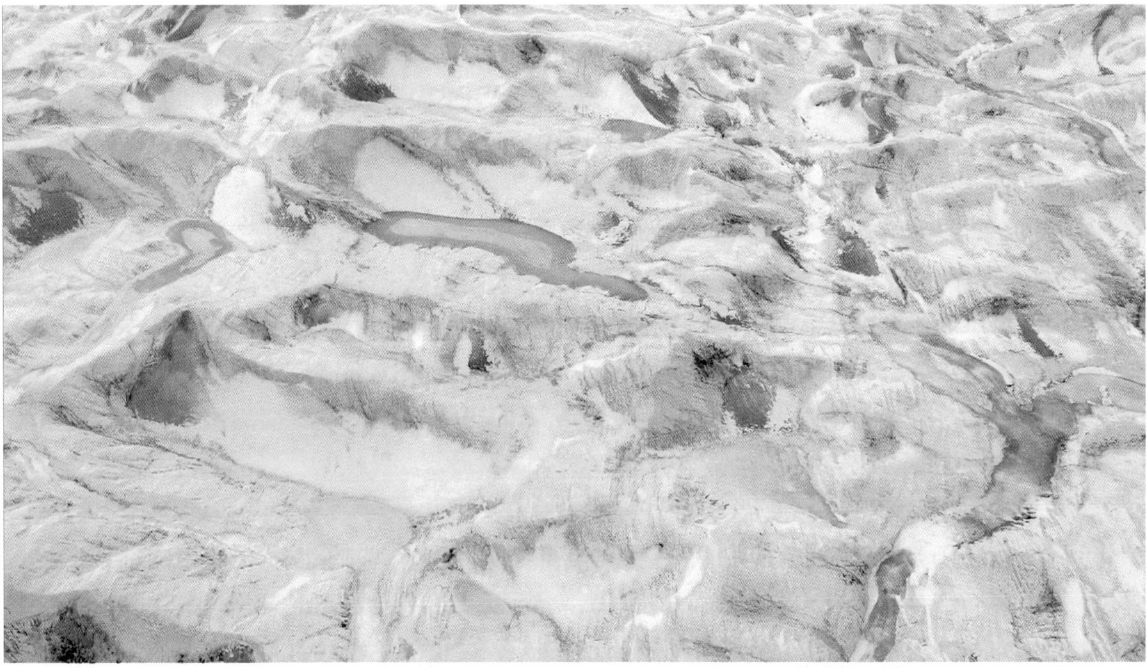

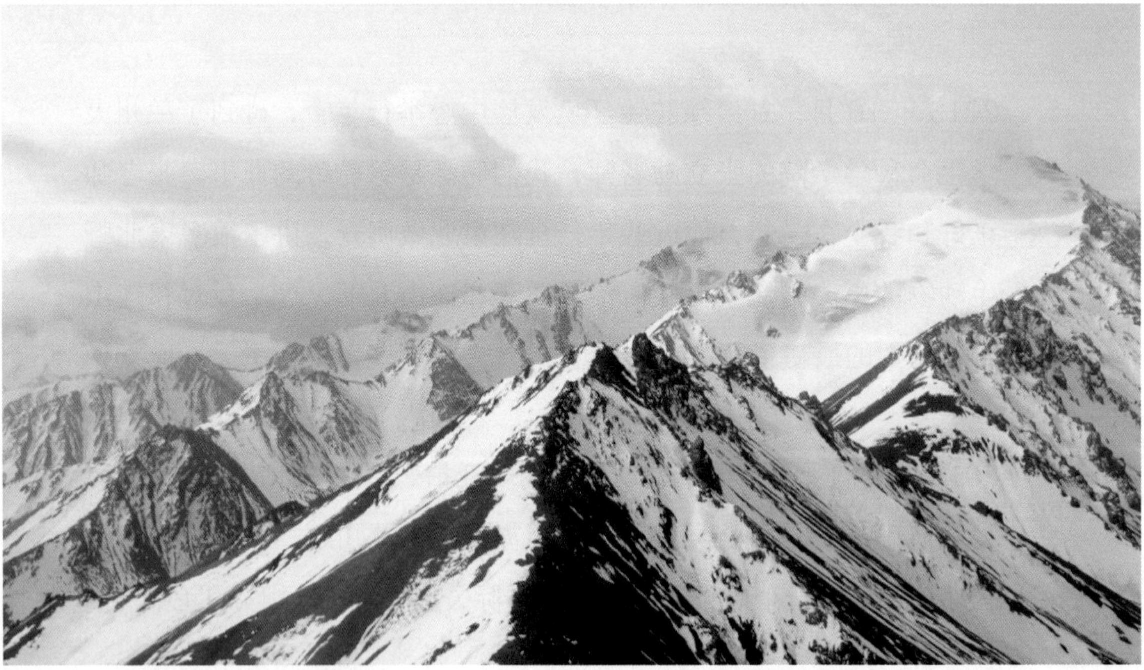

打听了一下，祁连山最大的冰川集中在甘肃盐池湾国家级自然保护区内，进入要办手续。我请张老师跟保护区联系，保护区答应了我们的要求，但是先要去办手续。

从兰州出发，1200公里，走了两天。第一次到肃北，感觉非常陌生，空气清冷，隐隐中有一些对未知的恐慌。保护区管理局就设在刚进县城的拐角处，到达的时候已经过了下班时间，索义拉书记还在等我们。他看了我们四个人，都是年轻小伙，身体没什么问题。问了一下有没有高原的经历，因为我们都有，便安排我们住下，第二天早上办理通行证。

当时只有三四家招待所还开着门。10月的肃北已经是寒冷的冬天，所有的工程都停止了，街上冷冷清清的，极少碰到行人。晚上九点钟，绝大多数饭馆已经关门了。找了一条街，肃北的主街只有一条，在有奔马雕塑的十字路旁边，仅有两家川菜小店开着门。随便钻进去一家。饭菜很油腻，但是顾不上嫌弃，三下五除二吃完。

1 冰川
祁连山冰川深处的表面，大都崎岖不平，厚重而阴冷，隐透着幽蓝的光芒。

2 素珠链
意为一串白色的珍珠，甘肃境内祁连山最高峰，景象雄伟。

当时从县城到石包城的路还是便道，坑坑洼洼，非常难行，140 公里，要走六七个小时。在建议下，我们又从肃北返回敦煌到瓜州，从瓜州到石包城乡。石包城乡只有一个饭馆，两家小卖部。方便面和水装了半车，其他的都是帐篷和睡袋。

没有在石包城站停留，在到达检查站的时候，被几位护林员小伙拦下，检查非常严格。

老虎沟，祁连山冰川最大的聚集区，车能到达 12 号冰川脚下。12 号冰川有一个浪漫的名字，称作透明梦柯。

车里坐着 6 个人，第一次到冰川，在朋友赵中的建议下，还请了一位向导，绰号领航员。

我们几个是第一次到冰川，充满了好奇。领航员对我们这几个小白爱理不理。

1	2
3	
4	

1 2 3 冰川末端
冰川末端是冰川形状变化莫测的区域，每年在以不同的形态呈现。

4 大雪山局部
大雪山为祁连山最大的雪山和冰川聚集区，静谧而伟岸，也是人类最难涉足的区域。

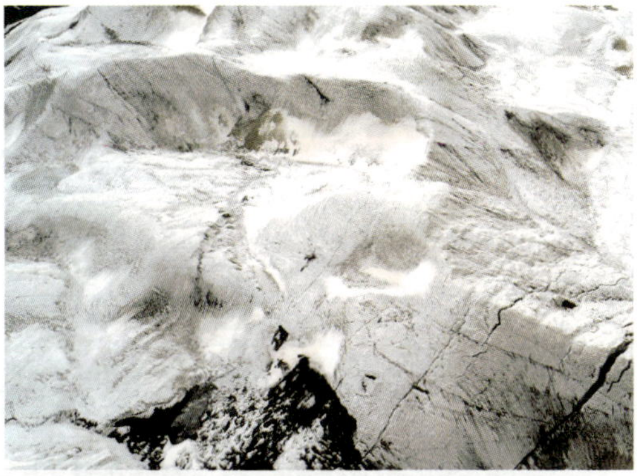
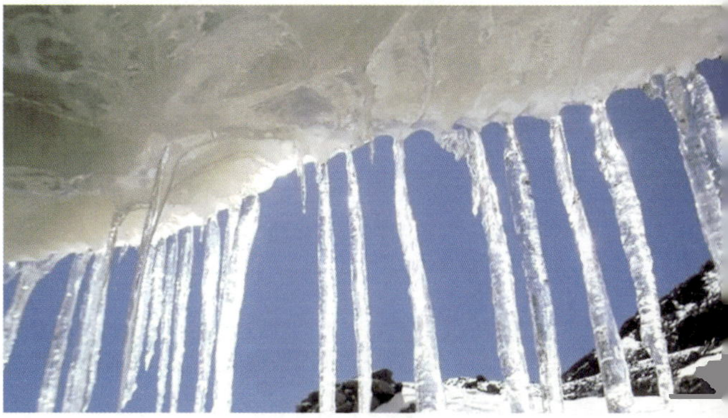
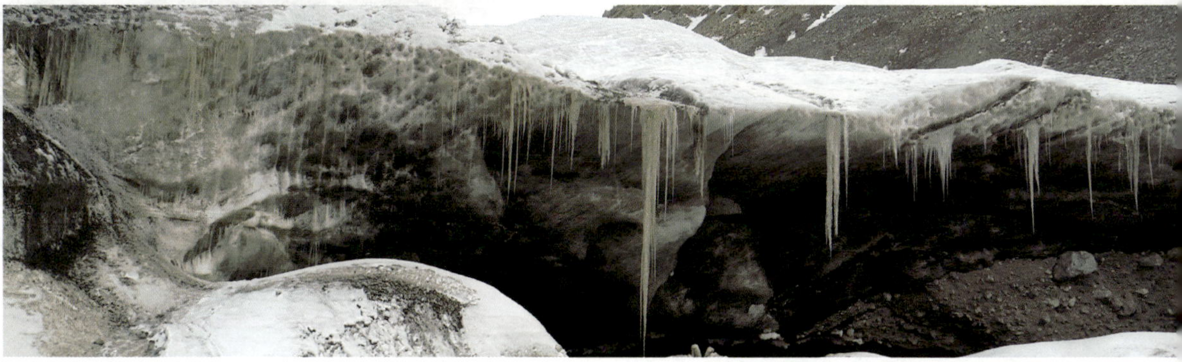
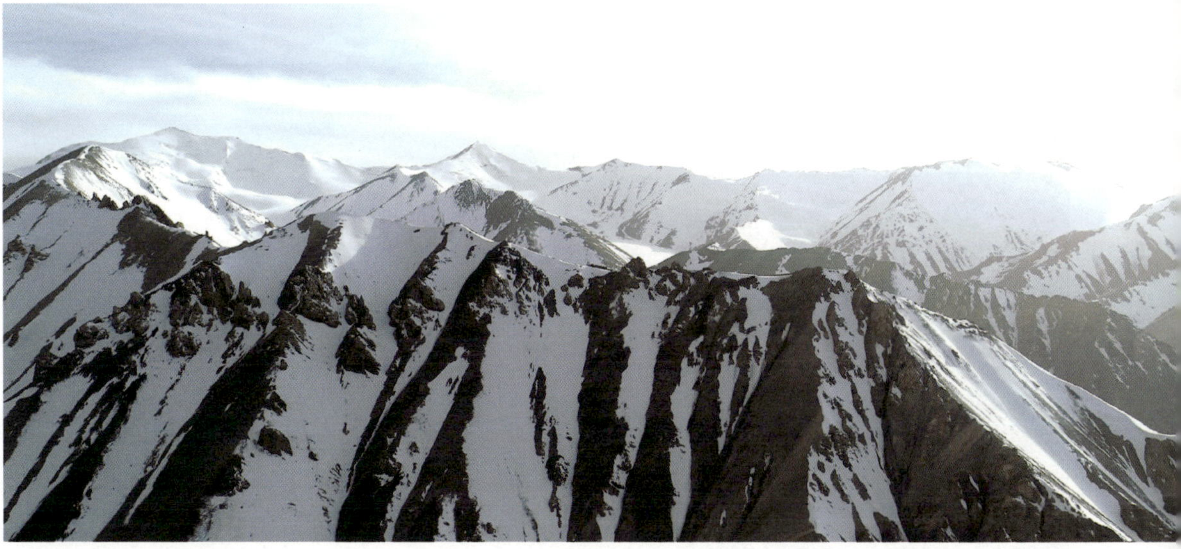

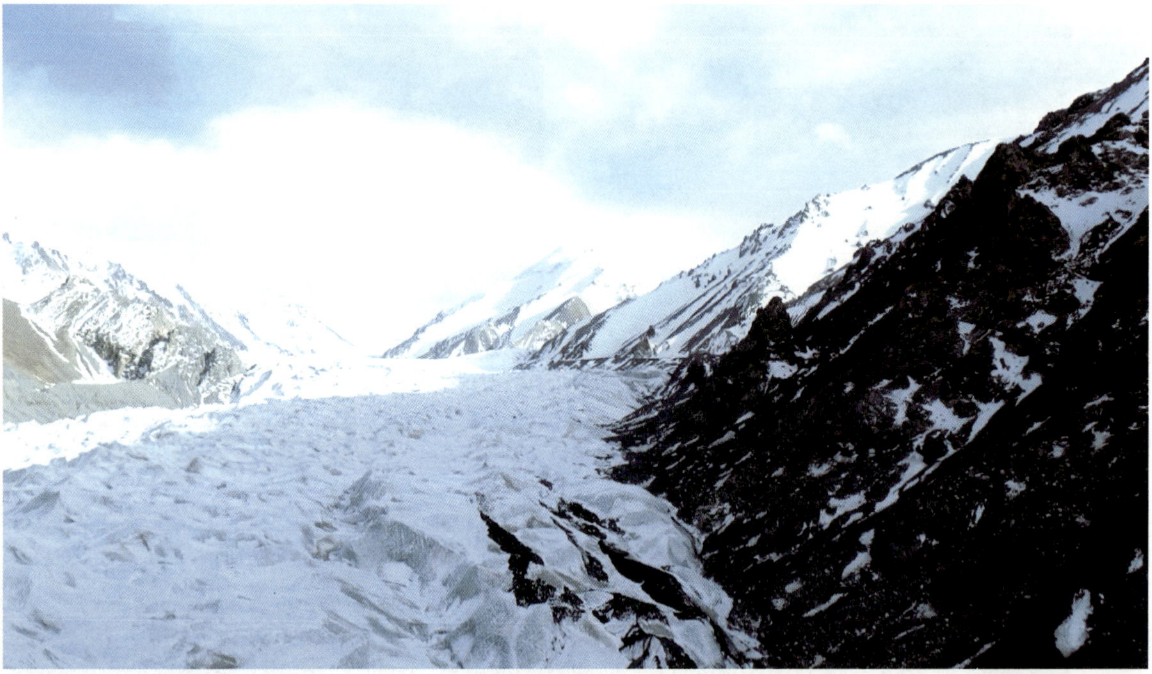

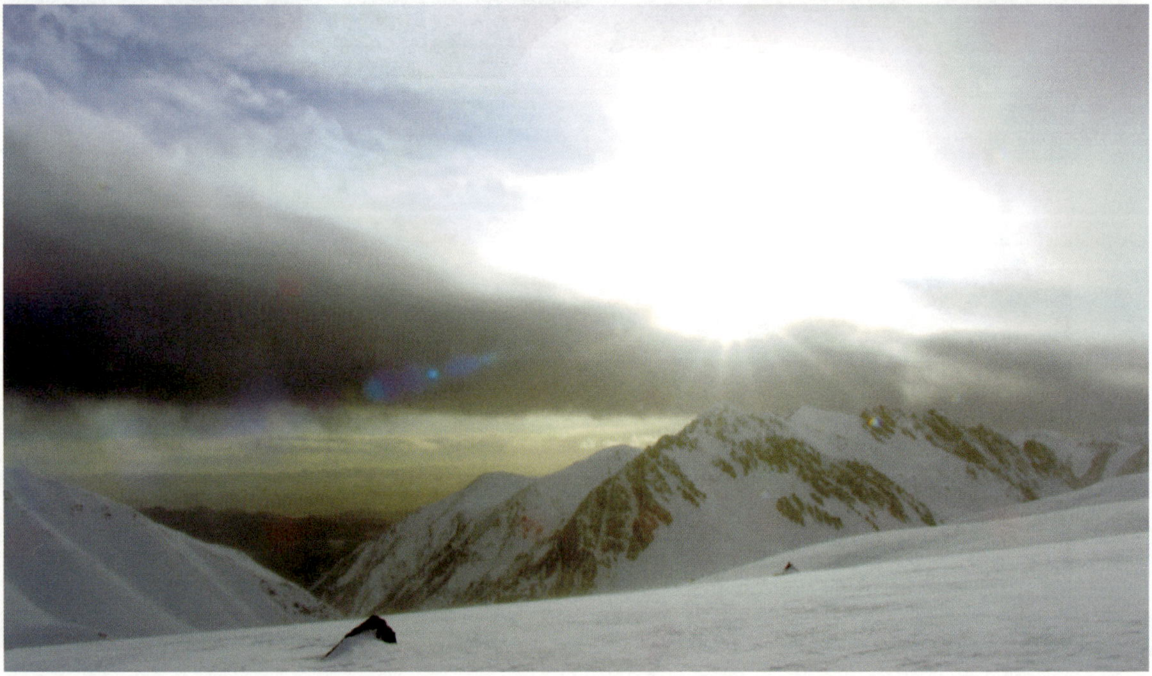

后来想想，他的爱好是登山，我们是来拍摄的，总是走走停停，这对他来说的确很难忍受。

到达冰川脚下大概是下午三点，我们往上走了不到500米。第一次见如此巨大的冰，总感觉到处都是可拍的内容。在一道融冰的沟里，我们一直拍摄到太阳落山。

有太阳的时候，冰川是温暖的，即使坐在冰上，也感受不到深度的寒冷。但是当阳光落下，这里就是一个巨大的冷冻冰箱，瞬间被寒冷包围。

在透明梦柯冰川脚下扎营，气温非常低，风中传来的寒意痛彻骨髓。第二个小帐篷搭起来的时候，天已经黑了下来，不戴手套手感觉要被冻僵了。

帐篷属于简单的户外帐篷，防风尚可，但是很难起到保温的作用。忘记谁测了一下气温，零下23摄氏度。突然从18摄氏度左右的环

1 **老虎沟第十二号冰川**
又名"透明梦柯"，是祁连山目前规模最大的一条冰川。
2 **雪山日出**
日出驱散了雪山顶部的阴冷，祁连山正在苏醒。

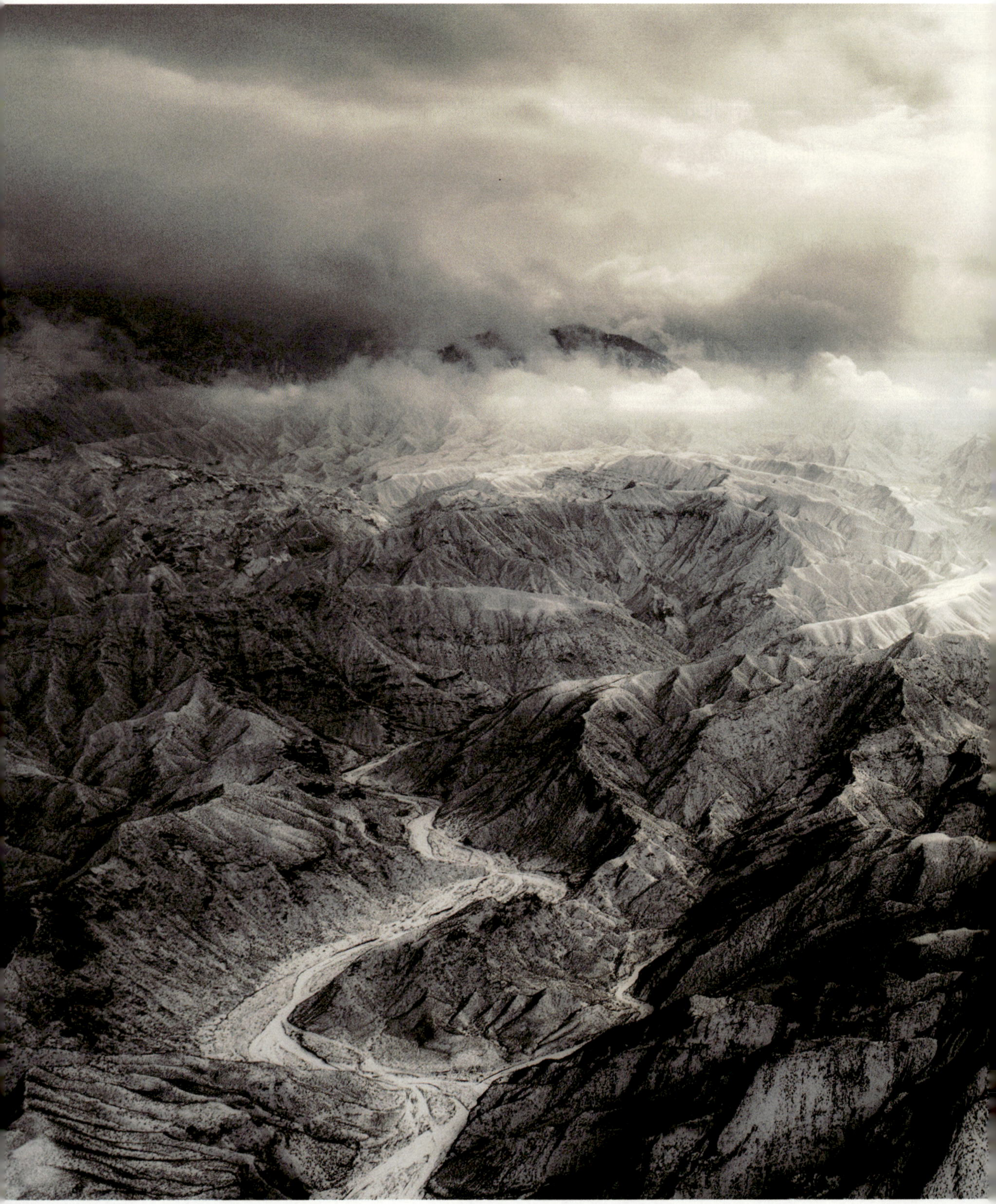

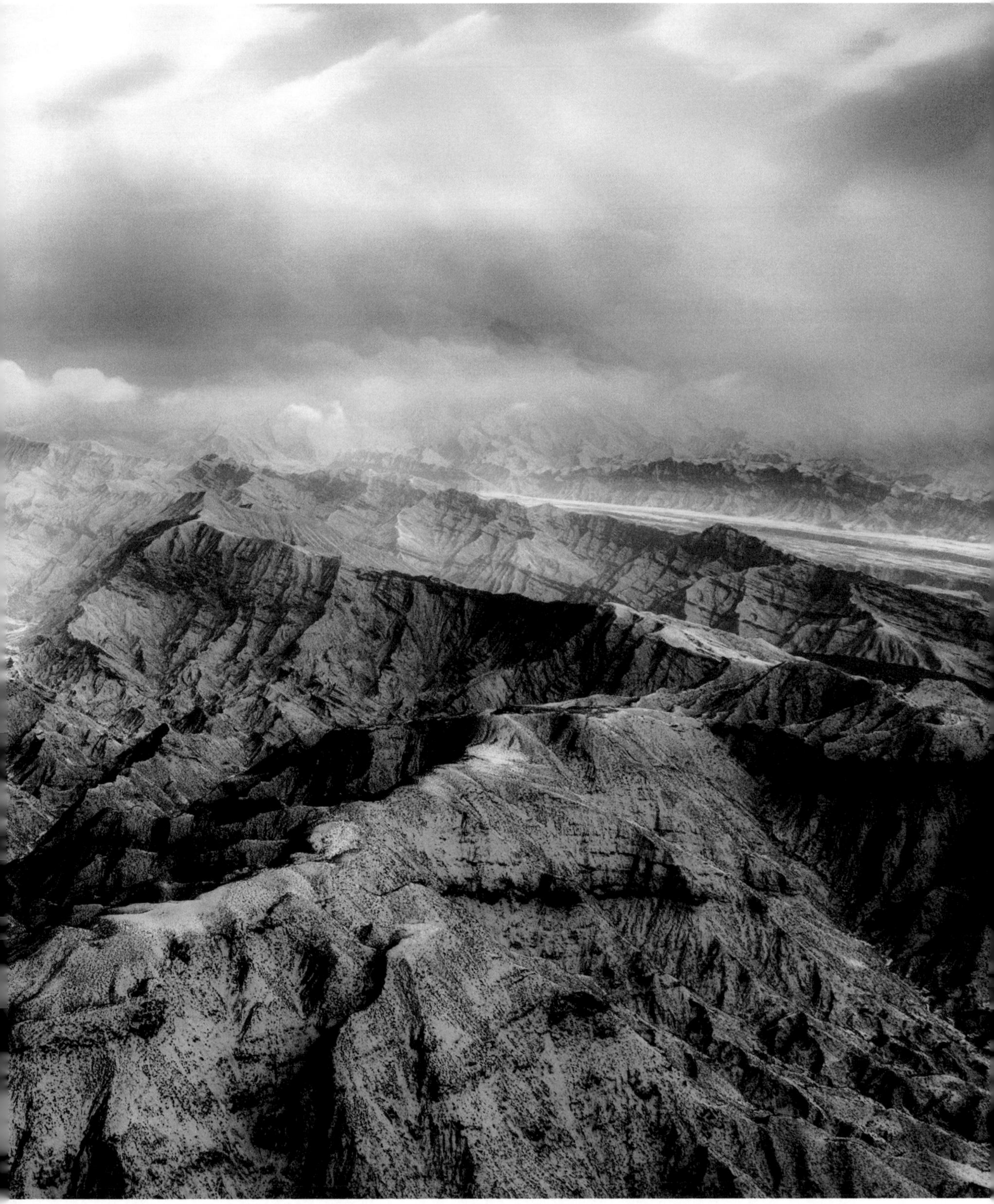

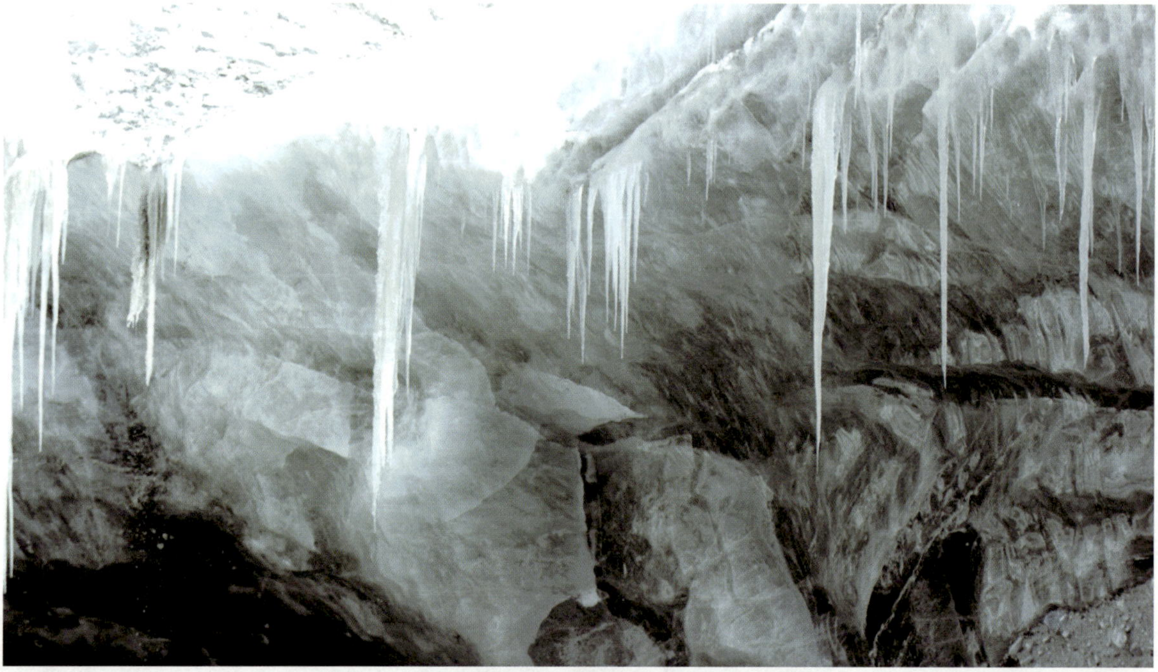

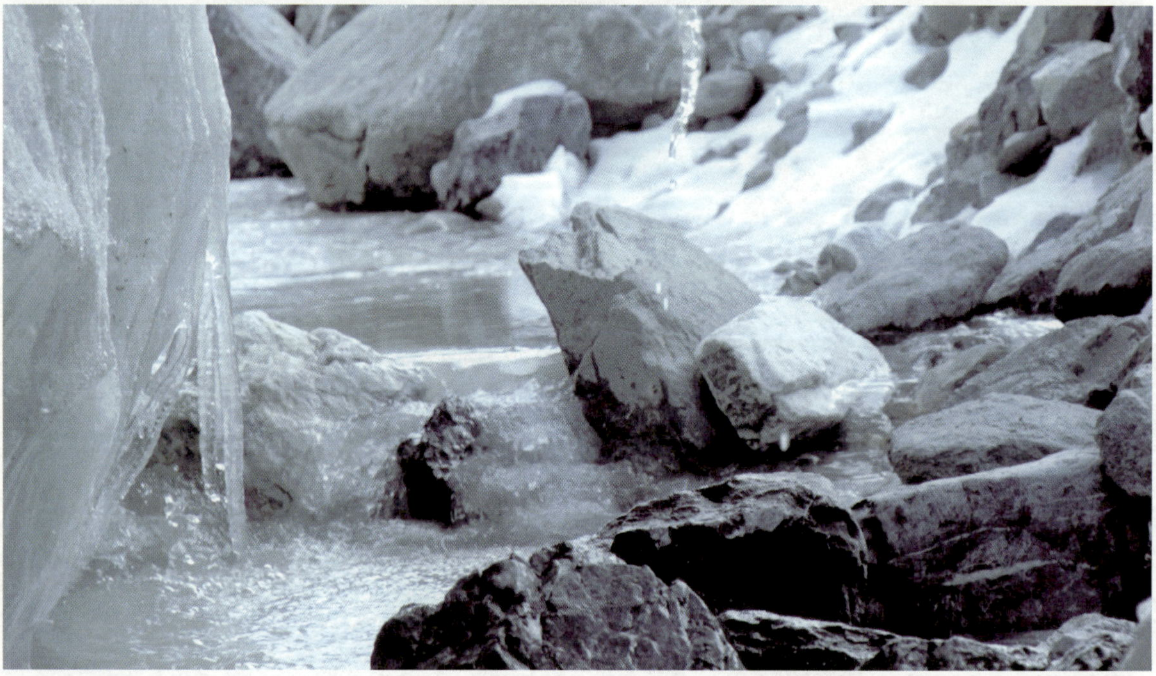

境到零下 23 摄氏度，这种断崖式的转换，让人倍感寒冷。

所有人都有了不同程度的高原反应症状。炉子上煮了方便面，大家都没什么食欲。外面的月亮很凄冷，给冰川披上了一层深蓝色。

方便面加香肠、茶叶蛋，有两个人吃吐了。早上在瓜州市场买了一只烧鸡，摄影师老胡一直惦记着，我说要不热一下再吃，他说没关系，吃完几分钟之后他就吐了。赵中出去看了一下，说老胡把鸡丝都完整吐出来了。叫我去看，我怕自己也吐出来，就没有出去。老胡的那份方便面就剩了下来。

我吃了几口，咽不下去。赵中说太可惜了，倒到他的碗中，说他都能吃掉。实际上他连自己的一份都没吃完，放到天亮，变成了坚固的冰块，都倒掉了。

刚躺下，隔壁帐篷中传来手机放出的歌曲，合着唱了起来，忘词跑调，几个人笑了起来。那时候，团队中只有我一个成了家，其他人都是一人吃饱全家不饿，更容易被快乐感染。

正在融化的冰水
夏季，每天有两三个小时，冰川消融的滴答声响彻原本寂静的山谷。

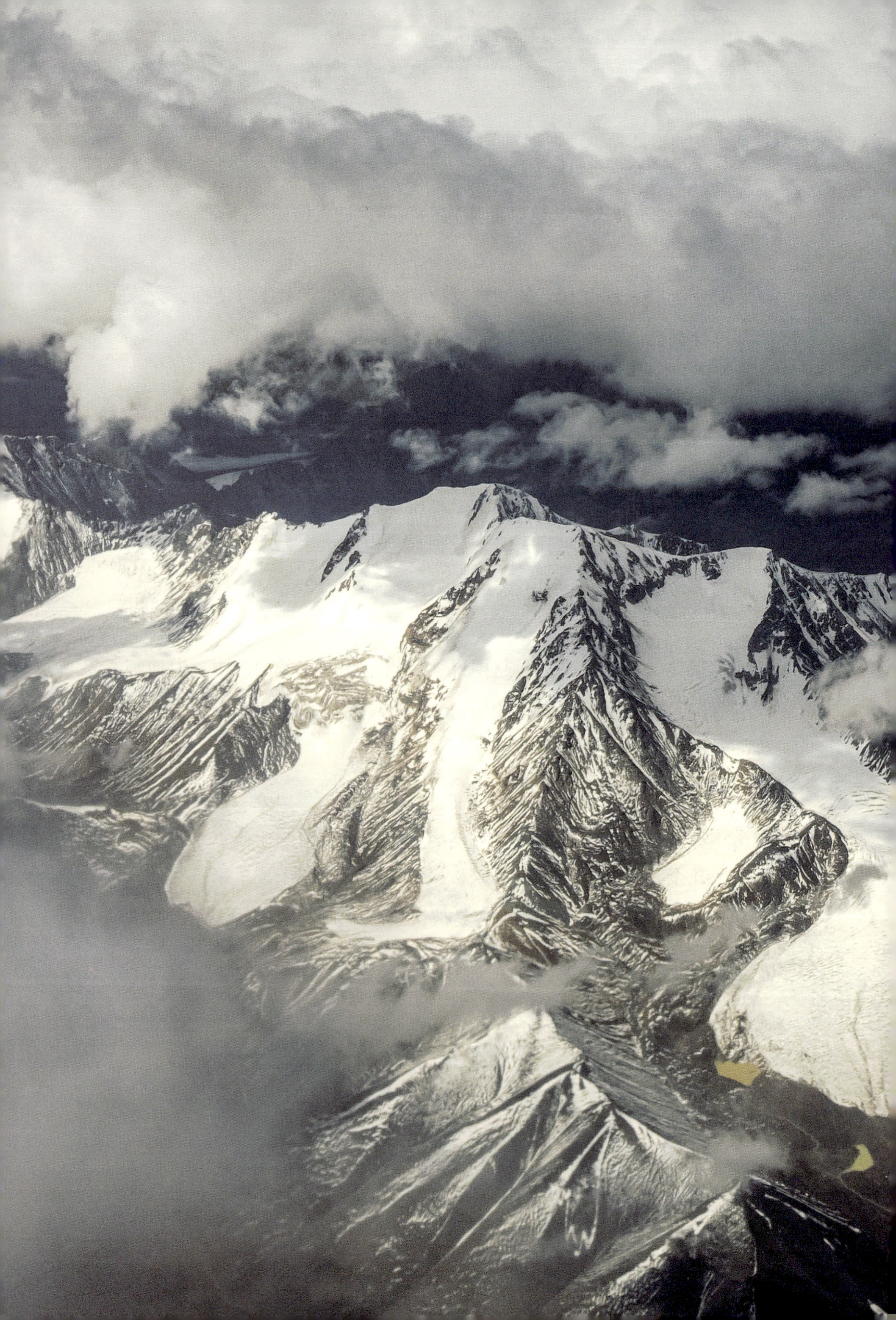

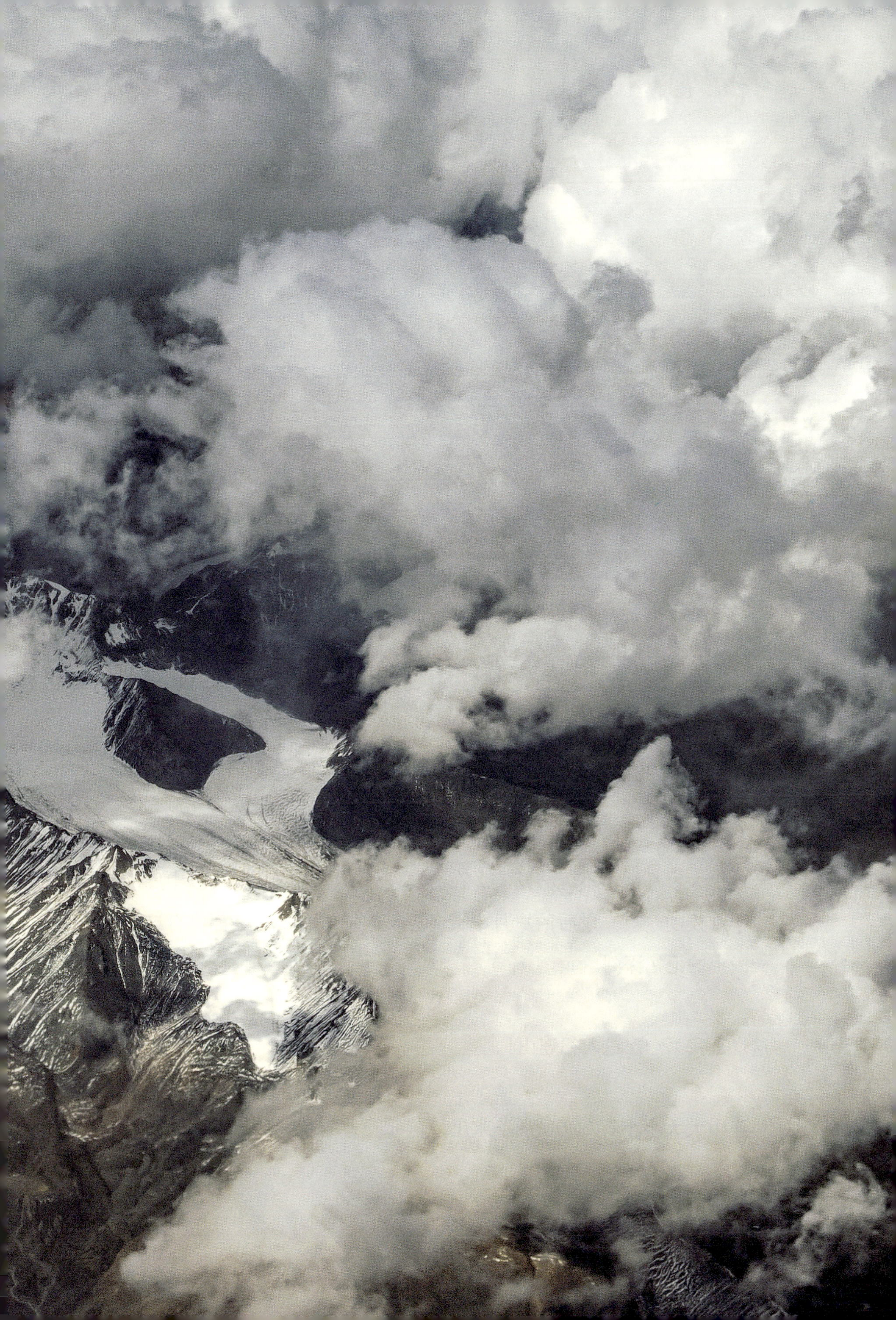

王鹏在老虎沟
老虎沟聚集了祁连山冰川群，生命之源之处却是苦寒一片。

一晚上大家都睡得不怎么踏实。在瑟瑟发抖、不同的高原反应中度过了难挨的一夜。以后的岁月中，高原反应偶然有，但是都没有这一晚上的记忆深刻。

这也是我第一次进入祁连山！

祁连山大大小小有2000余条冰川，东部较大的有岗什卡，西北部最高的雪山团结峰也分布着冰川。

祁连山最容易到达的冰川是八一冰川，柏油路直接修到了冰川脚下。然后是透明梦柯冰川，虽然是砂石路，但是也能到跟前。在盐池湾保护区渣滓口保护站旁有一条小路，早上冰土冻着，车还是上得去。窄小的盘山路，快中午的时候建在冰上的路就消融了，车下山基本都是自己滑下来，左边是悬崖，非常危险。刚修好路的时候，还能走，后来发生了塌方，一块大石头堵上了，我们第二次没走到冰川跟前，不知道现在路通了没有。

甘肃段的主峰素珠链，十年前修了一条路，路直接修到了素珠链峰下。到了2015年，由于没有维护，雨水将上山的路全都毁了，我们扛着设备，踩着溪流，走四个小时才能到山峰跟前，这段路长度8公里，海拔从3700到4100米，相对别的地方还算比较好走。

祁连山冰川是中华人民共和国成立后最早进行观测的冰川，开始于1958年，主要在七一冰川和老虎沟冰川两处地方，监测数据至今已经超过了六十年。

素珠链是隐藏在群山中的一个系列雪山冰川，由山峰的名字就可以看出来：一串白色的珍珠。

素珠链同样拥有冰川惯有的寒冷，但是属于山形，和老虎沟不一样，老虎沟的冰川在沟中，更加阴寒。我们在素珠链的拍摄是很愉快的。当时那里还有一排没有被拆掉的板房，里面可谓什么都有，桌椅、床、被褥、米面油、调料、锅碗瓢盆、煤气灶等等。我随便找了一张床，包着被子睡了一觉，醒来，所有的疲惫消散而空，便去帮着大家做饭。用高压锅煮了一锅米粥，房子里居然还有几瓶矿泉水，当然和调料等一样，都过期好几年了。不过也没有什么，这里天寒地冻，即使过期多年也不易坏。

记得那天很饿，煮的一大锅米粥很快就被吃完了，然后开始拍摄。巨大的挖掘机器停放在山峰下，这里已经几

1 **透明梦柯末端**
这条冰川的萎缩速度，大约是每年20~30米。

2 **俯瞰老虎沟部分冰川**
肃北县境内的老虎沟，是生态极为脆弱的地区，也是祁连山保护的重中之重。

3 冰层
断裂的冰层覆盖在裸露的山体之上,周边无植被,却有野生动物途经。

4 神秘的素珠链
素珠链的面孔瞬息万变,时而万里晴空,时而隐入云雾。

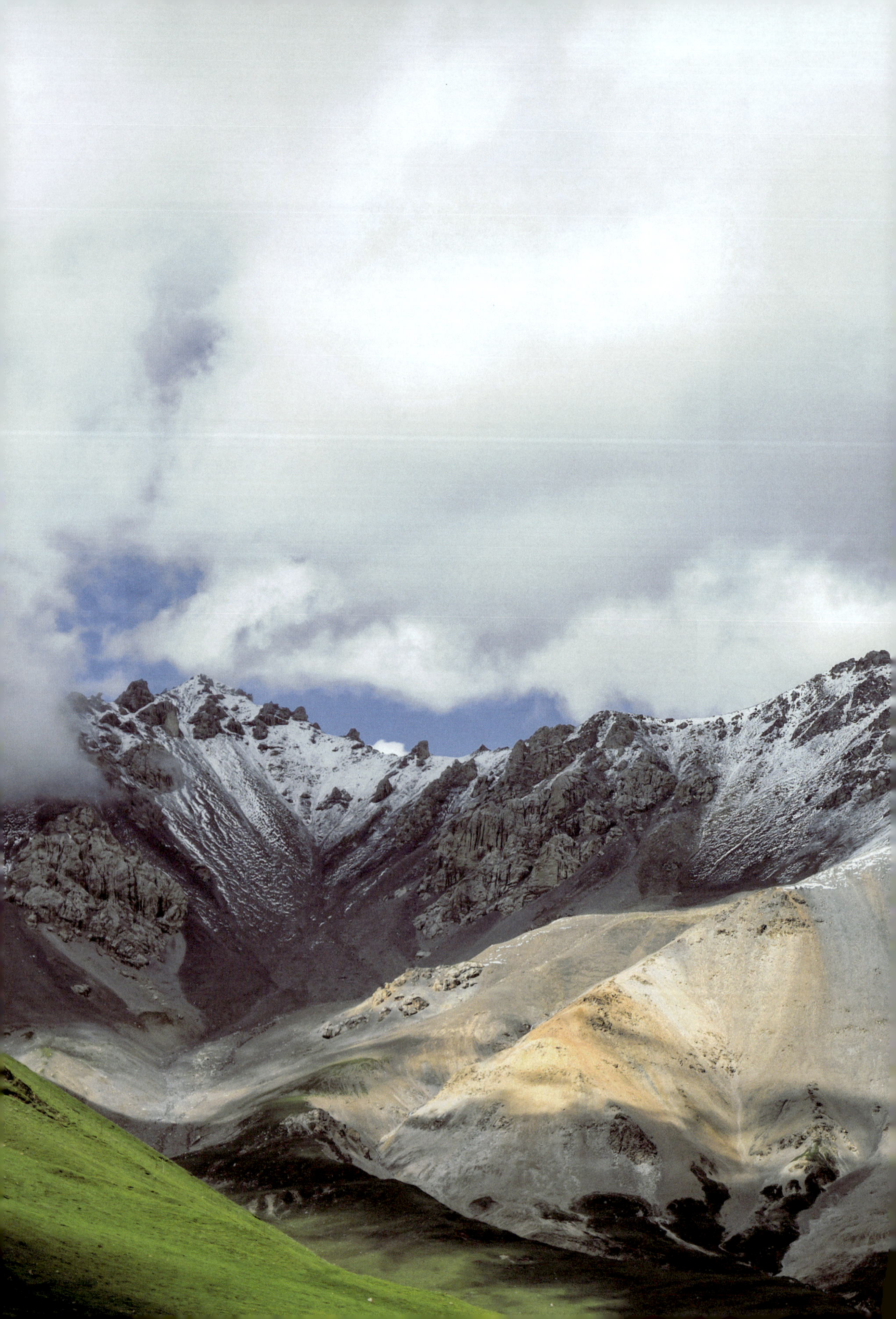

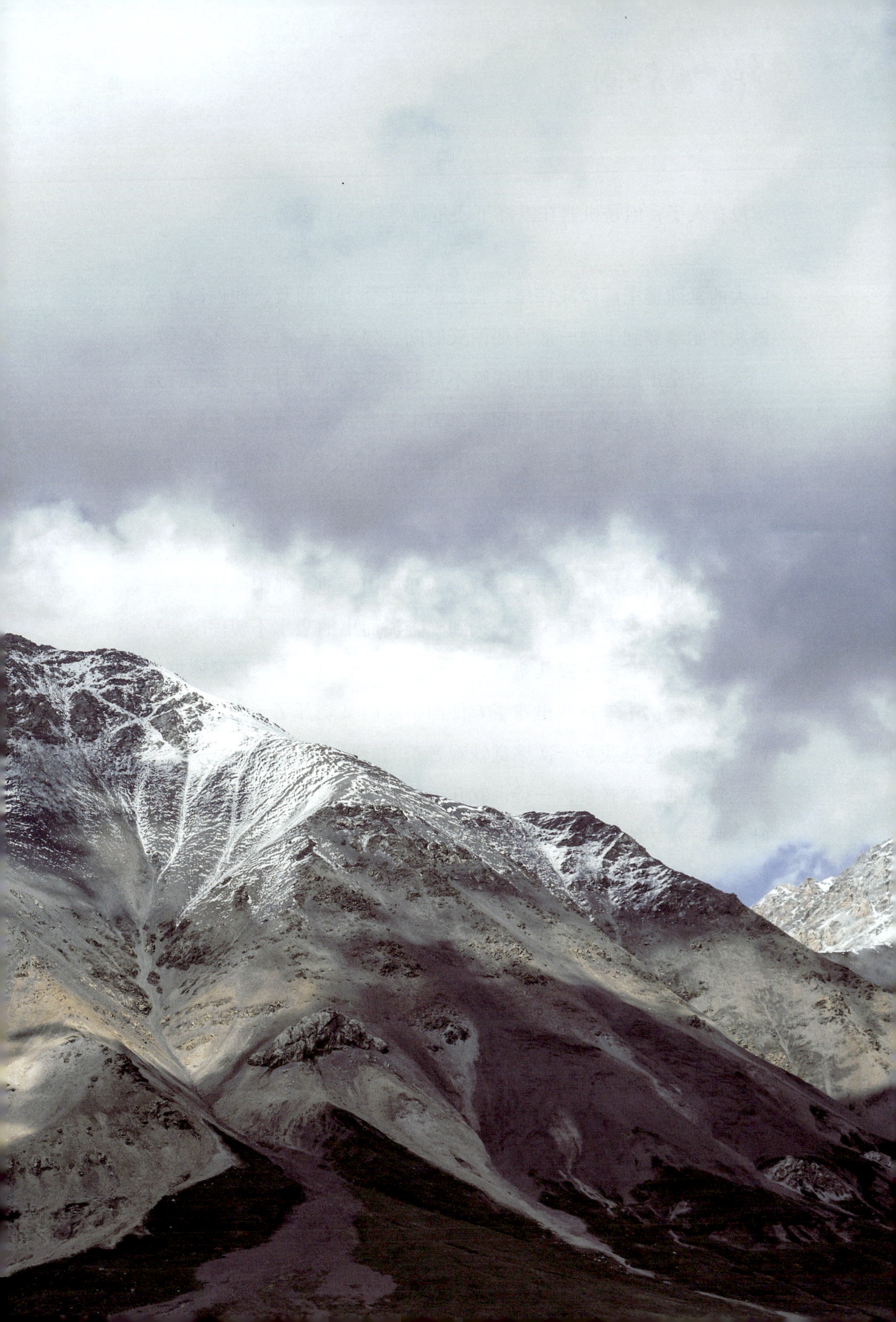

年没有人了，但是机器在雪峰下还是显得有些扎眼。

巨大的素珠链主峰险峻伟岸，我后来问了登山的朋友，他们说素珠链从开始攀登到下撤一般需要两天时间，如果天气不好，还需要加一天。这座山最大的难度是线路不是特别成熟，有时候要找可行走的路线，就要花费很长的时间。每天中午后，素珠链云雾缭绕，宛如仙境。我拿了一把凳子，坐在山峰前，呼吸着飘荡而来的烟云，清冽而透心，这是我喜爱的地方。

素珠链下面便是观山海子，也被称为祁连山天池。观山海子下有一个泉眼，差不多有碗口大。一天到晚奔流而出的泉水不曾停歇。平时到这里，会拿瓶子接几瓶水，甘冽润肺，比市场上的矿泉水好喝多了。有一次中午在这里煮了方便面，随后又烧开了一壶水，泡了铁观音茶。这是我第一次感觉铁观音茶的好喝。山下金佛寺镇上买的很普通的铁观音茶，一袋也就几毛钱，平时泡水很难喝。原来茶叶，要好水才能显示它的价值。

如何理解资源的合理利用，可能还是一个很复杂的课题，需要逐渐探索。

总体来说，这几年的治理，让原本破碎的野生动物栖息地得到恢复，野生动物有了更加宽广的生存空间，这是最明显的改变。因为人类在祁连山的逐步退出，野生动物的干扰没有了，它们的生存空间变大，有利于物种的繁衍生息。

而整体环境问题，需要很多年的逐步恢复，绝非一朝一夕之功。

整体在向好转变，这是不可否认的。

我前前后后去了几次老虎沟，团队去得更多。对冰川，对透明梦柯的感受在不断变化中。

记得 2015 年夏，凌晨 4 点从石包城保护站开车去了透明梦柯，前天晚上和保护站、中国科学院寒旱所的朋友喝了很多酒，在海拔 4300 多米下车的时候就感觉浑身乏力。

沿着冰川向上走了不到 500 米，感觉恶心难受，走不动。让摄影师和护林员不要等我了，他们自己去拍。

我找了一个太阳能照射到的地方，卷曲了身躯，在冰面上睡着了。很踏实，仿佛在母亲的怀抱中。

两个小时后，第二辆车的喇叭声把我叫醒，上来的是乌力吉站长和我的一个朋友和他的儿子。

乌力吉昨晚也没少喝，跟我说一点儿也走不动了，他就下山去了。就在这时候，我朋友的孩子，大概15岁，第一次见到冰川非常兴奋，快走了100米，嘴唇发紫，有了高原反应。我请乌力吉把他们一趟送下山去。

他们走了后，留下了护林员相其布，相其布毕业于西北民族大学，是个身材修长的帅小伙。

他跟我说，冰上别睡了，会得病，让我下来到有土的地方。我们俩走到冰川脚下，我躺在几块石头上，迷迷糊糊又睡着了。

醒来已经是下午3点多，携带的吃喝，一些在下山的车上，一些被我们的摄影师小胡和护林员那生巴耶尔拿走了。

冰川的雪水混合着泥沙，根本不能喝，我们看了半天也没找到一个有干净一点儿水的地方。相其布说要不去下面的冰川站找吃喝。中科院冰川站不远，走十几分钟就到了。门锁着，一只狗扑了过来。我们俩站在门口，狗也不出门，一个劲地在里面叫唤。门口是个三四平方米的水泥坪。又累又饿，我们俩躺在水泥上，迷迷糊糊一直到六点钟。狗早就不叫了，不知道又去哪里了。

我们俩又往上走，到了车跟前，这辆车的钥匙在那生巴耶尔手里，我们只能等着。到七点半，终于看到小胡和那生两个人从山上下来

消融的冰川
融水一滴一滴汇集成溪,部分在高峡中穿梭,更多的融水涌入地下。

了。走到我们跟前,他们俩打开背包,和我们一起狼吞虎咽起来。原来他们俩刚离开我,因为背包重,就放在一块石头旁边了,两个人也是一天没吃没喝。

我问他们翻过山,山那边是什么,他们说还是冰川。

祁连山冰川比较独特,它是距离人类大型活动最近的干旱半干旱地区的冰川。

它也被认为是这个世界上消融退缩得最快的冰川之一。有人说每年

退缩 20~30 米，甚至预测 50 年就会消失。退缩是肉眼容易记忆判断的，而消失，我个人认为在百年中可能性不大。

第一次去透明梦柯，正好碰到中科院的研究员在采样。三个人，在冰川上打了一个小洞，电钻时不时停止工作，让大家头疼不已。研究员姓王，说话语速很快。他说，根据他的观测，老虎沟十二号冰川（透明梦柯）这些年每年的退缩幅度在 20~30 米。

科研人员说上面有一辆他们的雪地摩托，我们上去了要用就开了去。

那一次我们带了冰爪，在光滑的冰面不用担心滑倒。但并没有走到尽头，据说走到尽头还要十多公里，只是到达了高处。透明梦柯是铺在河谷中的一道白色的宽大布带，末端的舌尾在不断消融切断，

我每隔几年去，都会感到它的尾部在萎缩。

冰川的冰和其他的冰不太一样，它敦实坚硬，无懈可击，是纹丝不动的巨大山体的一部分。行走在冰川，会被它难以抵抗的寒冷和壮阔震撼，同时，还有永恒不变的畏惧萦绕着你，就像贴着冰面刮来的风，从不曾减弱。

冰川云起，风雪交加的时候，显得特别美，无法用言语形容。它是母亲，即使年老体衰，也依旧哺育着周边的生灵。何况，再过多少年，随着地球环境的变化，也有可能再次扩展。

伟岸的大雪山，终年不化的冰雪世界，年平均气温零下 11.5 摄氏度。

远眺冰川

不同季节、时段，祁连山冰川呈现的面貌并不相同。

老虎沟属于祁连山大雪山范围，祁连山最险峻的高山、最大的冰川群都集中在这里。山体陡峭，不是悬崖险峻，就是碎石陡坡，落差极大，人行走其间，心生畏惧，并且大多数地方，人类无法涉足。

雪山冰川的冷岛效应对周边气候环境产生了巨大的影响。这里是祁连山环境保护的重中之重，是祁连山及其周边所有生灵的源，是我们最值得敬畏的区域。

去了一次七一冰川，如今的七一冰川，由于气候原因退缩严重，车

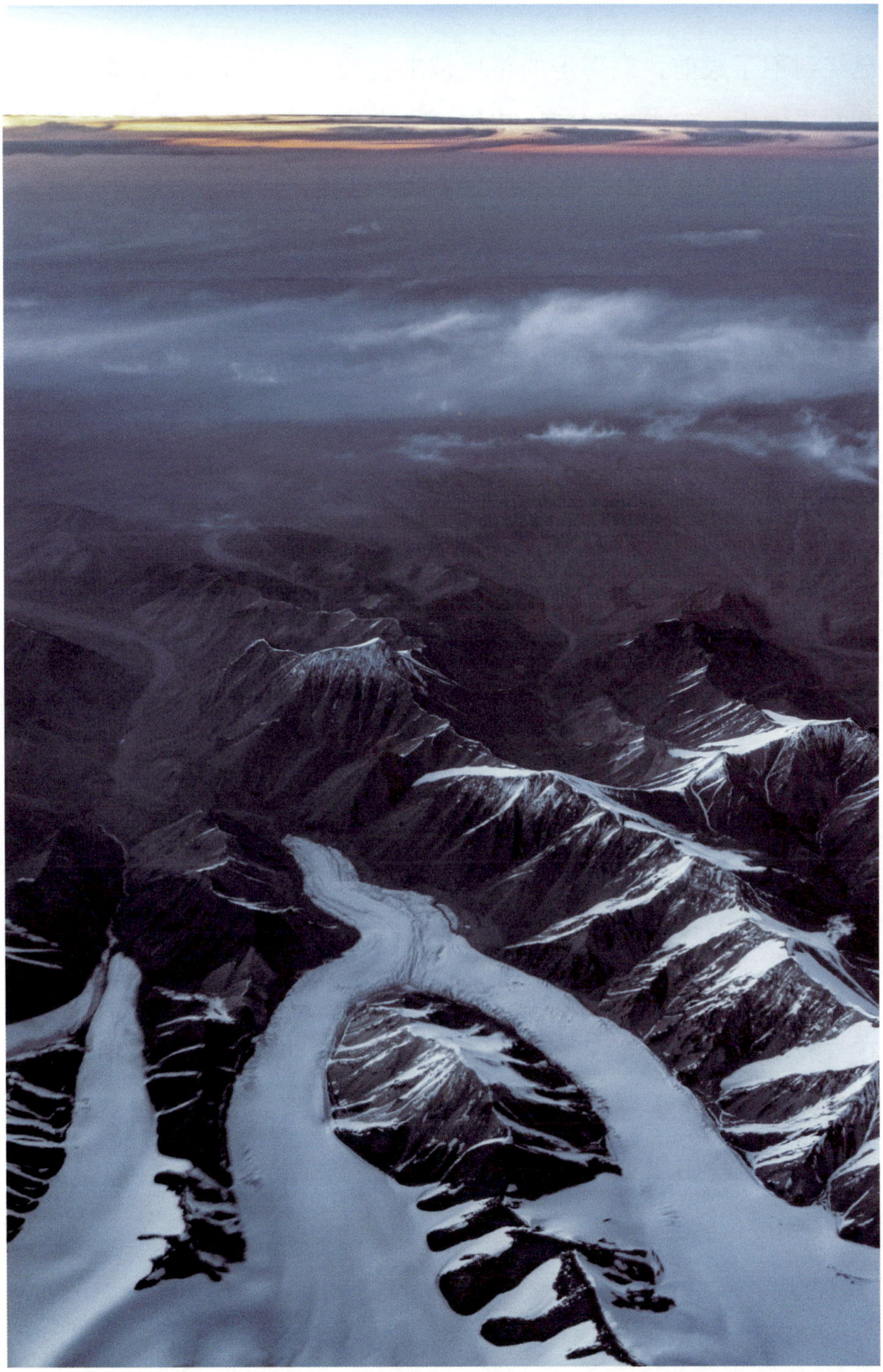

已经到不了跟前，靠脚走的路程越来越长。七一冰川大多数时间隐藏在云雾中，那天天气同样不好，没有走到跟前，很是遗憾。七一冰川因大陆型冰斗山谷冰川典型而享誉世界，形成于2亿年以前。

夏季的下午，滴滴答答的水滴声在冰川响起，这是冰川唯一的生气。从第一滴水滴到冰川形成溪流，也就短短十几分钟的时间，突然有一股水从眼前流过。密密麻麻的滴答声和水流声只能持续两个小时，就接近了尾声，天地再次冻结。

但是这里并非生命禁区：雪线之上也有植被生长，雪山草就是其中的一种。窄窄的、几缕绿色的叶子在冰雪中摇曳，这是生命的奇迹。除了雪山草，雪线之上还有蚕缀和雪莲，这些奇妙的生物不断地死亡，又在另外一个地方生长，见证着雪山冰川的变化。我曾蹲在一朵雪莲边，看着颤抖的柔软花瓣，在风中左右摆动，除了惊讶，更多的是一股寂寞之意从心底升起。这朵花是寂寞的，跟它可以对话的只有呜咽的风雪声。

在雪线周边生存着庞大的野生动物种群，最典型的要数野牦牛。巨大的野牦牛在雪山驻足，它是祁连山体型最大的物种，国家一级保护动物，也是中国独有的野生动物。它们生活在雪线上下，具有超强的攻击力。

冰川　　　　　　　　　　　　　　　　　　　　　　　　　　　　031

体型最大的动物却生活在植被最贫瘠的雪山周边，生命的安排总是这么出乎意料。

除了野牦牛群，部分藏野驴、藏原羚，甚至珍贵的雪豹、白唇鹿等都会在雪线附近生存。也许是因为雪山冰川的苦寒，阻止了人类在这里的活动，才留给野生动物这一块乐土。

我甚至在这里见过一只非常漂亮的藏狐，在冰川上翘着火红的大尾巴，快速通过。它在冰川顶回头凝视我的目光清澈，得如同一滩浅浅的泉水，让我至今难忘。

脆弱而珍贵的冰川雪山，珍稀的野生动物，值得人类的长久守候。

中国科学院沈永平老师说，如果有机会，给祁连山冰川专门拍一部纪录片。我想这是值得的，也是我的梦想之一。

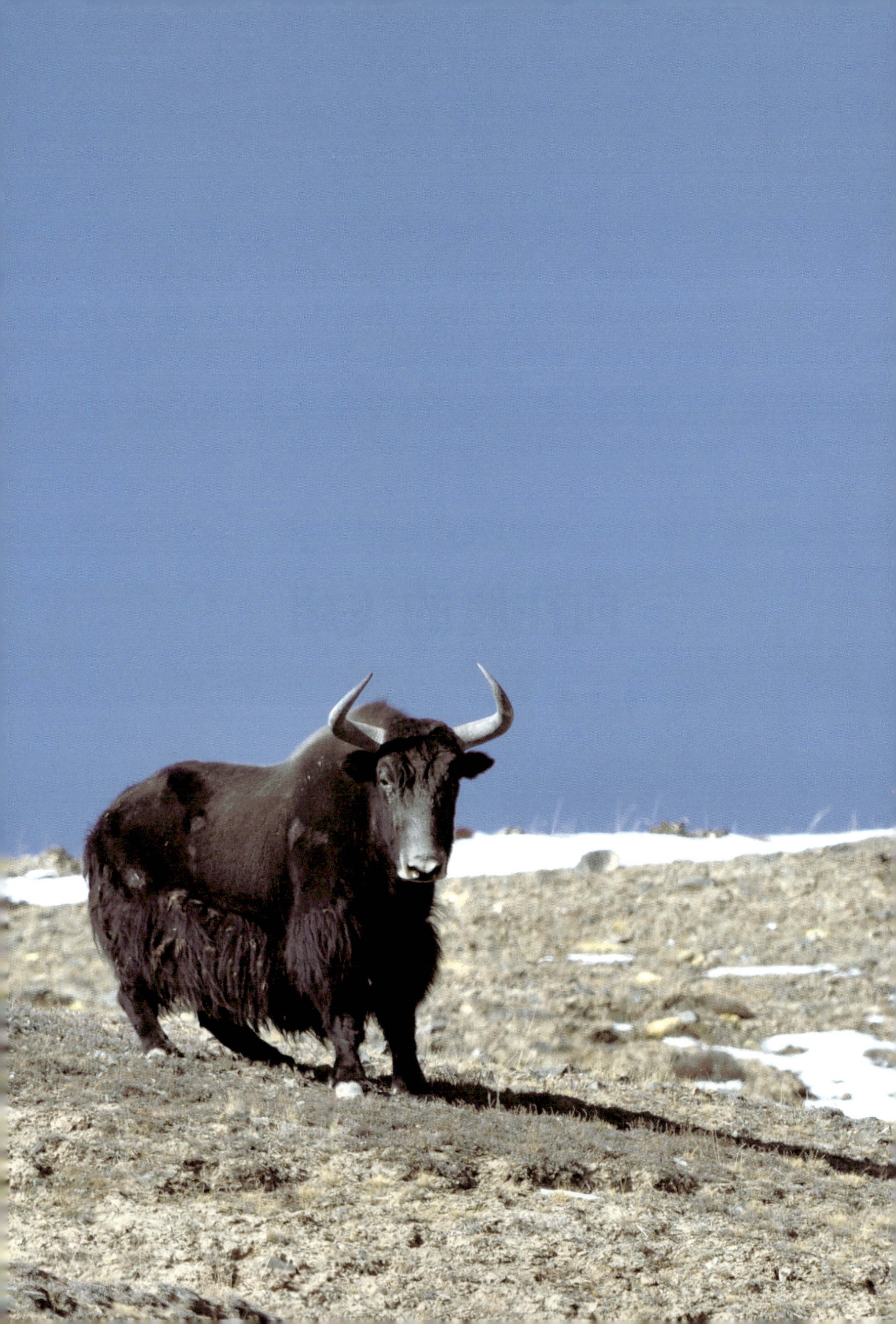

-2-
向往鹰的飞翔

2013年10月23日，从冰川下来之后，回到肃北县城，盐池湾站的站长达布希力特（以下称"达站"）和那生巴耶尔到宾馆找到我们，说了一些第二天进山要准备的东西，主要是穿暖和。

祁连山北部深秋的寒冷超出我们的意料，我们就在杂货市场买了几件仿军大衣，里面都是厚厚的棉花，抵抗这个时段的严寒应该问题不大。

当时出城几公里到黑大坂前就没有信号了，黑大坂也不像今天新修的路一样好走。太阳直射驾驶室，眼睛白茫茫一片，看不到任何东西。陡峭的土路，紧急的弯道一个接着一个，海拔在迅速爬升。下黑大坂的路要有好的心理素质，刹车如果不好，很容易出事。后来有一次，达站开车，我在副驾驶位置，正在往上冲，一个拐弯，一群骆驼从上面冲了下来。一个急刹车，骆驼已经到了跟前，我们俩

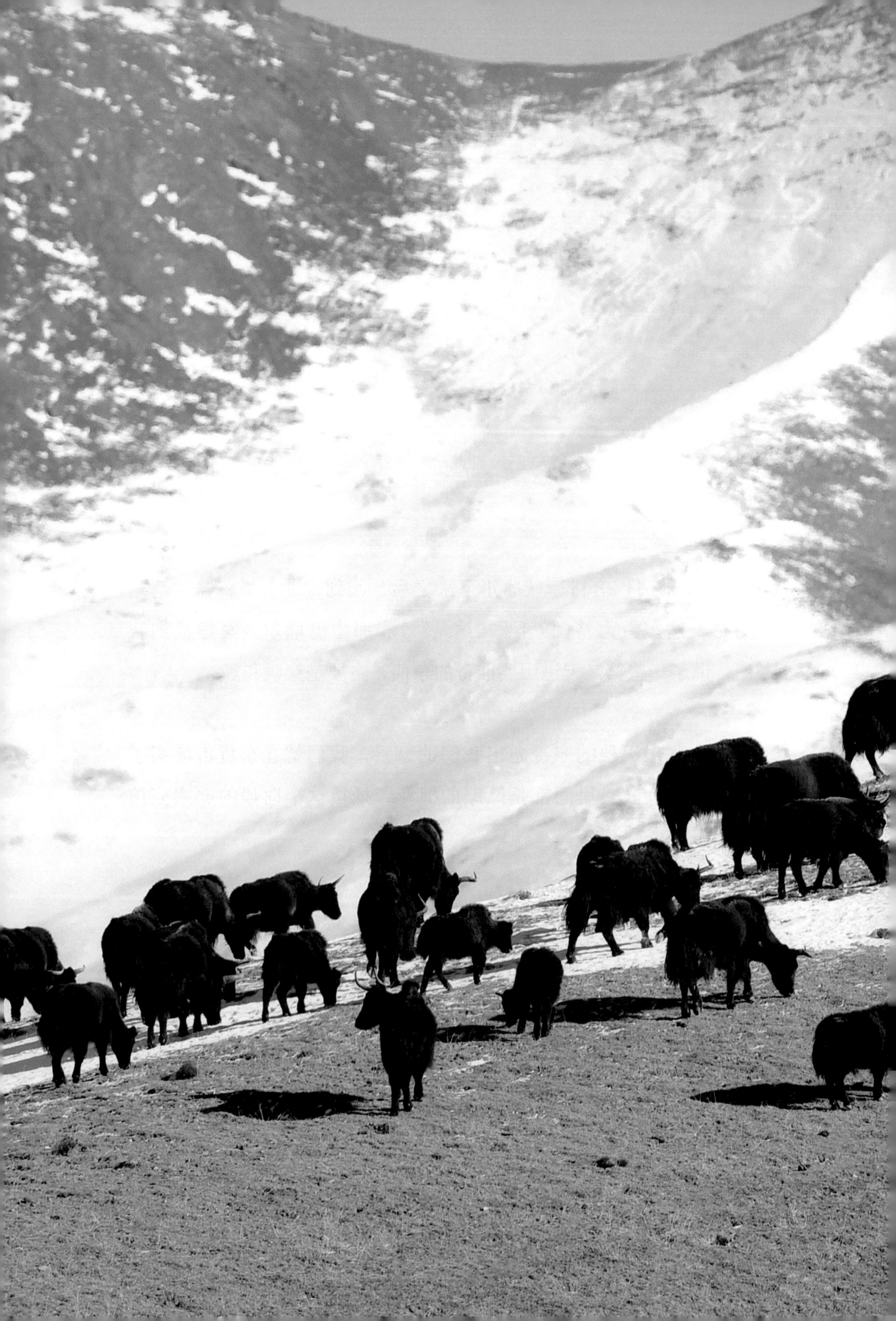

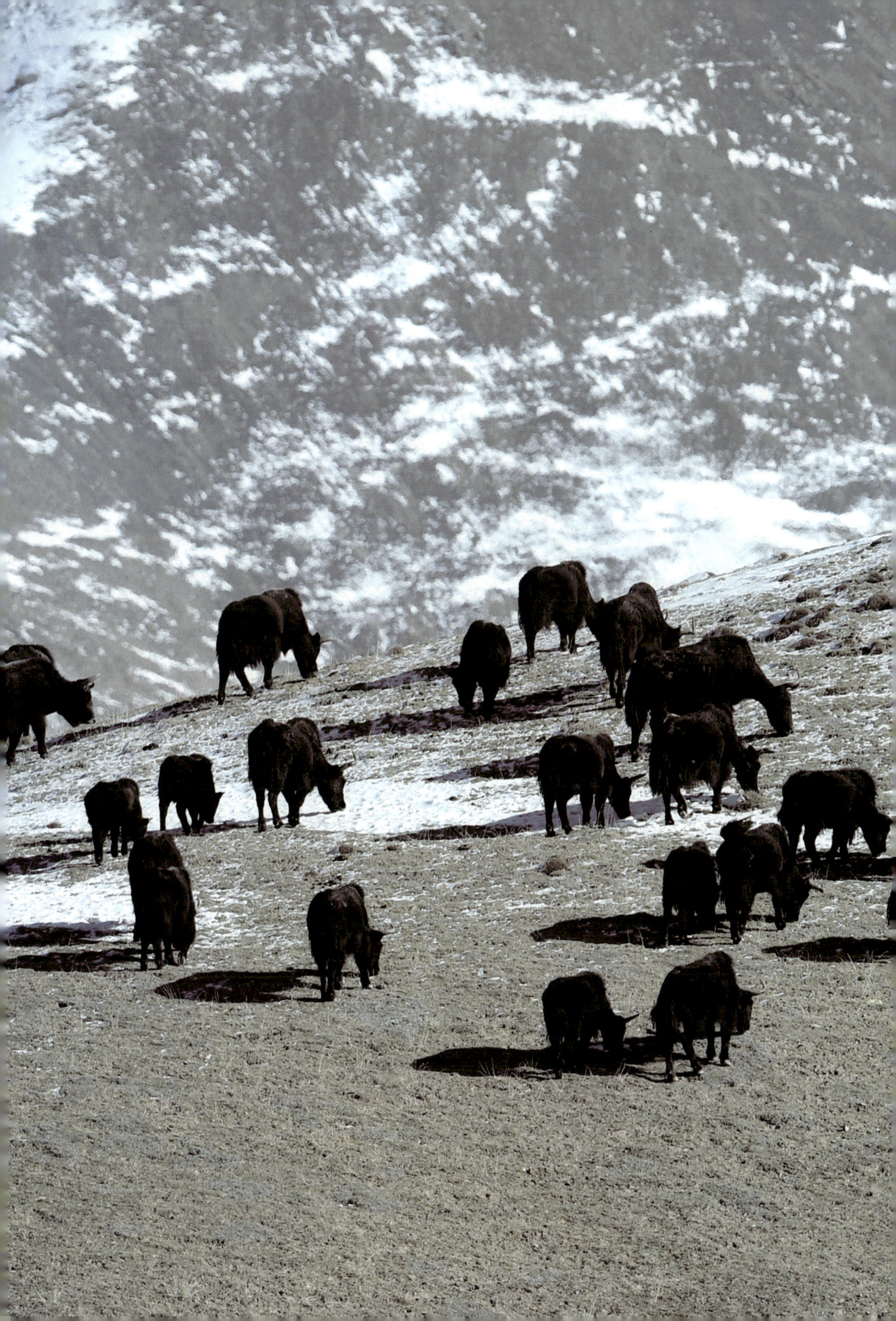

感觉要糟，七八只骆驼刹不住，直接撞在了车身上，幸好它们没有跳上车盖。

下了黑大坂，沿着党河峡谷往前行进，就到了渣滓口站，下车做登记，再往前就属于保护区范围。进保护区十多公里，就到了当时的湿地站，几间小房子，打了一个转身，就继续往前。左手是党河湿地，也是祁连山国家公园最大的一块湿地，没有预料到，后来在湿地保护站住了三个春天。

达站带着我们要绕湿地一个大圈，很新奇的小道，只是高原上的

一道车辙。沿着车辙，迎着雪山湿地，在空无一人的高原上疾驰，只有近在咫尺的云朵悬浮在半空。远处有几只鸟掠过，深秋的湿地已经沉睡。

有一座铁桥，刚刚容下一辆车过去，我对自己的驾车技术还不是很自信，也只能咬着牙开了过去。咚咚咚，铁皮一走三响，下面就是党河，虽然水不多，但是坐在驾驶室望下去，激流晃得眼花。

有些路走在湿地，有些走在周围的山丘上，很多的急转弯和突然上下，考验着驾驶员的耐心。好在不用担心撞到什么，光秃秃的，一棵树都没有。

只远远看到了两只黑颈鹤,达站感叹:其他的都飞走过冬了,这是最后的两只。

黑颈鹤很怕人,大概两千米开外就飞走了。

继续向南,逐渐从山丘走到开阔地带。党河冲积扇在这里开阔了起来,草也高了,压抑了一路的情绪开朗了。

夕阳斜洒在对面独山子的冰面上,有几股金色阳光透过巨大云朵的缝隙洒在湿地和草原上,近处已经暗黑了下来,画面美到让人窒息。

湿地刚好走了一半,天就黑了。

转过一个弯子,静谧的高原中突然出现几座人类的水泥建筑,有些诧异,没有灯光,没有一个人,甚至没有声响,有些诡秘。

盐池湾乡镇府所在地没见到一个人,据说至少有两家四口人还在,但是没有见到——后来慢慢都认识了。

在盐池湾站住了下来。大家一起生炉子,刚改的暖气很特别,是用房子里的炉子,直接接到墙壁里嵌入的一个大铁箱子里,然后再导出去。

烟从铁箱子的边缘处一刻不停地冒出来，从之前留下的满墙的烟痕就可以明白，这个创意失败了。

门开着一半，外面还是一个走廊。房子密封很好，很快就热了起来。到睡觉的时候，都担心起来，会不会被烟熏晕……讨论不出结果，就迷迷糊糊睡着了。

晚上没有加炭，炉子半夜就灭了。

第二天起得很早，刚刚能看见有光亮，动身去找野牦牛。

昨天黑颈鹤没看到什么，达站心里有些憋屈，他是这里的动物通，昨天黑颈鹤的表现让他没有面子。

野牦牛是我喜欢的动物之一，高大威猛，是矗立在最高处的风景。

第一次到野牛沟口，刚刚建好一个板房，这是一个新的保护站，主要检查从青海德令哈过来旅游的或者其他的车辆。知道这条便道的人实在是不多，一年估计也没几辆车，这个站当时还没有人入驻，但是警示作用不言而喻。我当时怎么也不会想到，后来这里长住的第一个人会是我自己。

后墙上有一个窗子开着，达站估计有人进去了。他从外面关了窗子，因为没带钥匙，没法从里面将窗子关死，他为此念叨了一路。

达站喊了他的同学格尔力一起，格尔力是个牧民，在乡镇府边住，更加熟悉这里的情况。

海拔从3400米到4100米，继续在升高。达站的眼睛之敏锐，是我见过的人里面很少有的。他能看到很远处卧在石头下的猞猁，也能先于其他人发现和大地一色的盘羊。而我，根本看不到这些动物。

他说有一群野牦牛翻过山了，我压根就没看到。这里已经完全没有路，车在群山间找路，达站嫌我开车慢，夺走了方向盘。我们在山间颠簸冲刺，风开始大了起来。

达站看到一个越野车的新鲜车辙，他说可能有盗猎的，很紧张。驱车到四面山头，用望远镜看了很久，什么都没看到。

在山里，尤其是无人区，最害怕的莫过于人。有一次在石堡城站黑刺沟无人区，我们跟着巡山队伍。傍晚的时候突然看到几公里外有两匹马，所有人马上下马藏在大石头后面喊，表明身份，让上面的人下来。上面的人不知道藏在什么地方，听不清他们在说什么。这样僵持了40多分钟，才有两个人拉着马下来。来的是两个山里的牧民，他们进无人区捡鹿角来了。牧民和巡山队都是熟人，但还是

野牦牛群
野牦牛是青藏高原体型最高大的动物，大都是以群落的形式出现，它们远离人类的生活区域，在群山之巅生存。

没收了鹿角。这是后来发生的事。

达站开车，最终车在一座大山顶端停了下来。我终于看到了远处的野牦牛群，群不大，仅仅十几只，顺风，野牦牛也闻到了我们的气味，迅速翻山跑了。剩下的路我们只能步行。

沿着斜坡大概翻了四座山，第三座山开始我就有些跟不上，落到了最后面。开始还能看到大家的背影，后来什么都看不见了。风呼啸着从我的身旁、腿下穿过，几乎是推着我在走，从早上到下午三四点，没吃东西，血糖有些不稳，糖尿病患者的我有些力不从心。

翻过第三个山梁，看到大家蜷缩在对面的山腰下。走近问，达站说野牛群就在前面的沟里躲风。摄影师猫着腰爬到高处往下拍，高处风更大，人压碎的小土块飞了起来，摄像机架不稳。

我按捺不住好奇，爬上去看，才发现我们所在的位置往下是垂直的悬崖，深不见底，有些害怕，便往后退了一步。野牦牛大多数在安静站立，抵抗着强风，只有几只在追逐嬉戏，翘着尾巴，互相追赶。

大概五六分钟，野牦牛发现了我们，一溜烟地跑了。这时已经是下午四点多钟，没有时间继续跟踪，我们回撤，摸黑回到了保护站。

短短的几天，从冰川、湿地，再到高山，对祁连山有了一个初步的认知。这是我第一次进入祁连山腹地，对这座古老的山脉终于有了直观的理解。

2014年1月，因为还有央视纪录频道的一集纪录片拍摄任务，我邀请张立勋老师去一趟盐池湾保护区，以他为主要对象，拍一部科研人员在祁连山做野生动物多样性研究的纪录片。纪录片取名《向往鹰的飞翔》，该片至今仍然在央视经典纪录片库中。

开始的想法很简单，跟拍张老师全程调研野生动物，实际上也是按照这个来拍摄的。没有任何的布置和预想，张老师正常工作就可以，我们绝不打扰。

只有一台松下 P2 专业摄像机，就用它来拍摄。P2 在那个年代，应该是小型纪录片的主流拍摄设备，分辨率小高清，画质和录音都还达标。当时国外的很多纪录片人都在用，我查了一些使用的评价后买的。

P2 是一体机，一体机是纪录片和新闻片常用的机型，镜头无法更换，录音配件比较完善。现在使用的大部分机器可以更换镜头，但是录音效果较差，侧重于摆拍下的视频作品，拍摄纪实类不是很顺手，比如单反和电影机等。

目前我们拍摄纪录片主要两种机型：一种是标准电影机，画面色彩丰富，还原度高，分辨率也达到 8K；一种是 4K 一体机，拍摄很方便，可以随时开机，弥补了电影机的笨重和不足。以前使用过一段时间的单反相机，后来全部淘汰了，毕竟单反的主要用途是拍照，而不是视频。

跟拍从张老师到达肃北县城开始，详细地记录了他和保护局的日常。那个时候，对抽烟的镜头没有限制，几个糙老爷们儿手里都夹着一根烟，嘻嘻哈哈，很是开心。

晚上依旧住在盐池湾站，一行有盐池湾保护局的书记索义拉、胜利、达站、那生巴耶尔等。

第二天早上5点出发，往野牛沟走，到了一户牧民的家里，大概7点多，牧民还在睡觉，我们推开门走进去。问最近见野牛没，牧民说没见，不过应该在某一片区域，他也很久没去过了。达站让牧民起床带我们去。

路上碰见一大群藏野驴，大概140只，阳光正好照射在藏野驴背上，显得更加健硕。藏野驴虽然也是很警觉的动物，但是相比野牦牛要好一点。我们的拍摄持续了五六分钟，甚至有时间数了一下藏野驴的数量。后来才发现群落越大的藏野驴群，对人类的警惕性反而越低，较小的藏野驴

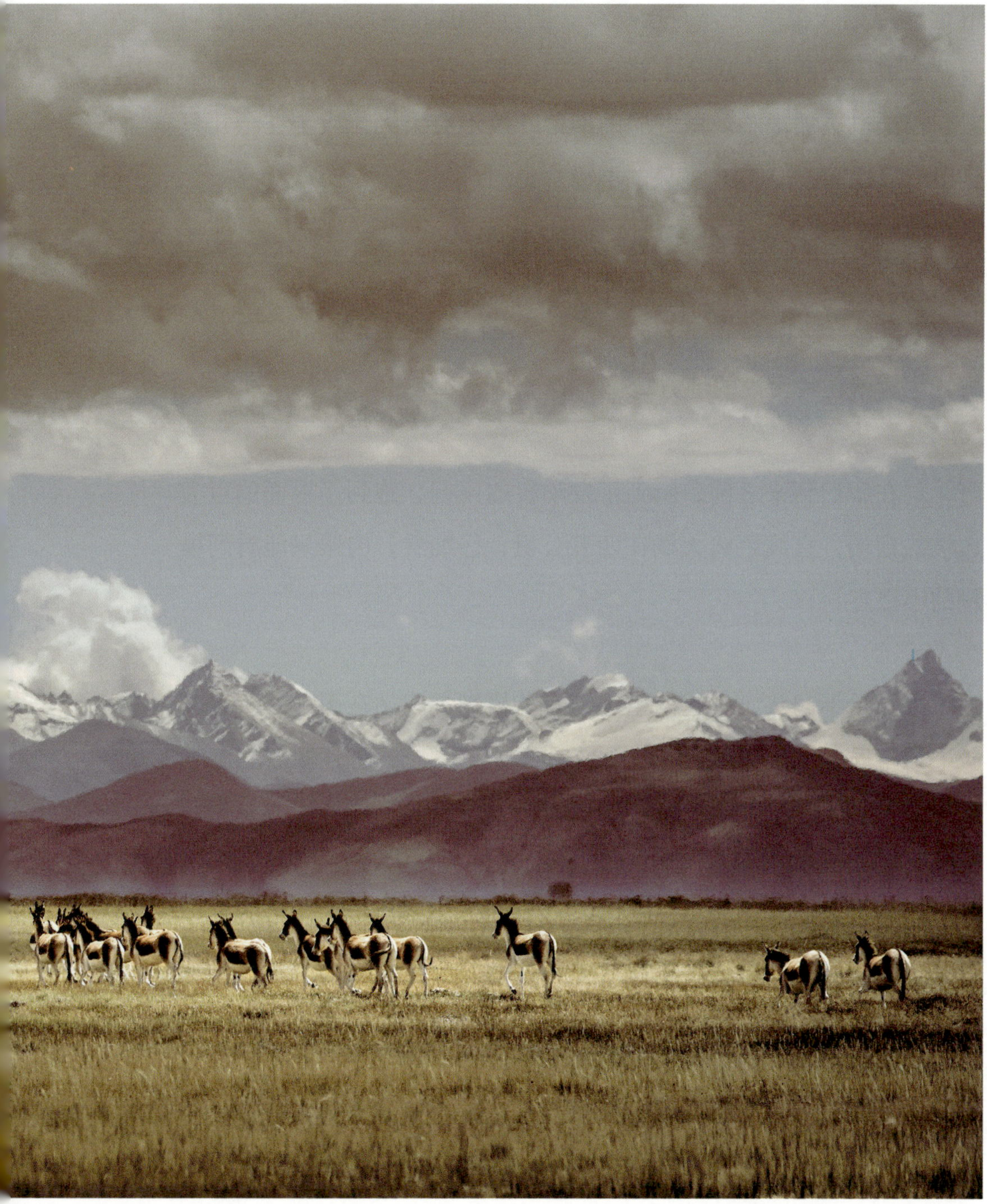

群远远望见人类就飞奔而走。藏野驴奔跑的时候昂着头，一边叫着，一边不时回望。总体上祁连山的藏野驴相比别处的更加谨慎一些，拍摄也更加艰难。藏野驴的群落一般不会太大，大都在十几只到七十只之间，像140多只的群极少见到。

也碰到了8匹狼，在巨大的山坡上游荡，很有气势。

野牦牛真就在牧民说的地方。

野牛群在我们到来之前，听到了发动机的声音，跑到了对面的巨大山坡的顶端，直线距离大概在四五公里，仔细看，肉眼只能看到模糊的小黑点。

风太大，抬不起头，举起的望远镜有些模糊。我站在跟前，听索义拉书记布局，几次都没听清楚，最后索书记只能一边比画一边说。

大家开始分工，我属于可去可不去的，就没去。安排过去了两辆车，包括我在内的几名没什么任务的就留在原地等待。之前野牛群停留的沟底，留有近百堆新鲜牛粪，这是一个少见的大群。车从牛群左右两端冲上山坡，完全没有路，我们远处观望的人捏了一把汗。在距离牛群几百米的地方停下，摄影师小胡下车，爬到距离野牛群百米的位置开始拍摄。另一端的越野车距离牛群太近，野牛开始向摄影师的方向直线而来，摄影机录到了野牛群踩踏地面的轰隆

隆的声音。在野牛群距离摄影师十多米的地方，小胡吓得扔掉了摄影机，抱着头一动不动。可能是野牛群已经发现了小胡，它们调整了位置，头牛转了九十度的方位，黑色洪流一般，朝着旁边的山坡跑过去了。

后来观看这一段素材的时候，才发现野牛群的撤退井然有序，左右各有一两头牛离开了野牛群，负责维持方向，驱赶不跟群的牛，不让群分散，这一幕让我很诧异。

回到牧民家，大家很兴奋，谈论着野牛群的事，有人说大概两百只，有人说三百只，我们后来在视频中数了一下，接近四百只。

三百多只，接近四百只，这是大家见过的最大的牛群，不知道是不是冬天到了合群了。后来，国家林业和草原局的专家跟我说，他们系统拍摄的最大的野牦牛群是三百只，近四百只的还没有拍摄到。

张老师说他要学几声狼叫，表达一下心情，但是嘴里吃的干粮，声音出不来。

从野牛沟下来，第二天去乌兰达坂，这里是藏雪鸡的领地。可惜来的时机不对，没有见到一只。路上遇到两只赤狐，看到我们，钻进了窝里。在周围设了几个红外线，就匆匆离开了，赤狐的幼崽刚刚诞生，不打扰它们。

有人提议，不如去看看那只胡兀鹫。胡兀鹫的关注度很高，不论是在生命科学领域还是在纪录片领域。几个小时的车程，很快就到一条干涸的沟里。胡兀鹫的窝在一个二十米高的崖上，对面正好有一个同样高的山头，趴在上面可以看到窝里。

三九天的第一天，正好是胡兀鹫孵化最关键的时候，看到胡兀鹫在巢里伏着身子，大家悄悄撤了下来。三九三出壳，再过几天等出壳了，我们再来看它。

一个月后我们再去，结果让人大吃一惊。胡兀鹫已经死在崖下，看样子有一段时间了，头被什么动物吃掉了。蛋壳也在悬崖下，应该是被天敌咬死，把蛋也打落到崖下了。

这可能是野生动物世界最真实的一面吧。

我们对胡兀鹫的兴趣逐渐被挑拨了起来，尤其是近两年。2020年的冬季，我在一条沟里看到一只胡兀鹫迎面飞来，那种震撼无法用语言形容。当时我正在副驾驶位置，昏昏欲睡，无神地望着前方，突然一只巨大的、展翼两三米的胡兀鹫在离地三四米的高度，迎面滑翔而来。它黄色的胡须和圆鼓鼓的双眼清晰可见……我被它的魅力倾倒，眼巴巴地看着它从车顶滑翔而去，巨大的阴影投射在车盖上。这是我和它最近的距离，它给了我无法磨灭的震撼。

事后，我们开始有意识寻找胡兀鹫，相信有一天，会将它的美展现在大家面前。

还是回到纪录片《向往鹰的飞翔》。我们又拍摄了几个100多只的野牦牛群。

在一个群里，有两只家牛混在野牛群中，这应该是被公野牦牛勾引走的。

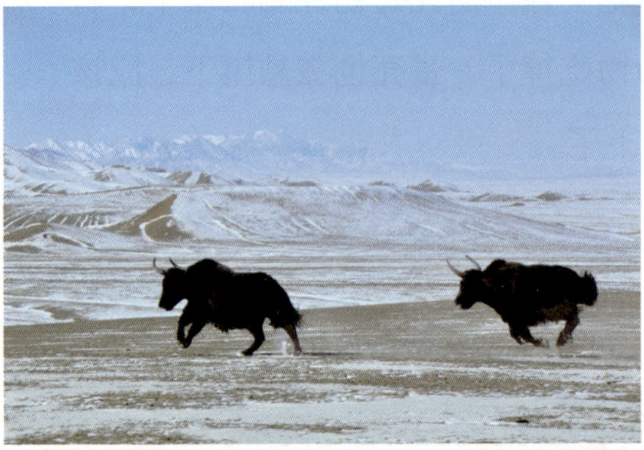
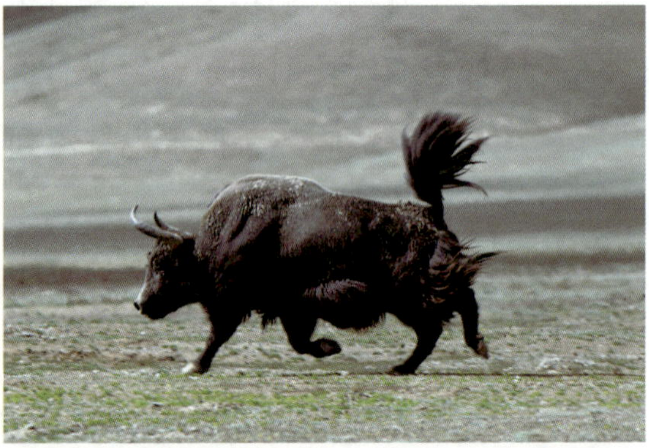
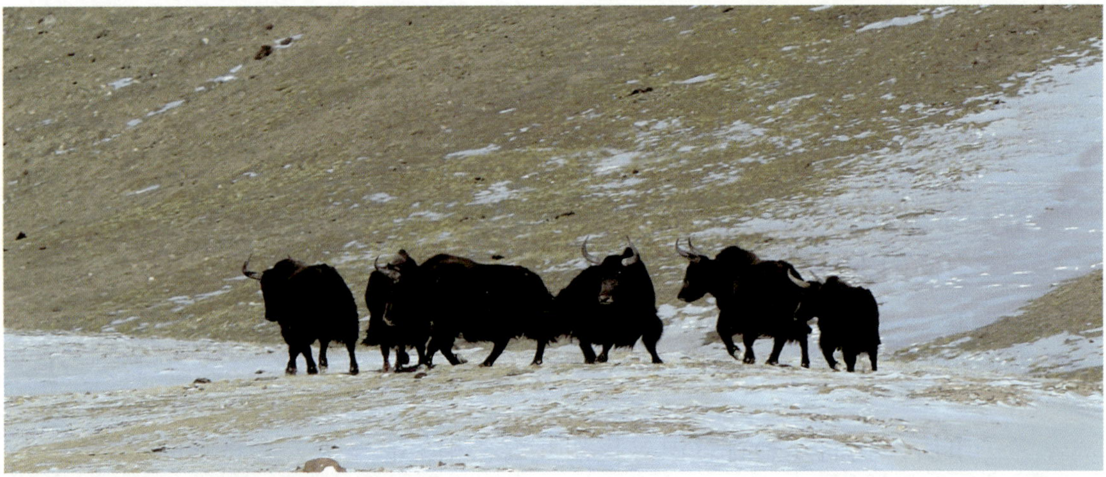
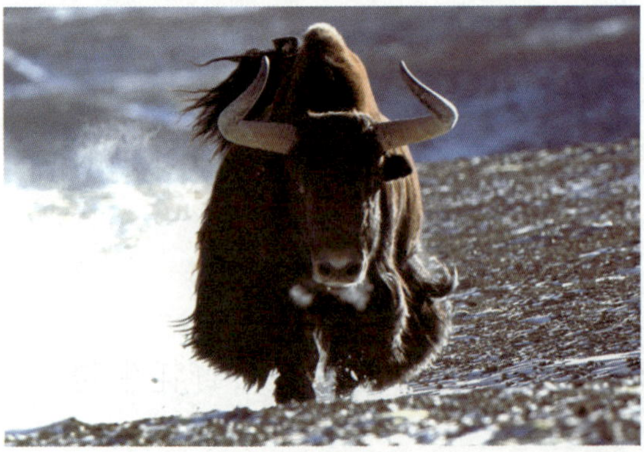
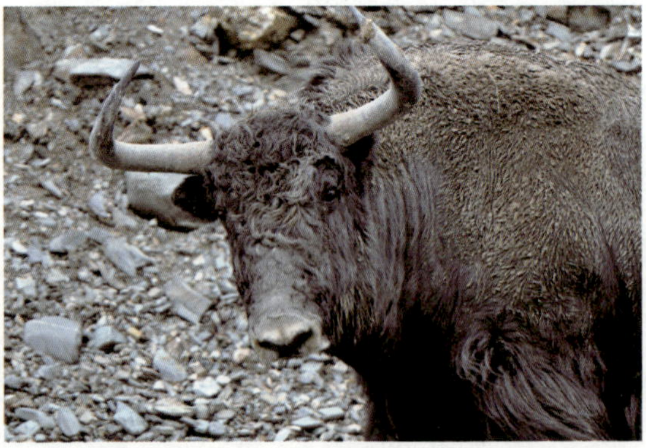

牧民经常到保护局告状，野牦牛把家牛带走了。牧民不敢去野牛群，看保护局有什么办法。长期的混群，专家说会影响到野牦牛的基因。据介绍，家牛和野牦牛在70万年前已经分开了。

索书记和张老师两个人在牧民家聊天，想着怎么把两只家牛分离出来，实在不行，就找公安局备案，请森林公安将家牛打掉，谁家的牛再给他们做个赔偿。摄影师很机灵，虽然很累，但是还是完整记录了整个谈话过程。

这一段很重要，是全片的一个结论，如果没有这一段，这个片子的结尾不知道会是怎样。

有一天，索书记带着我们去钓鱼沟，据说也叫掉驴沟，意思是路途惊险，驴都会掉下去。后来以讹传讹，就成了钓鱼沟。

肃北县的采金有很久的历史，在400多年前的明朝，是国内最大的采金点之一。

危险的独牛
单独的公野牦牛是祁连山最危险的物种之一，会主动攻击人类。独牛出现，一般是在种群中竞争交配权失败被迫离群，它们的怒气无处发泄。这时候的公野牦牛横冲直撞，是高原所向披靡的存在。

沟口看着很普通，和别处没什么区别，但是并不是这样。这里遍布大大小小的石头，一个痕迹走不对，全部要折回重新来，找路是进沟最大的问题。边走边垒砌石头做标记，时不时退回重新找路。以前的痕迹早就没有了，这条沟起码这二十年很少有人进了。

折腾了两个小时，才进了沟口，也看到了很久以前的车辙。顺着走了几公里，路断了，只能步行。

我们选择这么难行的一条沟，是因为这里是盐池湾保护局第一次用红外线拍摄到雪豹照片的地方。照片有六七张，是一只成年雪豹在白天经过的影像。

当时关注雪豹的人太少，并且国外的专家认为中国的雪豹已经灭绝了，能有这几张照片，就充分证明雪豹在中国还是存在的。这对我是一个巨大的诱惑。

第一次见识了雪豹的行动路线，它总是沿着沟边，尤其是在岩石下溜边而行，并在有棱角的石头上洒下尿液。达站指着一块离地一米左右的石头尖让我们闻闻，是不是有浓烈的尿液的味道。我凑上去闻了几下，有一股淡淡的尿臊味。

地上也有较为新鲜的抓痕，雪豹经常在这里经过。

回来的途中，雪下了起来，并不大，但是洋洋洒洒，地面很快被白色覆盖，索书记在雪地上写下了几个字："雪豹，我们来了。"

纪录片《向往鹰的飞翔》是我们关于祁连山制作的第一部纪录片，讲述了以上的故事。明线是张老师的一次调研经历，暗线是野牦牛的基因混种问题。结尾采用了开放式结尾，也是符合实际情况的：野牦牛的混种问题有没有解决，还是个未知数。其实，我们面对的很多事都是这样的一个结果。

这部片子相当于纪录片《祁连山国家公园》的前传，当然在风格上两者完全不同。《向往鹰的飞翔》属于纯粹的纪录片风格，和 2022 年 3 月份播出的我们的纪录片《寻找雪豹》第一部风格相同，而《祁连山国家公园》更加接近甚至可以说更多模仿了英国 BBC 自然类纪录片的纯野生动物表达方式——通过野生动物完美地展现和描绘了一座美丽的祁连山。

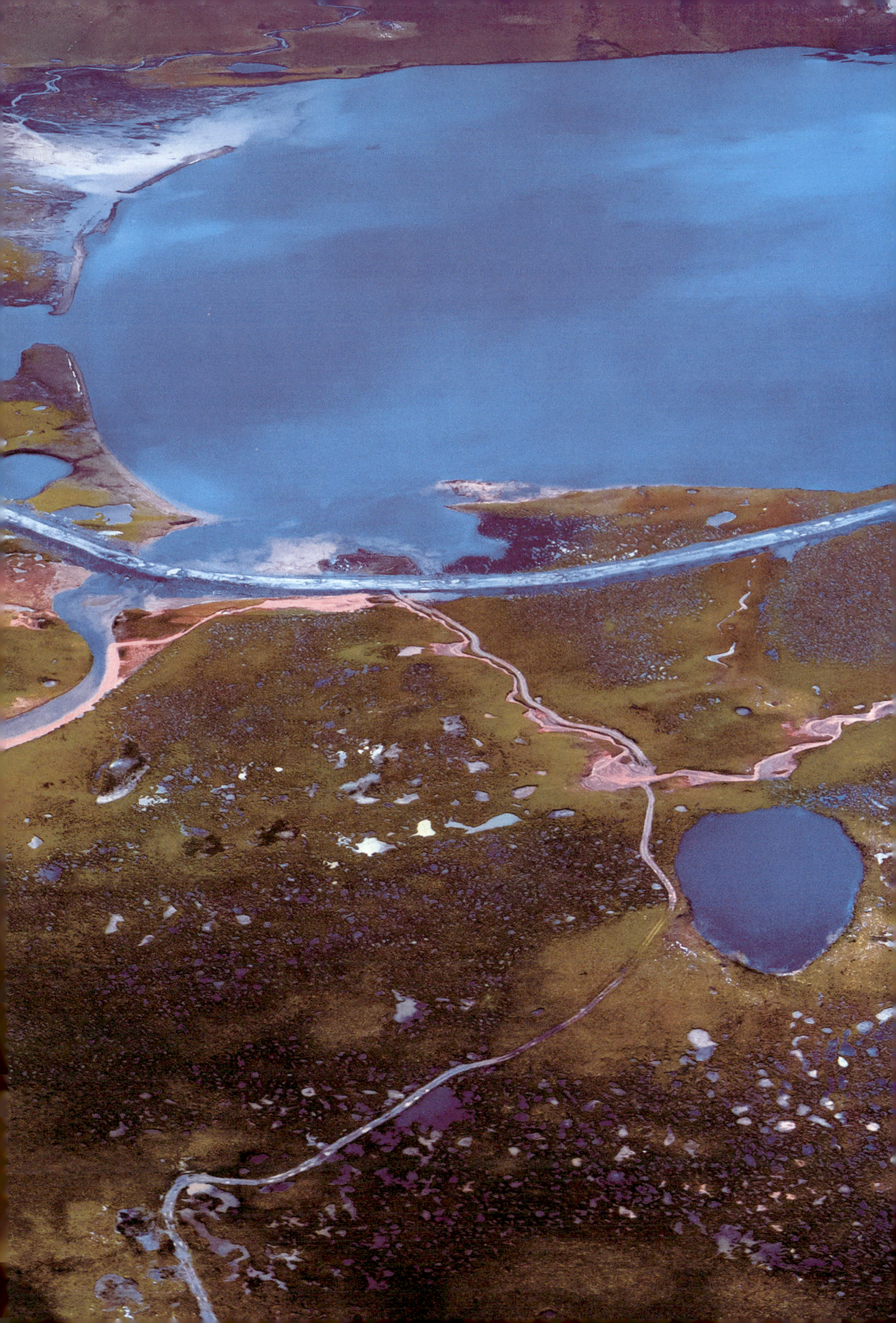

−3−
湿　地

2014 年 3 月份，我们正式进入盐池湾国家级自然保护区党河湿地，开始了春季湿地野生动物拍摄。

湿地保护站住了好几个人，刚接触的很多细节已经记不清楚。保护局研究和保护湿地的色拥军、开车的那生巴耶尔，张老师的一个女学生，还有我们的三位队员。

都是年轻人，自然热闹。分工明确，色拥军和那生负责剥葱捣蒜蒸米饭或者醒面，我负责炒菜，其他人负责洗碗。

后来色拥军和那生搬来了一台电视机，捣鼓了好多天终于有了信号，两个人晚上有事可干了。

我不是很喜欢看电视，笔记本下载了很多纪录片、电影，晚上也

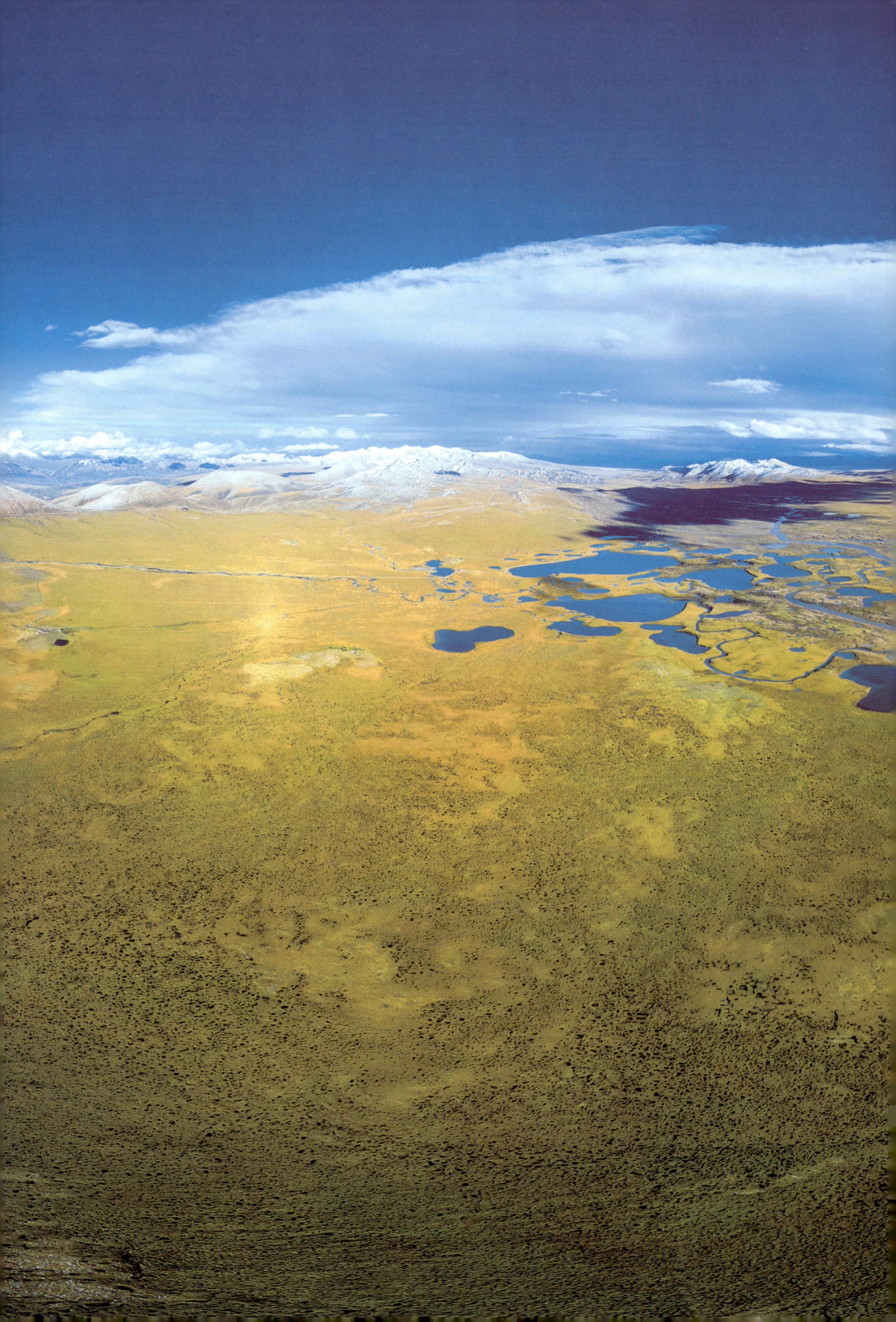

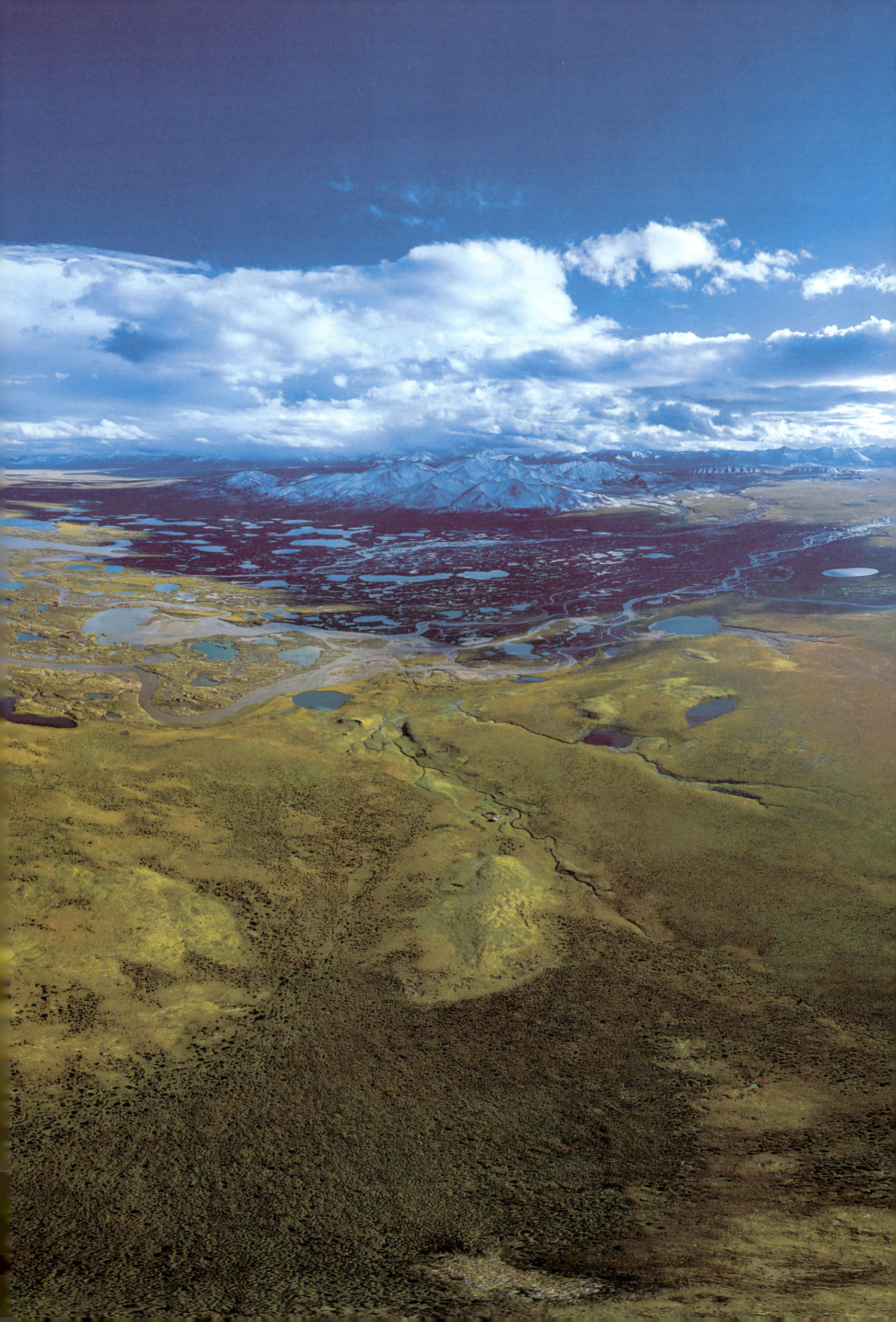

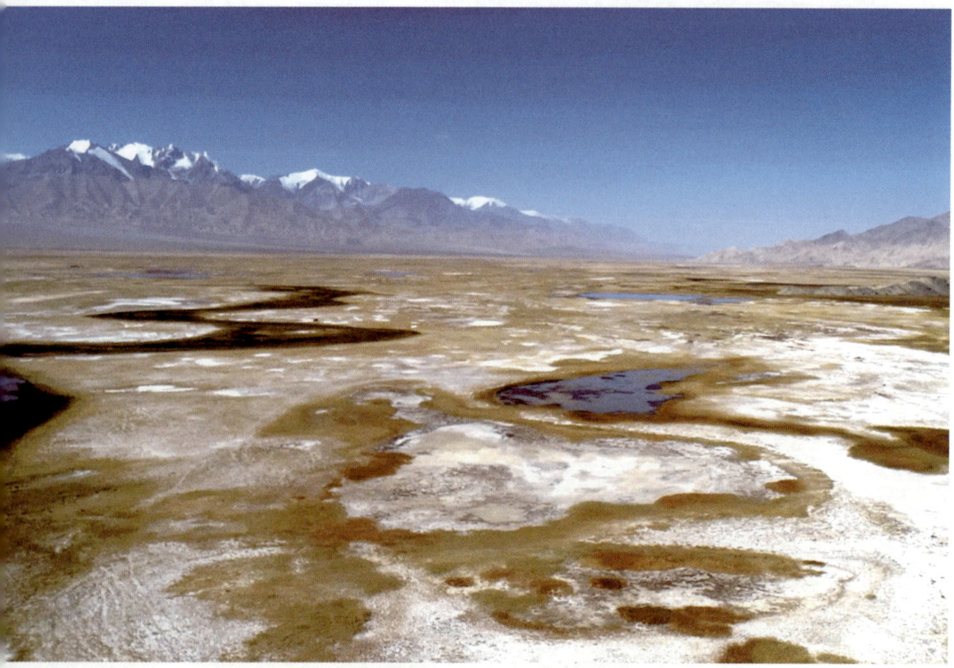

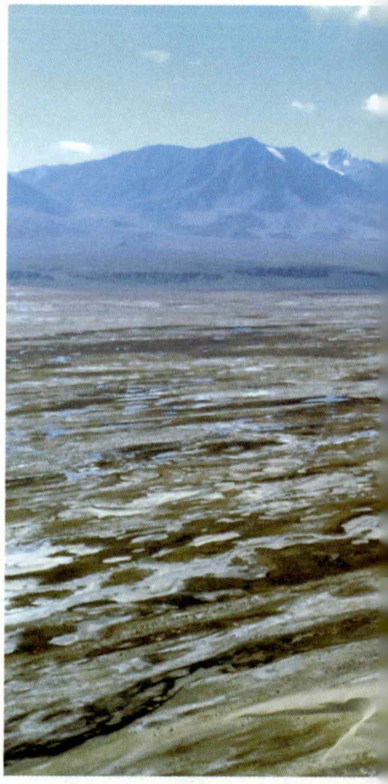

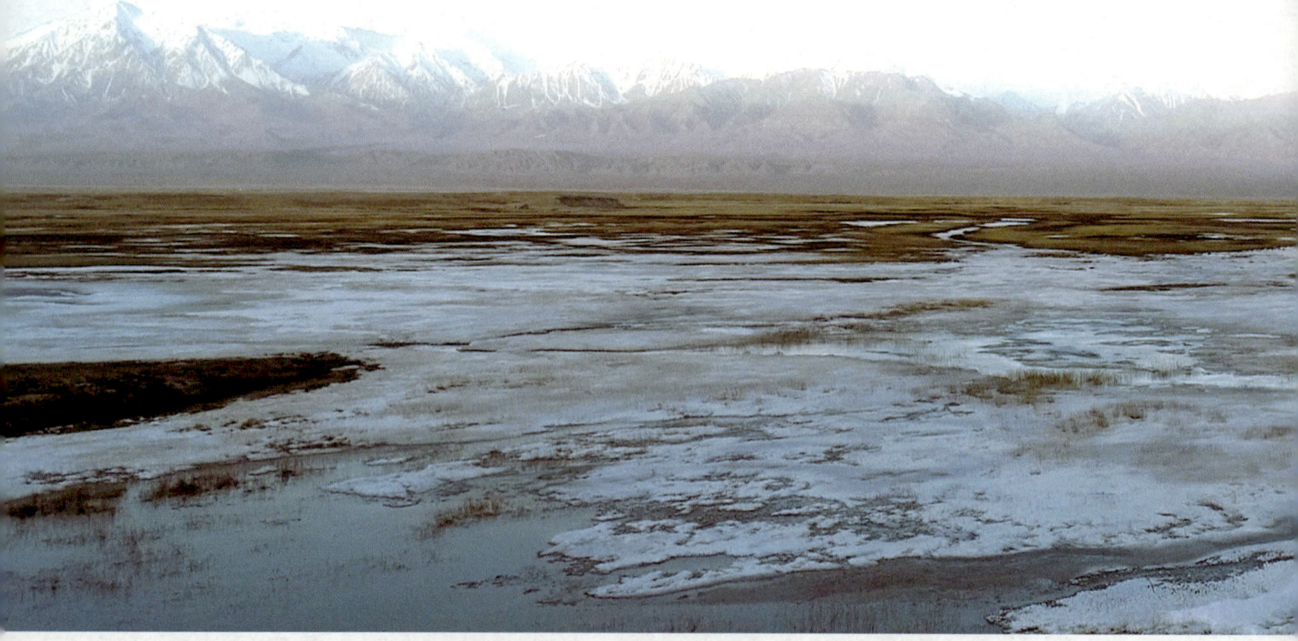

湿 地

不寂寞。

当时湿地站的电还是太阳能，不稳定，动不动就没电了。后来换了几次，再到后来拉上了电的时候，我们已经不在这里了。

当年这里没有手机信号，第二年在七八公里外有了联通信号，打电话都要开车跑很远。

那一年主要观测了十对黑颈鹤，从右往左，分别按照一到十进行了标号。我们就说谁今天去几号巢，再不用多说，就知道在哪里。一般都是一个巢放一个人，到晚上的时候再去接回来。

休养中的党河湿地
祁连山最北端的党河湿地，每年几乎有一半的时间处于冰冻中，这是高原湿地休养生息的时间。而在它泛绿的几个月中，却是野生动物，尤其是候鸟的天堂。

早上吃了早餐，下一顿就是晚餐，午餐一般都是带水带干粮解决。在湿地风吹日晒一天，口干舌燥，也是很累人的事。

这段扎实观察的日子，不仅记录了黑颈鹤较完整的习性，比如打斗争夺领地、求偶、交配、产卵孵化等，还拍了一些动物之间的故事，比如藏狐偷袭黑颈鹤巢，下来喝水的岩羊和黑颈鹤等等。

这是我们拍摄野生动物的初期阶段，大家完全按照自己的理解来摸索，是对野生动物习性的观察和掌握，并不是按照纪录片的要求来拍摄的，更像是在给科研做一定的材料积累。

那个时候，我们对野生动物类纪录片的理解还不成熟，分不清主次，只是把看到的记录下来。现在看来，纪录片和科研之间是有一道巨大沟壑的。到今天，我还在逐渐理解这种不同，但是依旧不能用语言准确表达。

十个编号的巢安置了二十多台红外线摄像机，为了掌握黑颈鹤的习性，每天晚上都看这些巢前一天拍摄到的视频。每天至少要看两三个小时。发现一些有趣的故事，比如黑颈鹤和斑头雁之间有复杂的关系：黑颈鹤总是驱赶斑头雁，而在黑颈鹤离开巢寻食的过程中，斑头雁会乘机将黑颈鹤的蛋敲碎。近几年，也发现在不同的地方，因为资源的不同，黑颈鹤和斑头雁之间的关系也不同。比如在湿地资源丰富的地区，比如若尔盖地区（甘肃也有很大的一部分），两个物种之间的冲突并不激烈。在产蛋之前，黑颈鹤的驱赶行为较为温和，看得出来只是不喜欢斑头雁靠得太近，而在产卵的时候，已经有了自己的领地，并且相隔很远。

湿地的岁月是在十年的野生动物拍摄中条件最好的，也是心理负担最小的。一来因为野生动物集中，知道明确的位置；二来因为有固定、坚固的住处。这两点在其他的野生动物拍摄中再没有出现过。

即使是这样，也有很多人受不了。首先是一位研究生，他和我们的摄像师王凯住在一起，晚上吸入了一些煤烟，第二天吐了一阵，然后怎么也不想待了。他跟王凯说，他念书是为了享福，不是为了拼命，就堵了一辆去县城的车，离开了。

我们的团队中也有人感觉辛苦，在湿地的拍摄过程中，以各种缘由离开了两位。

有一天，张老师决定把这十个巢都走一遍，就叫了我。

出发得很早，没来得及吃早饭，就带了干粮和水放在车上。路上走了很久，那生巴耶尔开车，将我们四个人送到最上面的一号巢。这时候天已经亮了，太阳一出来，湿地的水蒸气就升腾了起来，马上变得闷热。

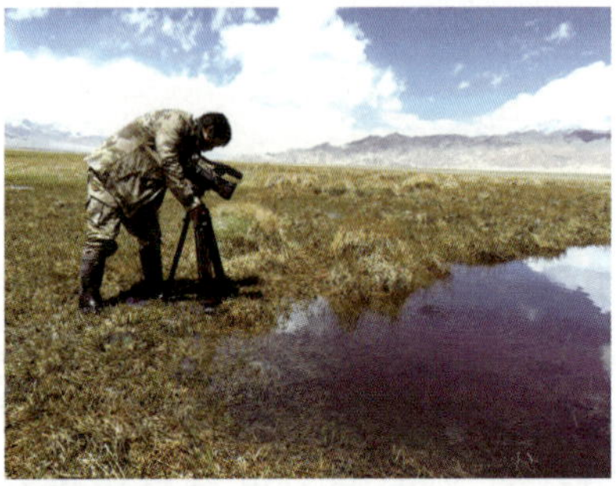
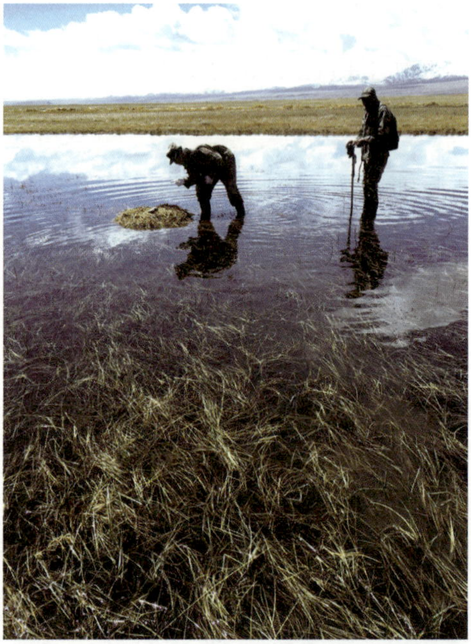
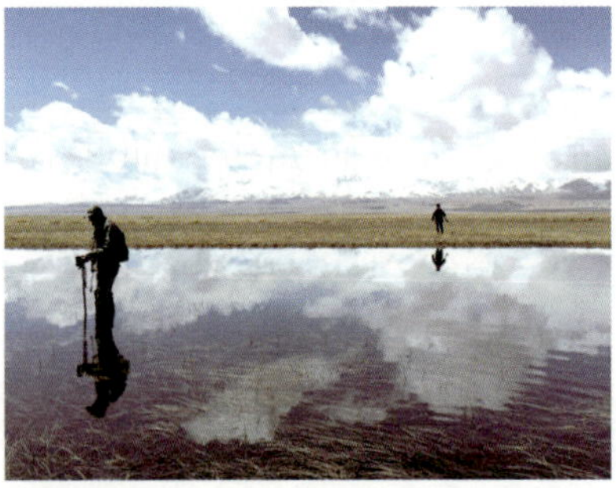
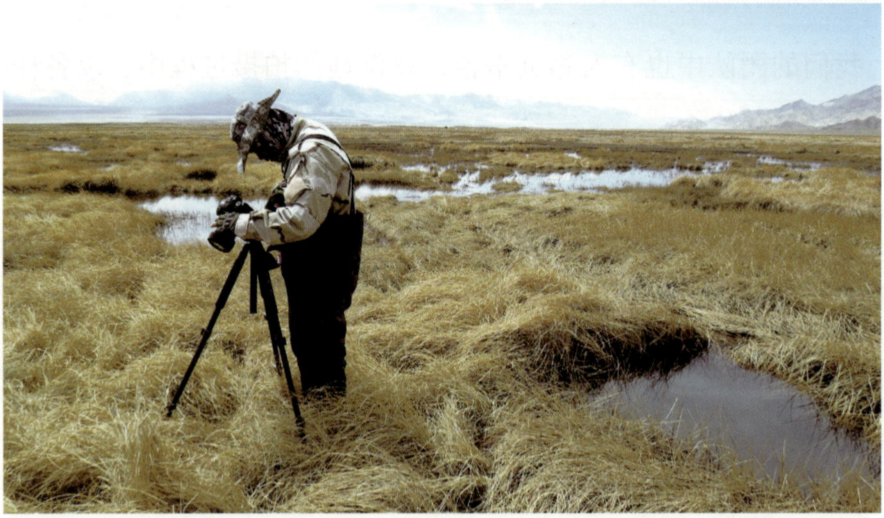

张老师问色拥军，要走多长时间，色拥军说四十分钟就到了。我和张老师按照四十分钟的路程算了一下，没必要带吃喝，很快就下去了。

我甚至夸张地穿了一身沼泽里行走的连体皮衣裤，防水没有问题，但是沉重，上面还套上了伪装服，扛着架子和小相机。张老师也穿了长筒雨靴，拿了照相机。

司机那生和我们的队员袁莉乘车到最下面十号巢等我们。张老师、色拥军和我开始往下走。十分钟后，色拥军已经等不住慢腾腾的我们俩了，自己迈开步子走了。

我和张老师边走边聊，看到好的景色就拍，速度越来越慢，一个小时之后，已经看不到色拥军的影子了。走了两个小时，湿地的闷热让我们俩口干舌燥，依旧看不到十号巢的影子。

这时候，已经非常后悔没有带吃的和喝的了。张老师问我有没有私藏吃的。我翻遍了口袋，终于在里面的口袋里找到一颗救急的士力

党河湿地工作的拍摄和观测队员
2014 年—2018 年的几年中，拍摄团队和保护局湿地工作人员一起，对黑颈鹤的行为进行了拍摄和观测。

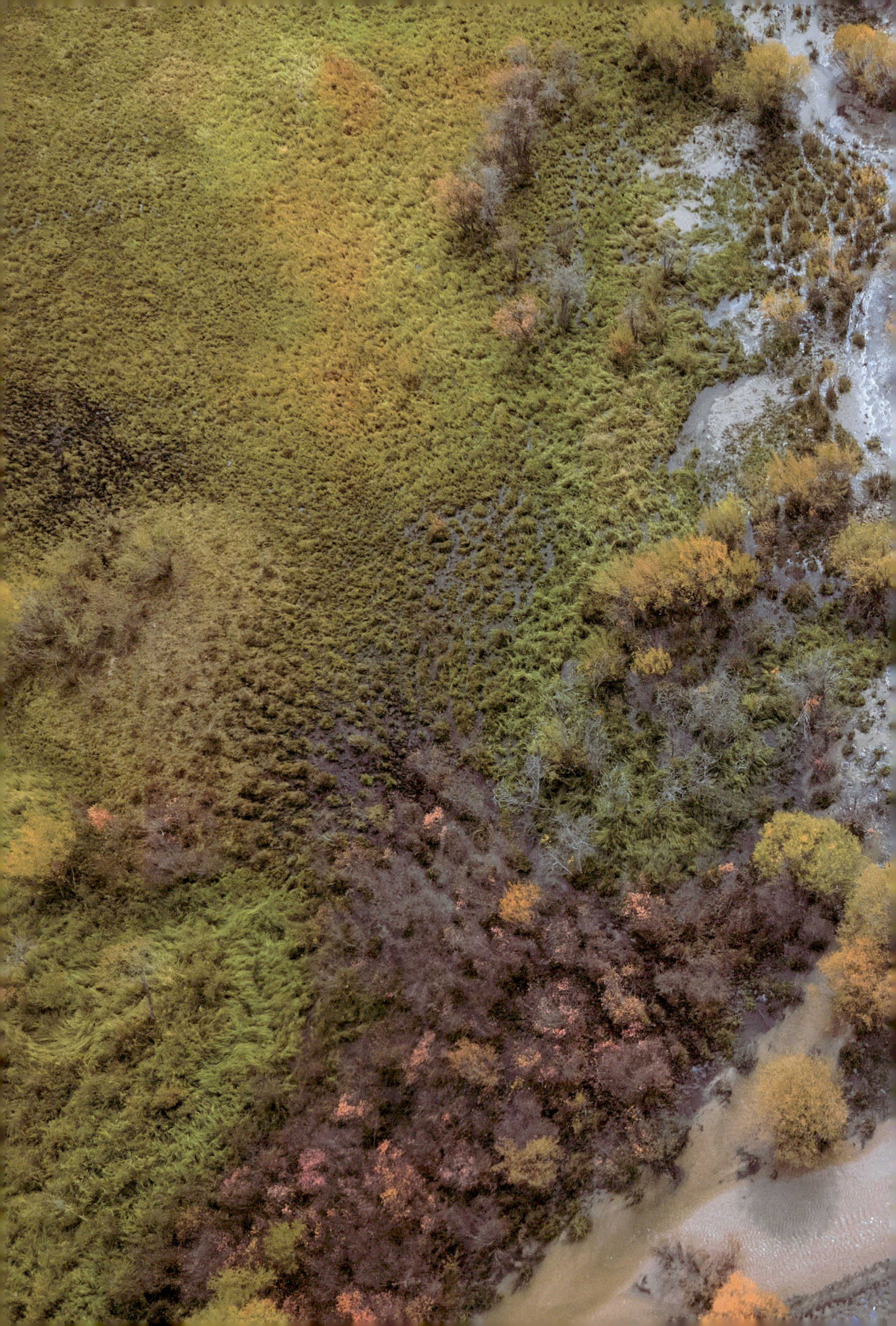

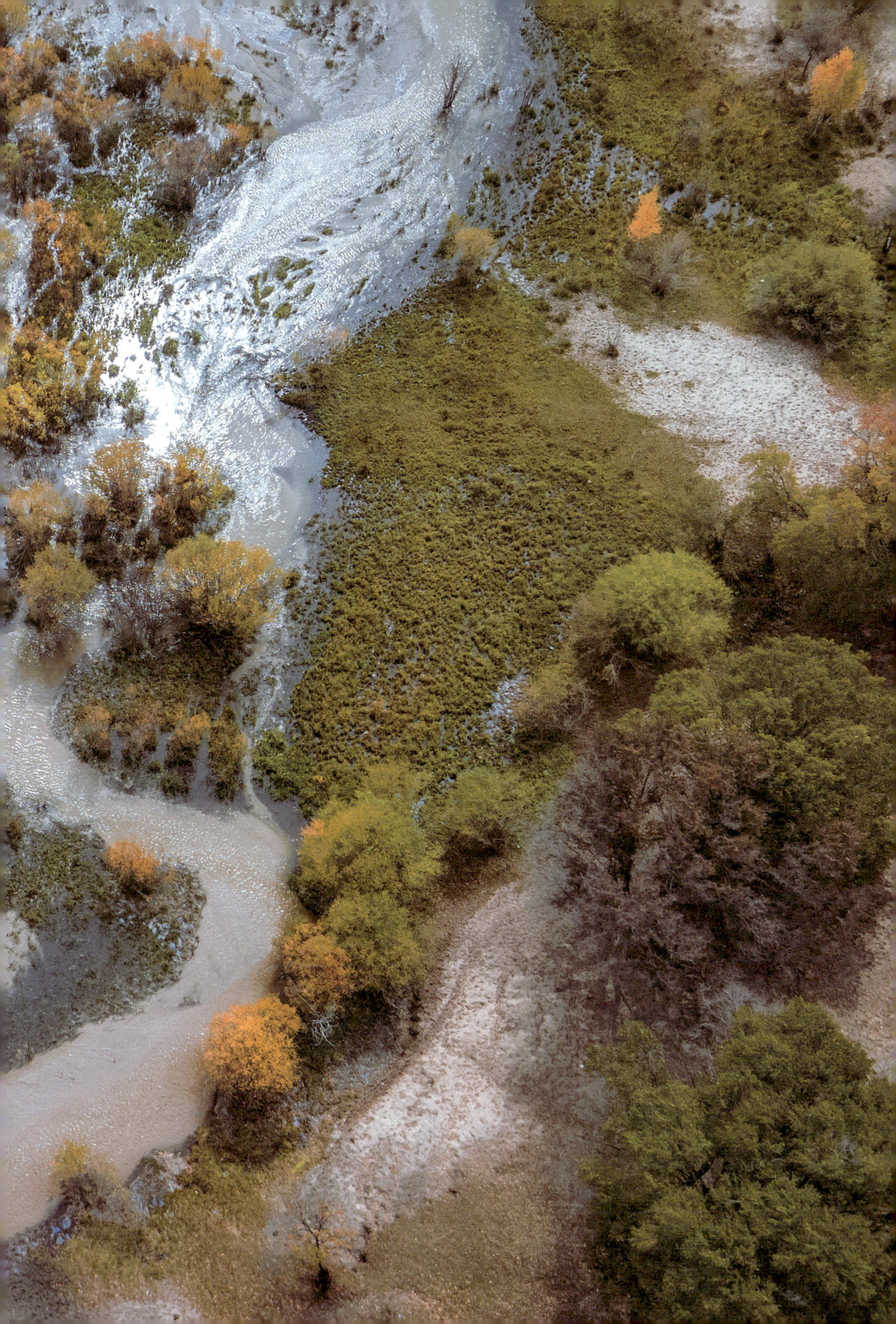

架。每人一半将它吃掉，感觉稍微好点了。

两个人在一块大石头上坐了一阵，远远地看见那生和袁莉在远处，张老师朝他们招手，我说看不见，不要招手了。张老师说，他们应该能判断出来我们俩现在急需补充体力，估计是送吃的来了。我撇了撇嘴，说张哥你想多了。

那生和袁莉在很远处看了一眼就不见人了。

我们继续往前走。这时候真正进入了沼泽区，踩着沼泽特有的草垛子，不时跳来跳去，两个人累得上气不接下气。一个弯道出现在我们眼前，我说要不我们沿着弯道走，张老师说那太远了，还是走直线直接穿过去。

直线穿越沼泽走了不到一半，张老师在从一个草垛跳向另外一个草垛的过程中，掉在了沼泽中。当时我在他的前方，已经超出了他五六米。他扒着草垛，终于将自己从沼泽中扒出来，浑身都是泥水，赶紧原路折回。张老师躲在大石头后面脱掉了所有的衣服，让我不要过去，晒了半个小时，才又出现在我眼前。

他说，太累了，现在要喝点水了。张老师给我讲如何在沼泽选择能饮用的水。我们俩盯着沼泽，看哪里有水鸟饮水，水鸟能喝的水理论上我们也能喝。

沼泽的草一年跟着一年腐烂，发出各种奇怪的味道，很多水并不流动，是有毒的。

终于看到在一个石头下面落着两只小鸟，小鸟喝了水又飞走了。我们俩拖着疲惫的身体走过去，第一次感到自己的身体原来这么重。

张老师迫不及待地喝了一口就坐在了旁边，我俯下身子连喝三口。他阻止我："喝一口就行了，喝多了会越来越渴。"水很咸，喝到嘴里，经过喉咙的时候感觉有些火辣。

我们俩继续往下走，终于到了十号巢附近。张老师看了看表，已经是下午两点多了，我们走了四个多小时。

我把连体雨衣脱掉，浑身被汗水浸泡得湿淋淋的，张老师也轻装了。我们俩躺在草地上，再也不顾其他，眯着眼睛睡了起来。

车在半小时后来了，我们距离他们接应的地方还有一节距离，那生实在等不住了，又原路返回，才找到我们。

后来关于张立勋老师的纪录片取名《向往鹰的飞翔》，就是这个意思：在山里寻找动物走得筋疲力尽的时候，抬头望着天上自由飞翔的鹰，是多么羡慕它们，希望自己也能有一双翅膀，在天际间自由翱翔。

湿地保护站建在了风口子上，一周中有四五天，中午一点钟开始，狂风呼啸。门外的旗子猎猎作响，旗杆头弓下来，随时都有可能断掉。有时候，能看到一堵高百米、宽千米的土墙在地面缓缓移动，简直成了一道奇观。这个景象后来在亚麻图也见过，但是以独山子湿地站周边居多。

黑颈鹤最爱在狂风中鸣叫，翩翩起舞。它们矫健的身影在黄尘中隐隐约约，尖锐的鸣叫时不时穿透呼啸的狂风。

而其他的鸟类这时候已经销声匿迹，不见了踪影。

迎难而上，这是黑颈鹤最让我感慨的一幕。

黑颈鹤被称为高原最优雅的音符，是因为它的体型修长，偏爱舞蹈。但是多了解一下，便知道这种生物是一种凶猛的物种，它能将鼠兔用喙啄死，然后生吞。它甚至能将坚硬的红外线外壳啄破，这个现象一开始让我们迷惑。

有一天，色拥军拿着一个红外线摄像机进屋，嘴里骂骂咧咧，我问怎么了，他说不知道是谁拿钉子将红外线摄像机打了一个洞。我看了看，果然在红外线红色警报灯的地方，有一个圆圆的洞和钉子钉的一样。

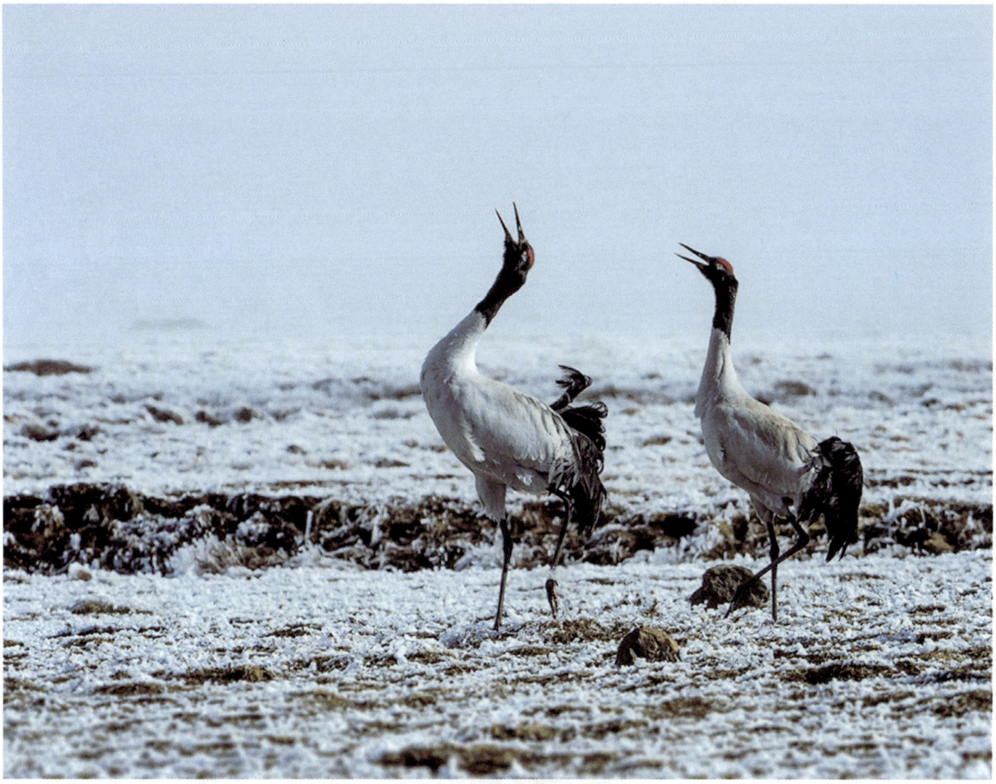

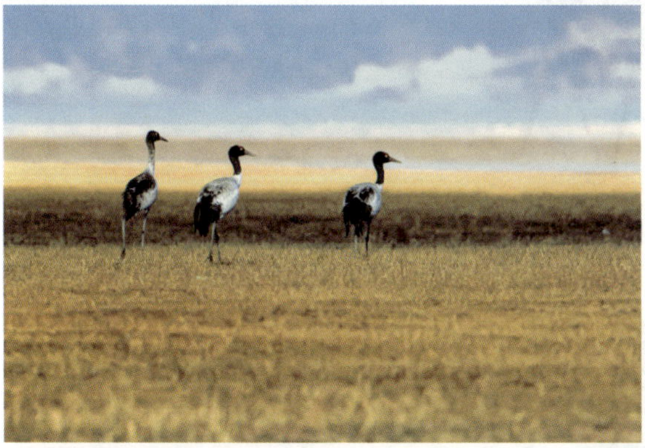

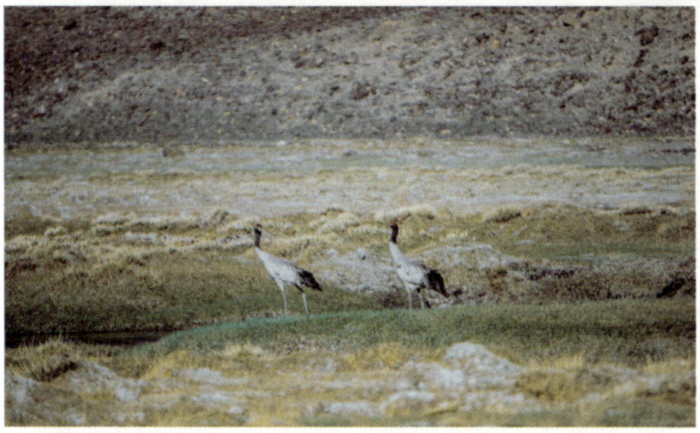

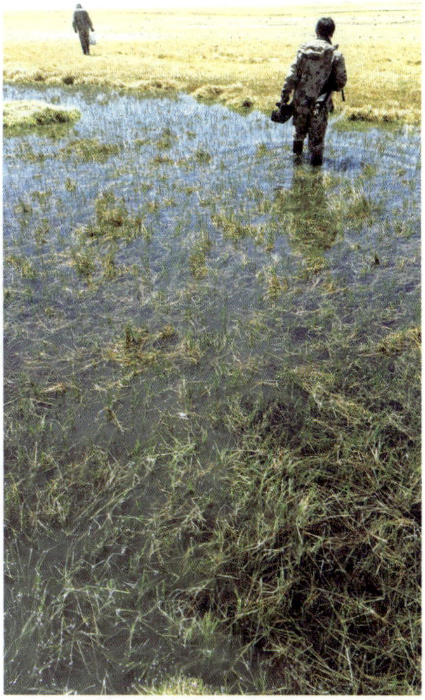

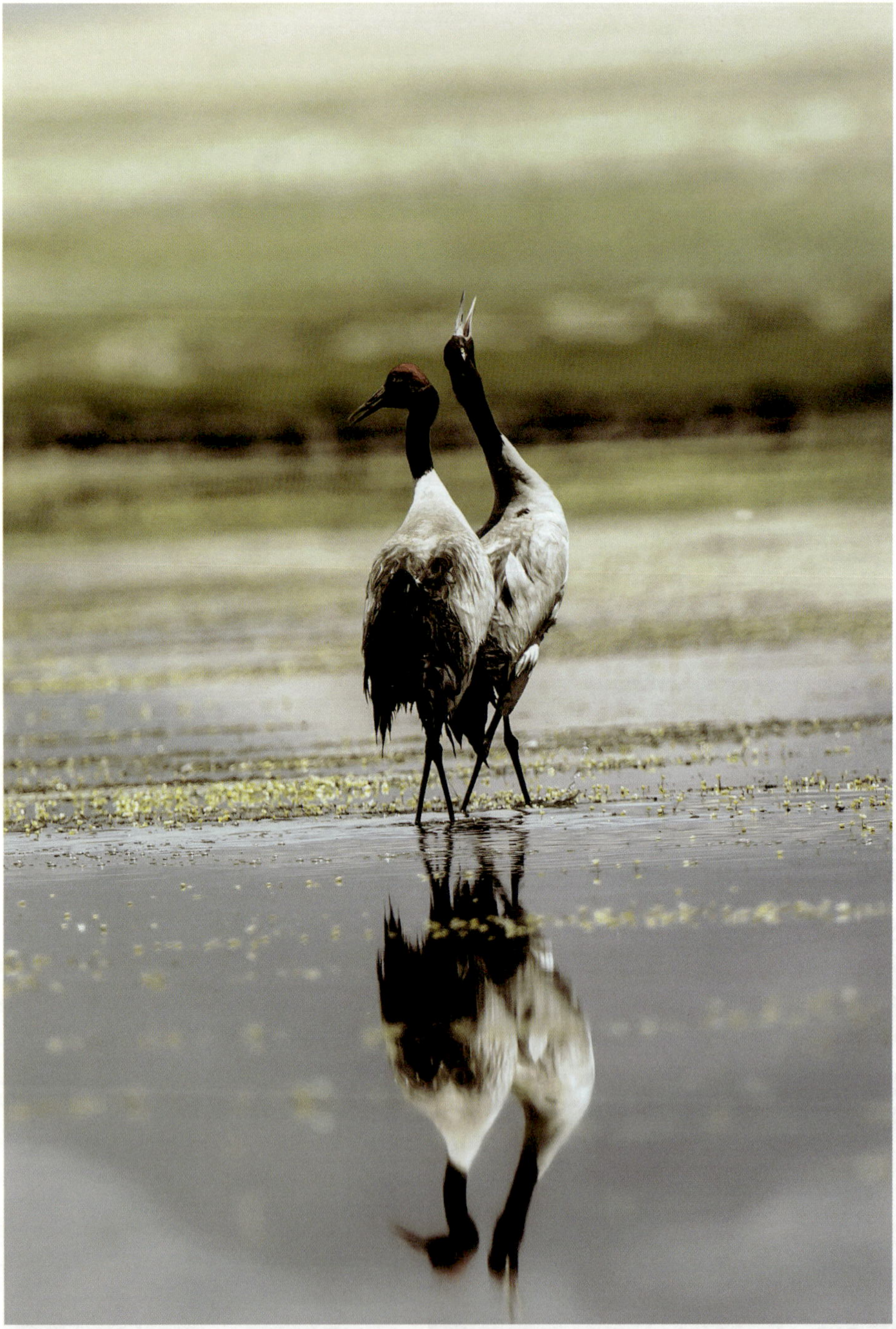

我们表示无语，接受了这一解释。直到后来，我看第六号黑颈鹤红外线视频的时候，才发现视频中一只黑颈鹤走过来啄几下红外线，一会儿又过来啄几下。我们检查了这个红外线，果然上面有一个洞和之前的一模一样。

黑颈鹤和我们的距离保持在 500 米左右，熟悉的时候，最近也要有 50 米的距离，再要接近，就很难了。

刚开始争夺领地求偶的时候，黑颈鹤和我们的距离保持在 200 米开外，一旦开始筑巢，距离就会拉近一些，100—200 米之间。孵化的时候，只要不短于 50 米，黑颈鹤一般不会起身离去。

张老师的一位学生采集了黑颈鹤的 40 多种食物，放在床下，有一天拿出来晾晒，每一种都用一个塑料袋装好，整整齐齐地摆放在地上，很有成就感。

黑颈鹤交配的镜头纠结了我们好几年。2014 年 5 月，黑颈鹤的交配期都要过了，我们仅仅在两千米开外看到了两次。当时的设备比较差，完全无法满足我们的拍摄。后来拍到了一次，很模糊，不能作为素材使用。

有一天傍晚大雪，我们都躲在房子烤火，张老师出去上厕所。厕所距离住的房子还有一两百米的距离，孤零零的。我们总感觉会

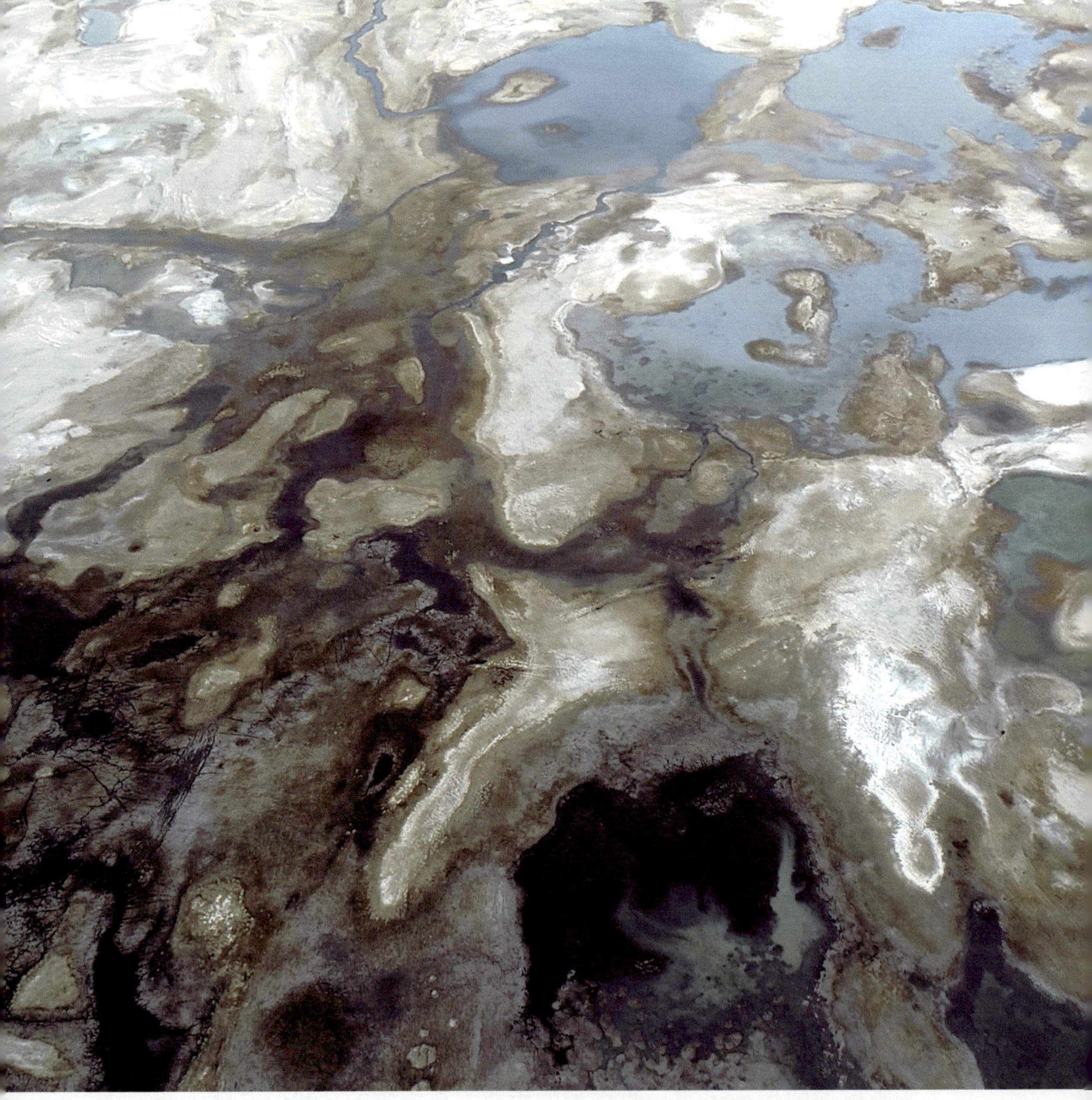

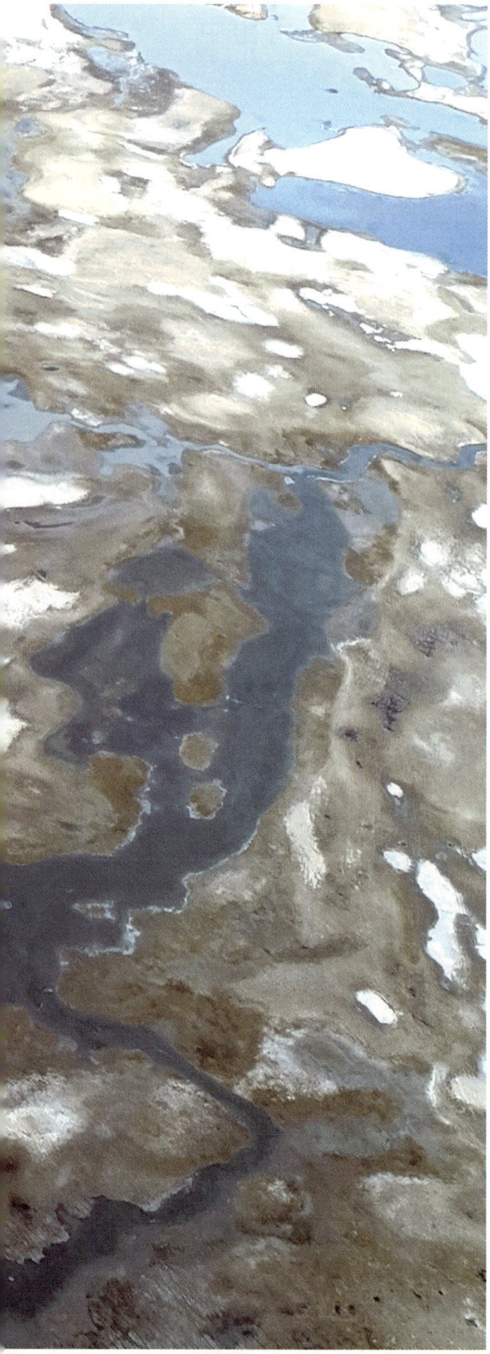
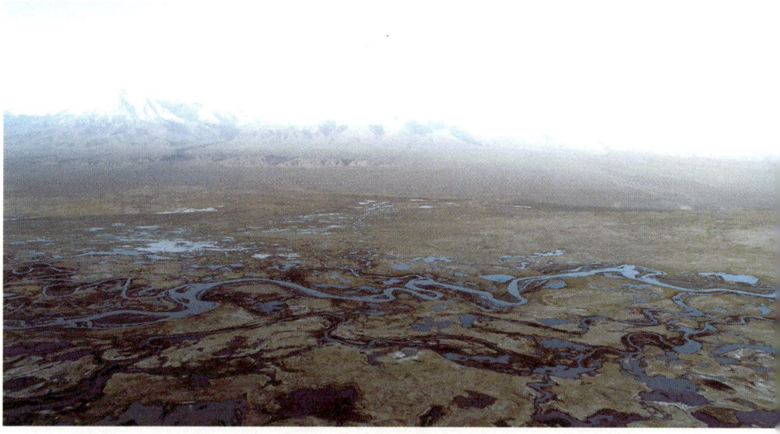
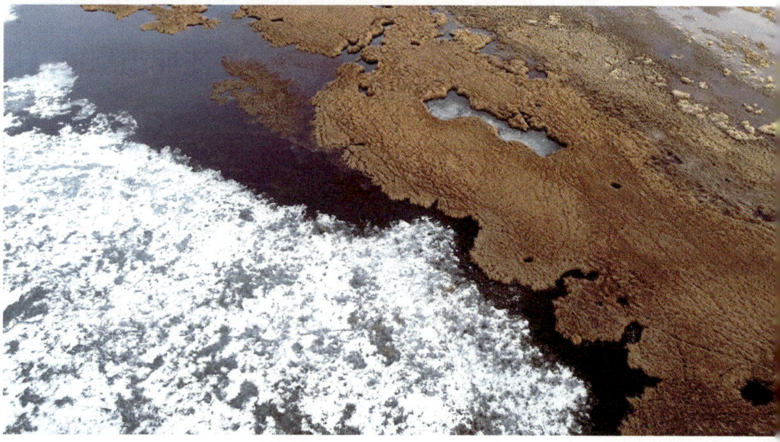
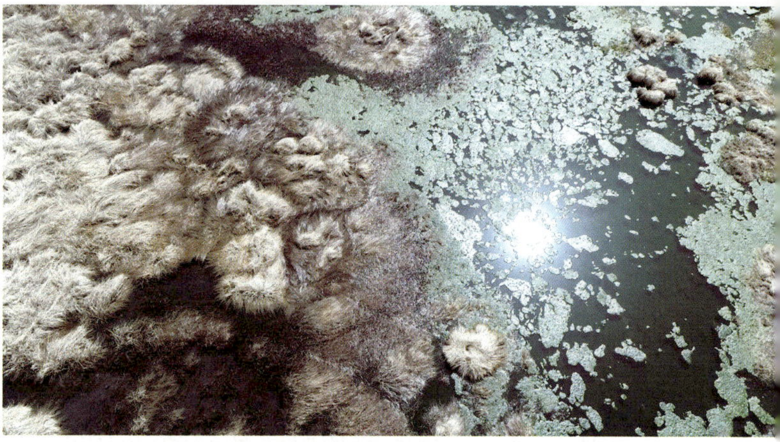

在上厕所的时候遇到熊，因为旁边就是独山子雪山，这座雪山中就有棕熊。

他没有遇到熊，回来的时候，给我们展示了他拍到的黑颈鹤交配的镜头，虽然依旧比较模糊，但比我们拍得要好。他很得意，享受了我们的羡慕。

那个阶段，对没有拍到好的交配镜头耿耿于怀，直到2017年和2018年，我们终于明白怎样才能拍到满意的黑颈鹤的交配镜头。

将帐篷扎到湿地，白天夜晚尽量不离开，几天后，黑颈鹤熟悉了这座小小的帐篷。它们在清晨太阳还没升起之前，就"展示"了交配的行为。而我们之前的几年间总是认为它们的交配是在太阳升起的时候进行的，大错特错。

这两年，我们拍到了多次完整的黑颈鹤交配过程，研究黑颈鹤的专家说，这是多么珍贵的资料。在纪录片《祁连山国家公园》中，最终选了两次不同状况下的这类镜头。有一些朋友说，这部片子是对黑颈鹤拍摄的终结，我们为此扬扬得意，却也知道，我们对黑颈鹤的认知和拍摄才刚刚进入一个状态，以后拍到的会更加好。

黑颈鹤在中国的野生动物中占有特殊位置。首先是青藏高原独有的中国鹤类，也是高原唯一的鹤类。它在藏区被称作神鸟，信奉佛教

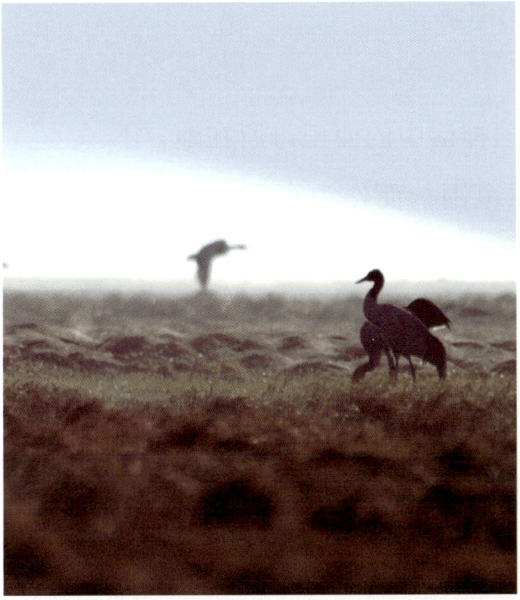
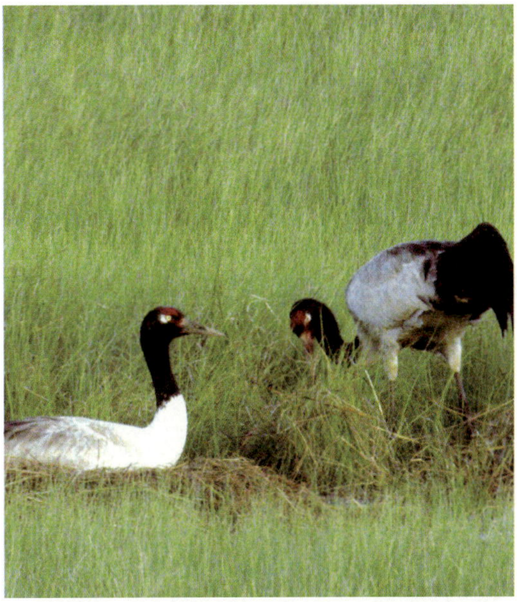
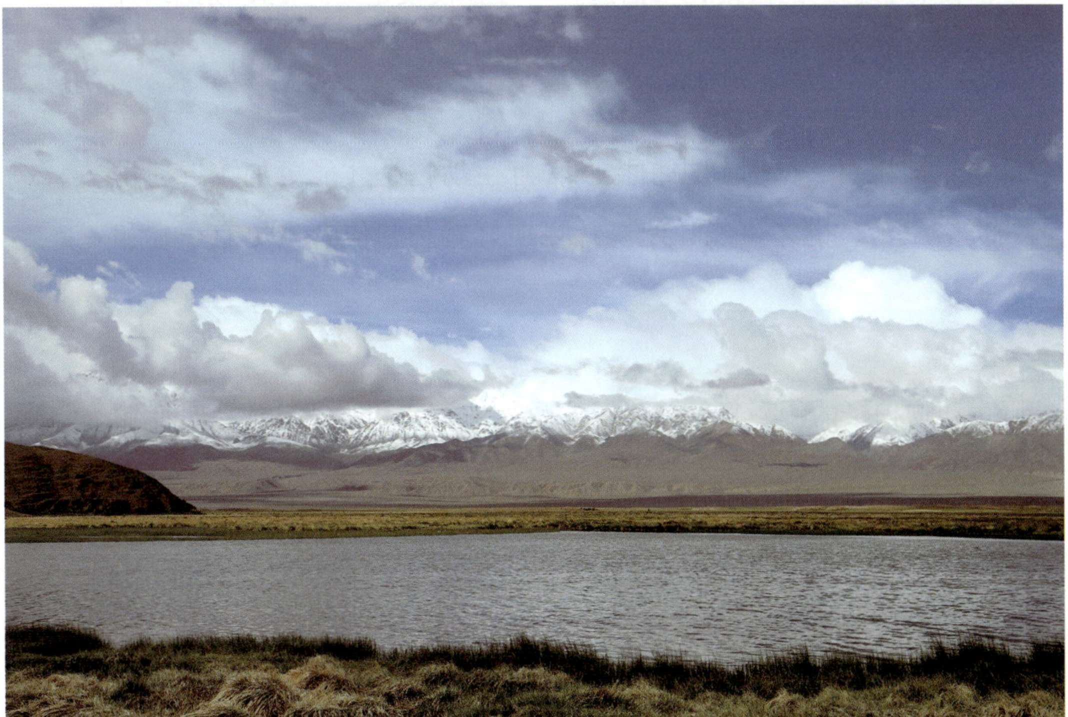

的藏族聚居区居民对黑颈鹤有着自己的理解。

在中国古代，黑颈鹤被称为仙鹤。中国神话中的西王母所在地，不管有多少争议，总不会超出青藏高原范围，而作为高原唯一的鹤类，黑颈鹤的形象和传说中的仙鹤形象完全一致，黑颈鹤当仁不让的就是仙鹤。

2022年春，我们在若尔盖国家公园拍摄湿地野生动物，黑颈鹤依旧是首选物种。出于之前的积累，这次是每天凌晨5时出发，到达湿地天刚蒙蒙亮，正好是黑颈鹤有行为的时间段，因此拍摄了一些以前没有了解到的习惯，相信这些内容不仅仅是对野生动物纪录片的添彩，更会对黑颈鹤的研究提供更加直接的证据。

用十年甚至更长的时间去拍摄一种野生动物，才能更加接近动物的真实生活，也才可能让纪录片更加好看，制作者也更有乐趣和成就感。

野生动物拍摄的漫漫长路，除了要耐得住贫穷和寂寞，还要有专业的设备，这些因素缺一不可。

有一次大概是夏秋之交，有一只黑颈鹤受伤了，从望远镜观察，伤势越来越严重，一只翅膀已经耷拉了下来。大家研究了一下，说要给这只黑颈鹤疗伤。

疗伤首先要抓住它。但是围堵肯定是行不通的，这是一只单独的黑颈鹤，它就在沼泽里生存，我们无法靠近。

最后想了一个办法，在沼泽边上放了几个绳套，撒了几把玉米。第二天天还没亮，牧民就来了，很生气，绳套套住了他们家的羊，羊折腾了半夜。

这只受伤的黑颈鹤最终还是被抓了回来，是一只亚成体（未成年的鹤），养在了湿地保护站的院子里。

旁边不远处有一户牧民，他们家养着一只大狗，大狗每天的事就是蹲在门缝那里盯着黑颈鹤，怎么赶也赶不走。

狗不咬我们，也可能是我们经常给它吃的。尤其是王凯，他守候的黑颈鹤巢距离牧民最近，这只狗经常跟着王凯，王凯的一大半干粮都分给了黑狗吃。后来王凯总结，这只狗最爱吃油饼。

有一天下午，不知道谁打开了大门，我们平时都是从侧门出入，侧门和院子还隔着一堵墙。几个人站在外面聊天，黑颈鹤突然冲了出来，狗追了上去，我们忙着驱赶黑狗。色拥军一把抓住了黑颈鹤的脖子，将黑颈鹤的脖子藏在腋下。黑颈鹤一直在啄色拥军的胳膊，他将脸和脖子躲得远远的，用另外一只手去阻挡，结果被黑颈鹤结结实实啄了几下。最终黑颈鹤又被带回来了。

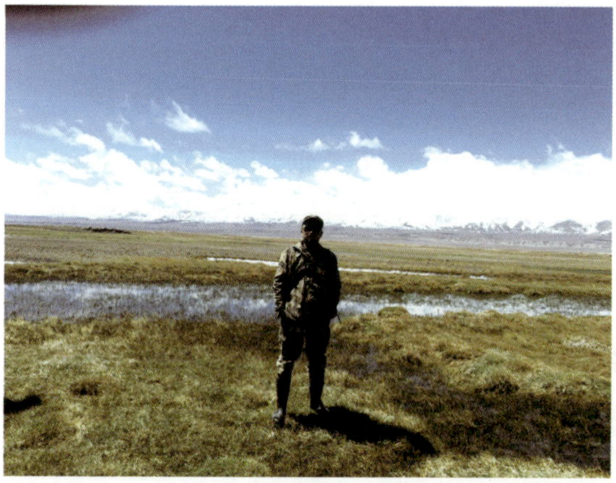
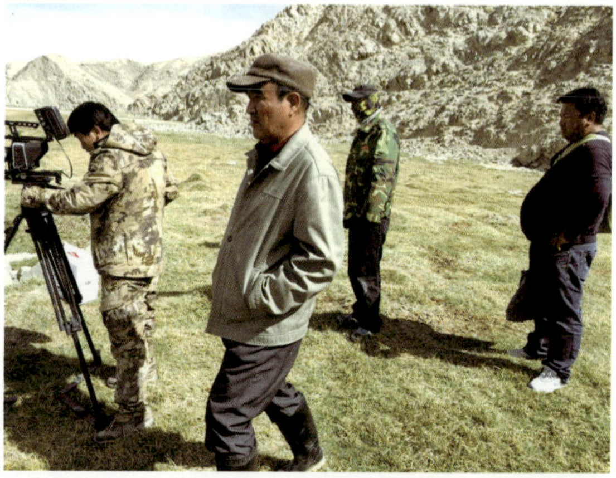
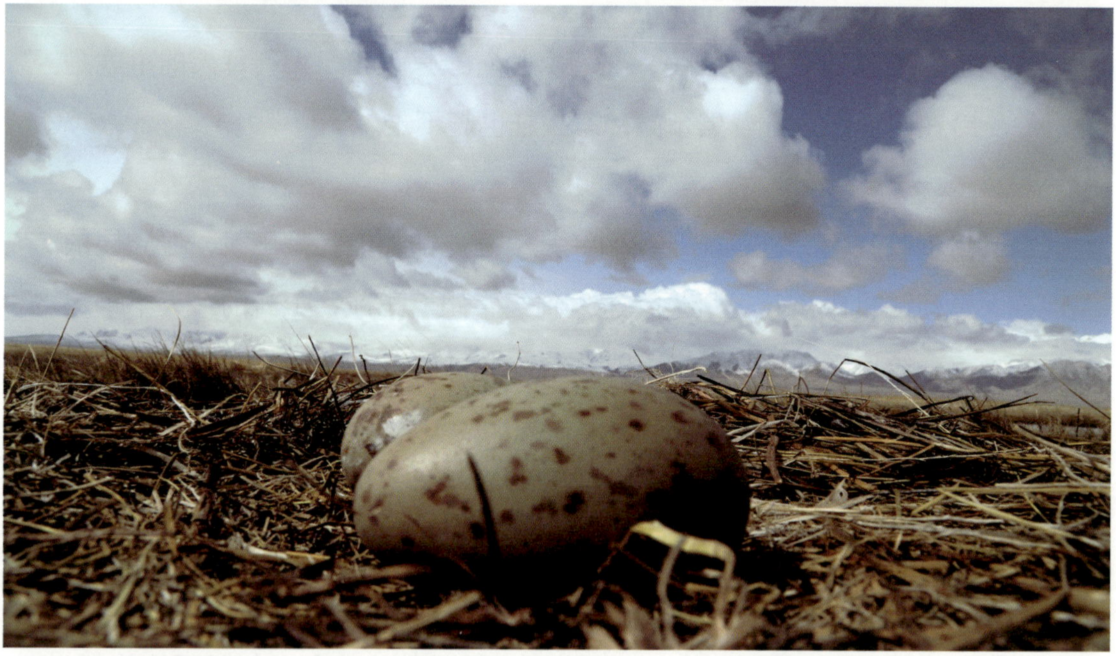

放这只鹤的时候我不在，他们录了视频，黑颈鹤已经恢复了健康，"嗖"的一下就从纸箱子里钻出来，冲进了沼泽。

2016年夏初，我们进山去拍摄雪豹。由于无人区雪大，就在湿地滞留了一周。这期间把湿地又走了一遍，发现湿地的水位下降严重，干旱蔓延，更碰到了一只黑颈鹤的死亡。

黑颈鹤是牧民拎来的，交给了色拥军，他当时分管湿地。黄昏时分，空气分外清新，长长的云朵斜挂在半空，夕阳托着长长的尾巴洒在我们周围，这是祁连山最舒适的季节。

我们几个站在门口分析黑颈鹤是怎么死的，都是胡乱猜测，也没人信服。

色拥军拿出一把卷尺，测量黑颈鹤的身长、翅膀长度等，将数据全部记录了下来。黑狗又来了，蹲在旁边不走，色拥军不放心，让我们看着。他回房子拿了一把铁锨，在远处挖了一个深深的坑，将黑颈鹤埋葬了。

据说当年黑颈鹤繁殖成功率仅仅有10%。我现在已经忘了这个数据是怎么来的，说前几年的成功率是三分之一，这一年下降了许多。影响黑颈鹤繁殖成功的因素之一，是当地降水量，也可以说是上游

的来水，浅浅的湿地将黑颈鹤的巢暴露在天敌脚下。这一年春夏，祁连山北部的降水量偏少。

黑颈鹤将巢建在沼泽或者平缓溪流中，周边水域较为宽广，经过不断清理巢周边的泥草，在巢周围清理出来的沟壑深度在一米左右，也有超过一米的。但是遇到干旱年份，能达到这一标准的沼泽缩小，一些抢不到筑巢条件的黑颈鹤只能将就，蛋最后被其他动物轻松偷走。

那天的云久久未曾散去，我站在门口，看着远处的色拥军挥舞着铁锹，他的背后就是伟岸的独山子。这座山海拔5400多米，终年积雪，时有云朵如同洪流般在山顶的沟壑间穿梭。

我常常望着独山子，想知道这座山应该怎么规划路线才能爬上去。后来问了当地的很多人，大家都没有上去过。

厕所边上我们平时倒垃圾，有一段时间形成了一个小垃圾堆。有一天看见一只灰色的狗在翻垃圾，周围没有这样的狗，就凑近看了

看。它跑进了茂密的草丛中，才意识到是一匹狼，瘦瘦的，毛色也不是很好，很容易辨认。这头狼有半年经常来，也不是很怕人。

关于盐池湾党河湿地，留下了太多美好的岁月，有些已经随风而散，有些历历在目。但是，总要给它找一个结尾。

有一天，湿地站剩下我们三个人，其中一位是肃北人人认识的小伙：绰号"光头强"的宝力尔。他是一位高大威猛的帅哥，骑得一手好摩托。

那天下午，盐池湾湿地固定的一场大风夹杂了几滴雨刚刚罢休，很快有黑云笼罩了下来，天地的空间被压缩，变得沉闷。宝力尔说要给我和王凯表演一下车技。

他用最快的速度来回冲刺，把我惊出了一身身冷汗……

这个细节印象很深，可能是那天的云特别低，空气格外清新吧。

现在的"光头强"已经娶妻生子，有微信联系，但没缘再见。

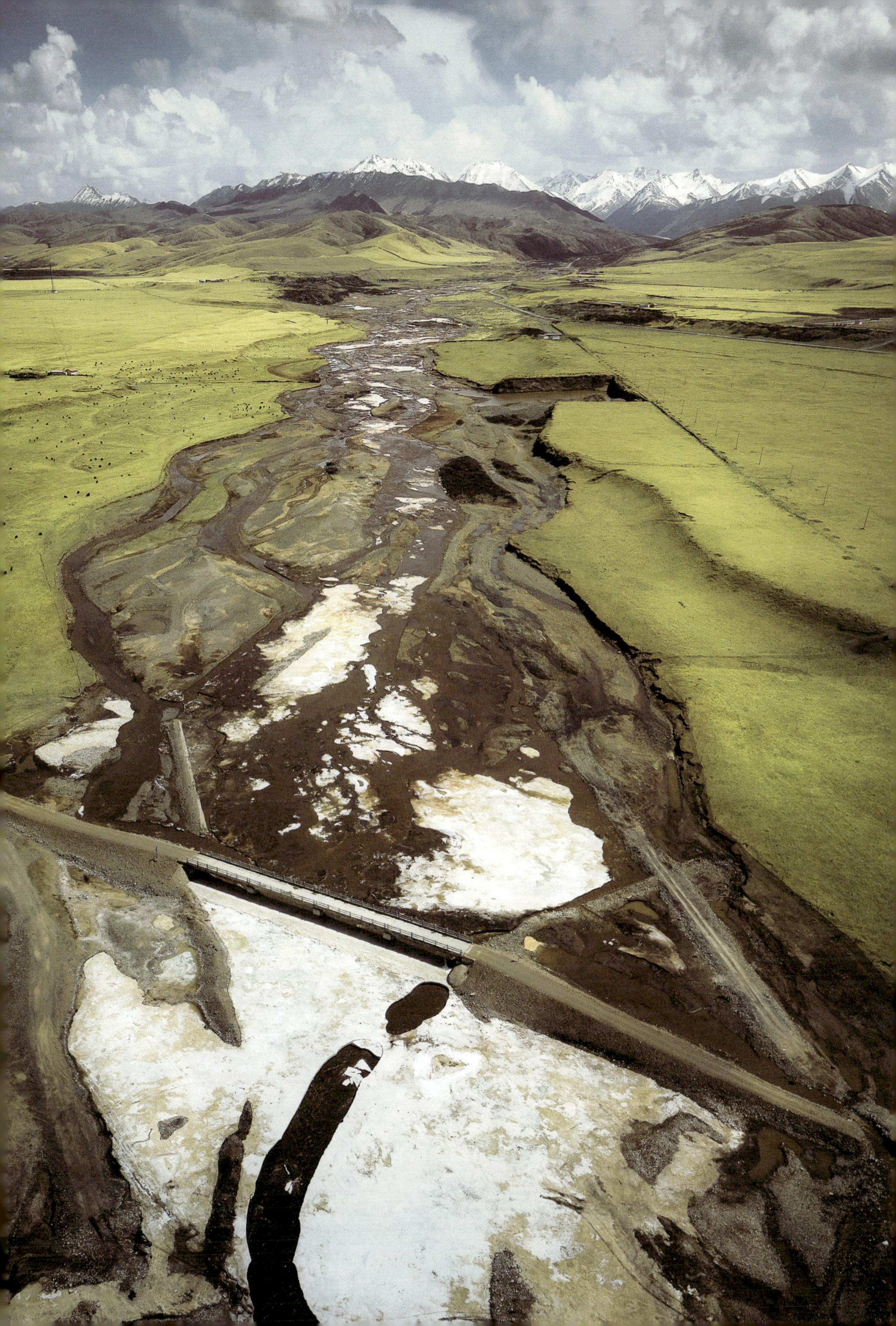

-4-
亚麻图

2016年初夏，小狼最先被带到湿地，我在这里等待山里泥泞的路稍微好转。这次的目的地是亚麻图，一座祁连山中孤独的山。山上安装的红外线拍了一些雪豹素材，其中就有雪豹伸懒腰的镜头，那是我最喜欢的一个镜头。

从湿地站到亚麻图的野牛沟站大概有一百二三十公里，偶有牧民的车压出来的痕迹，但是时不时被新出现的溪流切断，不得不再找路径。上次去野牛沟口还是2014年拍摄《向往鹰的飞翔》，对道路的印象完全没有了，记忆很模糊。

达站开的皮卡车在前面领路，车在颠簸中飞驰，前车溅起的飞石打得后车噼里啪啦作响，我不得不把距离拉开。祁连山里的路恐怕是对车辆最好的考验，保护局使用的皮卡车大都是日产，二十多万元，也仅仅能在山里跑两年。

车上拉满了日常用品，锅碗瓢盆之类的，颠簸了一路。2019年，我再次路过野牛沟站，去看了看，这里的油盐酱醋还是我2016年拉上去的。

帮达站将野牛沟保护站的牌子钉在门框上，将三只小狼拴在门前，一头系在石头上。这一阵要先收拾房子，顾不上管它们。

房子是个套间，有三张床，里外都可以住人。

里面垒着两个比较大的蓄电池，一进屋，达站就抬出门接上了太阳能板。

当天下午，到亚麻图去踩点。开车从板房到山脚下大概40分钟的车程，要来回穿两次大水河，方法很简单，找河面比较宽的地方，直接冲过去就行了。河水有深有浅，每天都不太一样。后来剩下我一个人的时候，每次冲过去都对自己很满意，仿佛做了一件不得了的事——当时根本没有担心冲不过去怎么办的问题。

亚麻图山下，有几道沙，在绿色草地的衬托下很显眼。亚麻图是个很奇怪的地方，这座山独此一座，不和别的山相连，周边形成了一个小小的湿地平原，大多数时间处于泥泞之中。但是就在这周边，有几道明显的弧形沙梁，干干净净、明明白白地就横在草地上，让人感慨大自然的神奇造化。

达站和同行的蔡行长开着皮卡去沙梁边拍照片去了，让我和王凯先回去。

回到驻地，我和王凯打水、生炉子，等到太阳快落山了，还不见皮卡车。拍沙梁不可能用这么长时间，我开车去找他们。

皮卡车被泥泞的地皮粘在了上面，没有丝毫下陷，但就是动弹不了。两位老大哥筋疲力尽，没带吃喝，只有苦等我们到来。

车上绑了牵引绳后，一下子就出来了。有些事情就是这样，自己百般努力毫无进展，但是哪怕一丝一毫的外力，就能起到决定性作用。

达站和蔡行长当天连夜下山了，留下了我和王凯。

将所有的东西归纳了一下，发现少了一个东西——发电机的机油没买。

野牛沟站板房后面有一个山包，高二十米左右，白天有太阳的时候在山顶上能找到联通的信号，阴天没有。信号一般两三格，能打通电话。躲开这个山顶，周边再没有有手机信号的地方。

我给达站打了一个电话，达站联系了距离我最近的护林员，一户牧民，让我去他家里拿一壶机油。

我磨叽了半个月，这段时间，太阳能板还能断断续续充电，蓄电池的电足够充摄像机的电池。

在板房前的空地上挖了三个小坑，上面盖了石块，搭建了三个狼窝。

给小狼带了几箱香肠和奶粉，这些足够它们吃一段时间。

没事干的时候就逗狼，一只一只抱着玩，是很有趣的事，可以打发时间。狂风四起的时候，小狼会仰天长啸，叫声有些凄凉，它们是没有父母的弃儿。

狼是很独特的物种，它的生活环境可以用四面楚歌来形容。狼属于犬科，不具备猫科动物的敏捷，不论是爆发力还是高强度的奔跑，它都不是最优秀的。所以它选择了距离人类近的区域生存，随时准备捕食牛羊，牛羊的捕食难度是很低的。

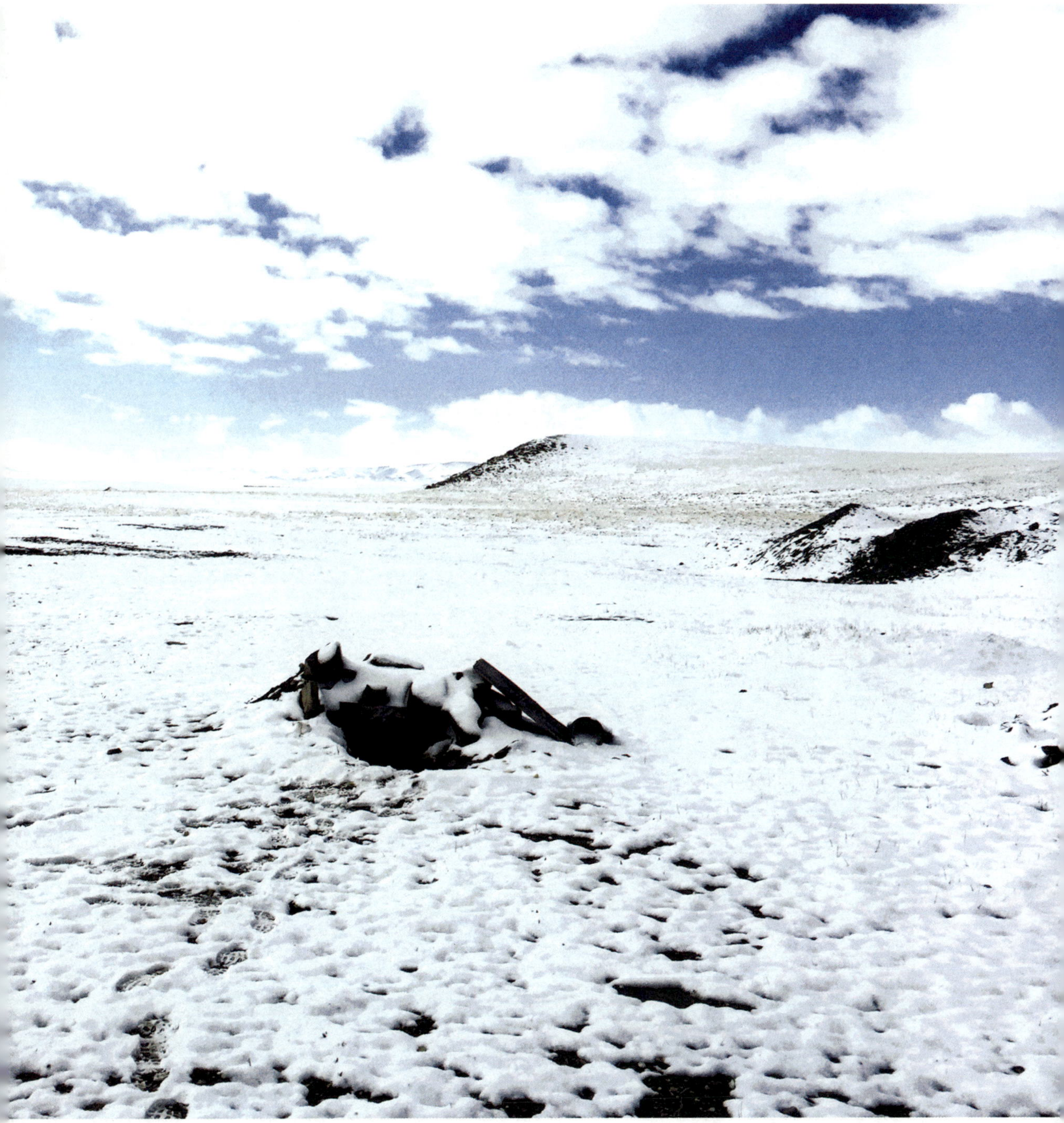

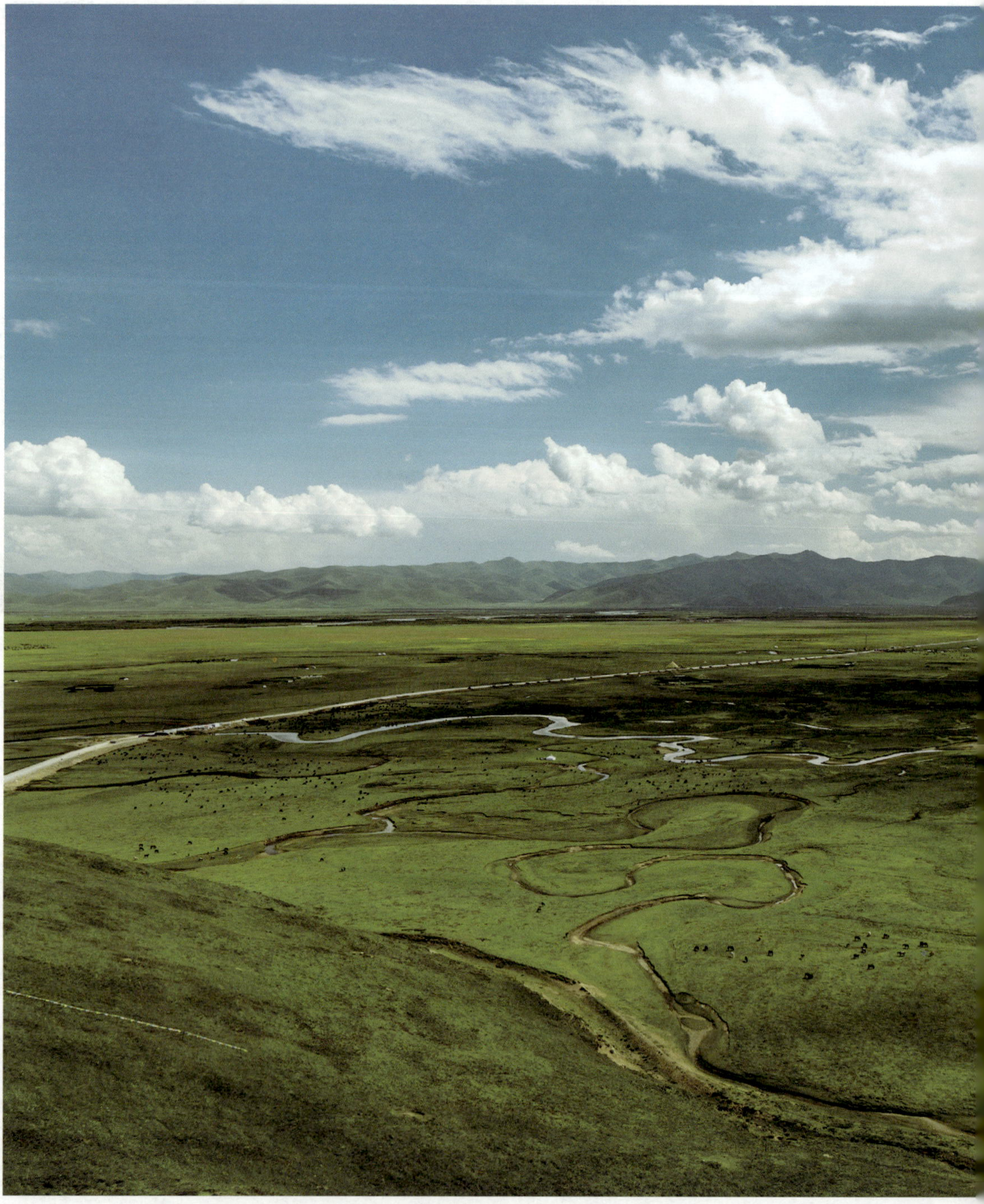

亚麻图

因此狼和人类之间就有了很多的故事。我们村在20世纪70年代末还有狼，有几个比我大一些的哥哥姐姐有被狼咬过的经历，给了我很深的记忆。

后来狼就从我的记忆中消失了。动物园的狼是囚禁的，徒有外表，并且是最落魄的一面。

大概是2013年，我开着车，在玛曲县城通往欧拉秀玛乡的路上。当时已经开了八九个小时，迷迷瞪瞪，幸好当时那条路还是土路，路上很少能见到车辆。

这时候，坐在副驾驶的同伴说，你看，这几条狗长得和狼一样。我看了一眼，在眼前的路边，有四匹狼正在一只接

玛曲
通往欧拉秀玛乡的路上。

一只地过围栏。我说，这就是狼，不是狗。

停下车，静静看它们离开。夕阳照射在它们冬季的毛发上，熠熠生辉。狼翻过了围栏，排着队，小跑起来，抖动的长毛带着金色的边，呼扇着。这是四匹强壮的狼，高大威猛，看得出来它们并不怕我们。

狼披挂着金色的夕阳跑上山丘的高处，一刻没停就翻过去了。我们几个站在路边，静静欣赏着几只草原霸主最英姿飒爽的一面。这一幕让我记忆犹新。

后来，就对狼有了期盼。国外纪录片中，关于狼的纪录片也有几部，最著名的是《我是一匹来自北方的狼》，记录了一位探究狼为什么要吃牧民的牲畜的研究者和狼长期在一起生存的故事。

我们目前还无法去效仿这位伟大的纪录片作者，但是在碰到小狼要被杀死时，便救下了它们。它们的父母已经死了。

小狼的天敌并不少。

到亚麻图两三天，周边的猛禽就被小狼吸引来了。两只金雕蹲在房顶上，望着狼窝。小狼一点声音都没有，悄悄躲在窝中，它们已经感觉到了危险。

金雕是非常聪明的动物，看到房子里有人，很快就飞走了。后来又来过一次。

给小狼们搭建了一个大窝，里面放了棉花，这样就可以挤在一起，不再怕冷。

有一天我别出心裁，将狼的链子全部松开，我躲在板房中，透过窗子盯着狼窝。狼窝静悄悄的，我不知道什么时候睡着了……半小时后，我突然惊醒来，冲出门，狼窝已经空空如也。

一只小狼在距离狼窝百米的一个草垛子下卧着，这是身体最差的那只，也是最乖巧的一只。我将这只温顺的小狼抱回窝。

我和王凯爬到小山丘上，拿望远镜四处望，找了两个小时，不见另外两只的踪影，又到周边的河道去找，依旧没有，就顺着山坡往上走。这时候，在左上方的山坡上，出现了一群高大的身影，野牦牛群。牛群不大，不到二十头，牛群盯着我们的那一刻，时间仿佛停滞了。

牛群迎面冲来。眼角的余光看到在我右边的王凯冲着山坡闪走，我来不及转身，朝着左手的河道奔去。

感觉到背后的阴影，我在冲到大水河边的一刻毫不犹豫地跳了下去，河岸和河面有六米高的落差，下去一个前滚翻就站了起来，丝毫没感觉到有什么疼痛。我站起来，回看河岸，一只巨大的公牛已经站在了河岸边上。它刨动着右蹄，鼻子里喷着浓浓的气体，尾巴翘了起来，它已经被彻底惹怒。但是河岸的落差让它不敢冲下来，这么高，它会摔断腿。我赶紧跑开了十多米，再看它，野牦牛仿佛在仔细分辨我，然后迅速转身，带着它的妻妾原路返回，很快消失在山梁上。

我惊魂未定，赶紧找路爬上去，王凯不在视野中。又跑到山丘上，拿望远镜搜寻，王凯已经是很远处的一个黑点，我使劲喊，他有可能是听到了……

我们俩坐在山丘上。野牦牛群一般不会袭击人，可能是它们闻到了小狼的味道，才冲着这个方向来的。而野牦牛只追我，不追王凯，也可能是因为我天天抱着小狼玩，我身上有狼的味道。

狼和野牦牛是天敌，狼群围攻牛群的老弱病残，野牦牛也同时会踩死幼狼。

狼就在野牦牛来的方向！

我们俩开了车，朝着野牦牛的方向驶去。拐了个大弯，又走了三公里左右，右手边的一只旱獭洞里，探出了两只小脑袋。看到我们从车上下来，一只卧在旱獭窝，一只朝坡上跑去。我气喘吁吁追了几分钟，终于将它抓住。在抓它的瞬间，它翻身来咬我的手——怎么会让它得逞。

过了几天，那两只狼第二次又跑了。我安装了一个摄像机在狼窝，拍下了它们的逃跑过程。

它们在狼窝中一直观察着我和王凯，等到我们不注意的时候，一只狼出去看了一眼，然后马上回来，两只狼同时去门口看了一眼，再次回来。它们用嘴咬着第三只的皮毛，往外扯，第三只往后缩。来回几次之后，两只小狼迅速离去，第三只在窝里找了个地方窝下。

我和王凯四处寻找，这次再没有奇迹出现，我们俩找了大半天，最后只能放弃。

我将最后一只小狼抱到房子里。

我联系达站，去牧民家取发电机的机油。

牧民家在县城方向的路上，分路的标记很明显，有一间废弃的房子，不必担心找不到。这条路上，只有这么一间废弃的房子。房子被沼泽吞噬，倾斜严重，支离破碎。从这里往左手，开车几公里就能看到牧民家。

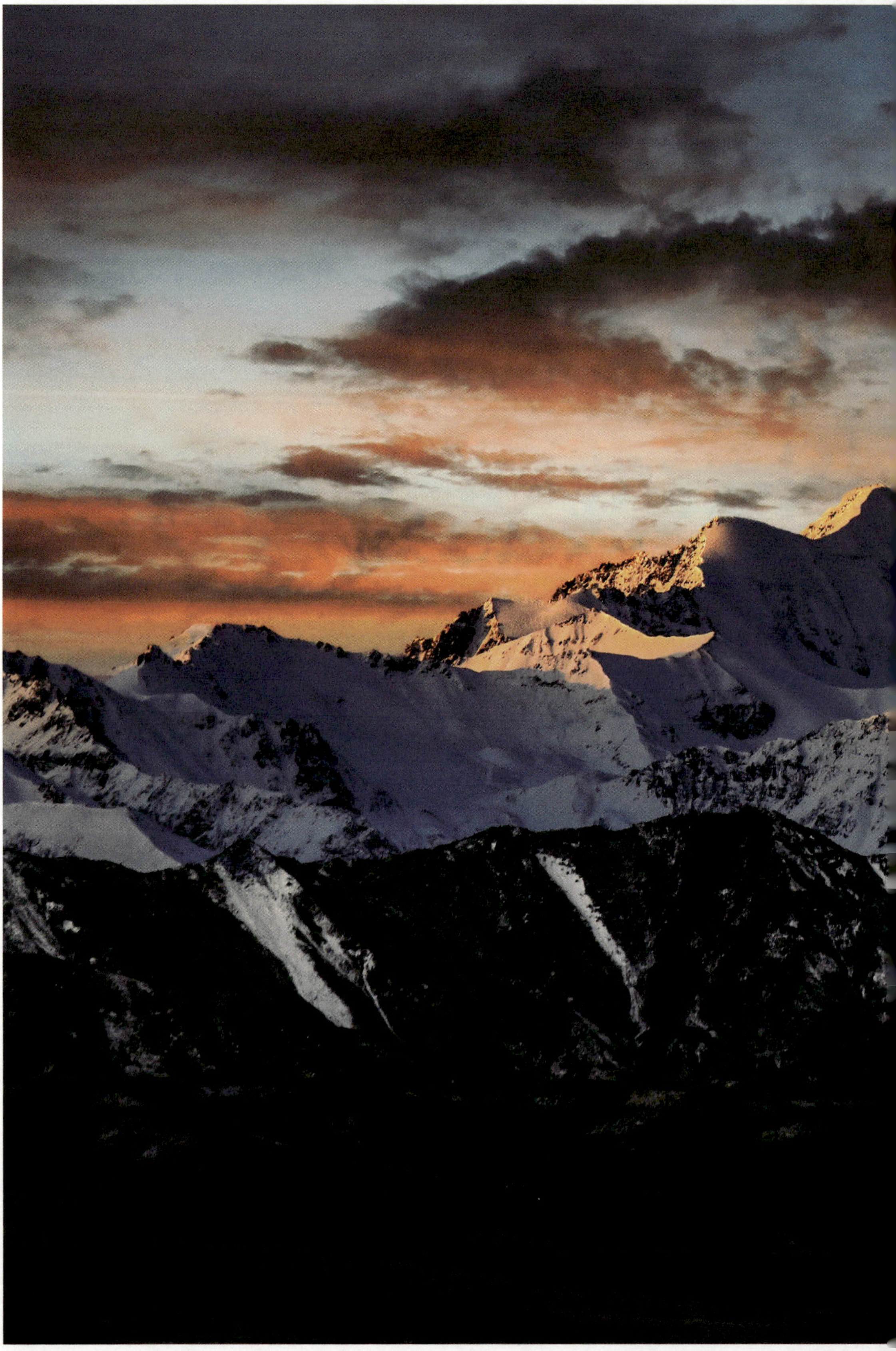

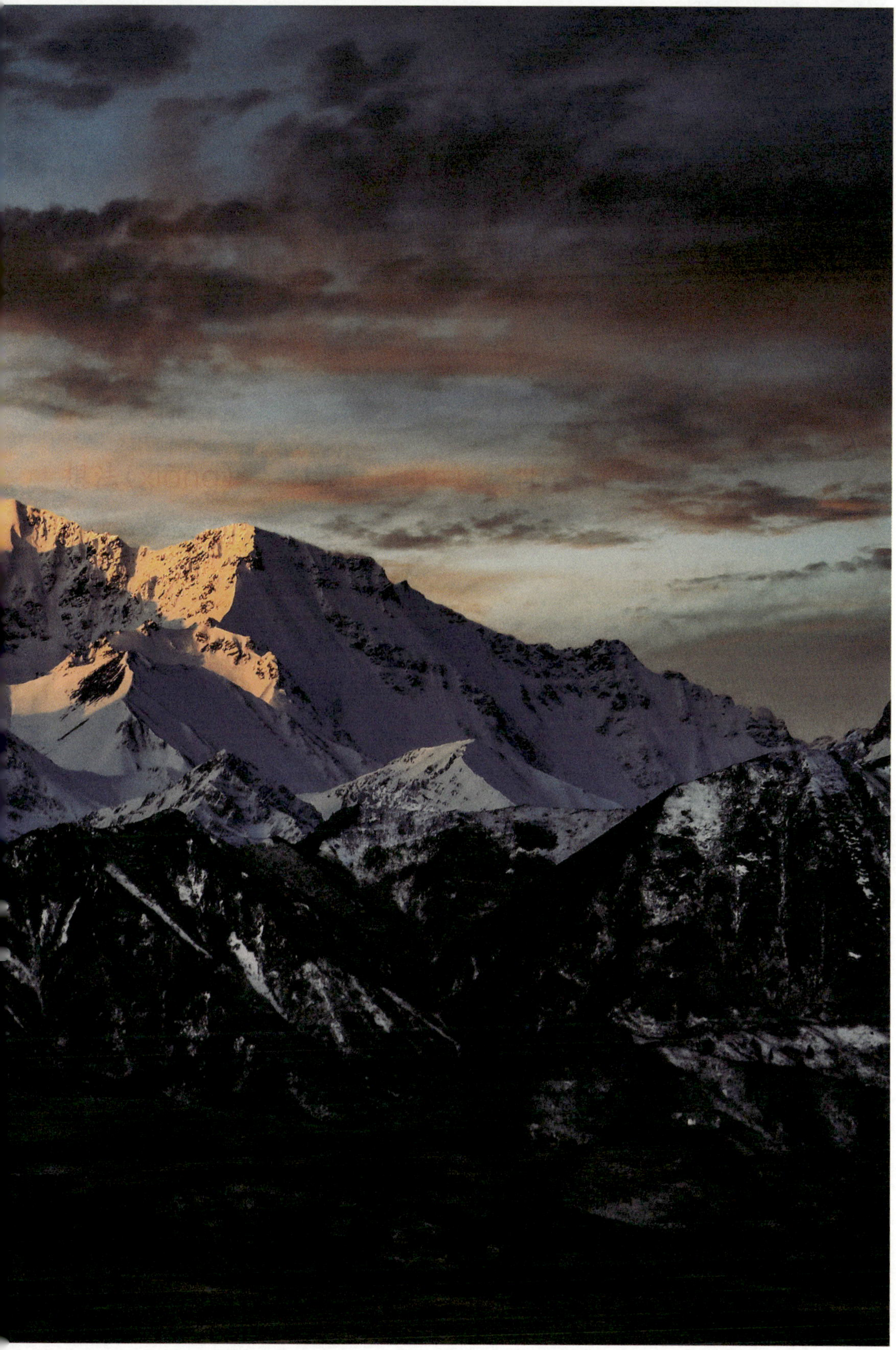

牧民一家正在剪羊毛，他的亲戚也来帮忙，七八个人在羊圈忙得不亦乐乎。他直接递给我一把大剪刀，让我去剪羊毛。这活我真不会，下手太慢，生怕剪伤羊皮。牧民只能安排我把剪下来的羊毛堆到一处，我还能帮着压压羊乱蹬的腿……

在牧民家帮了大半天的忙，蹭了一顿饭，拿了机油，开车往回走。

天已经快黑了，要赶在天完全黑之前到达板房，不然容易迷失方向。

王凯急了，说我刚走他就心乱了——一个爷们儿，不知道有什么心急的。但他后来有了心急的毛病，兜里常年装着速效救心丸。过了几天，家里也有事，他就撤出了。天不亮，我将他送到县城，再返回，已经到了傍晚。

空荡荡的高原突然剩下我一个人，心里多少有点异样的感觉。

我到房子里，发现小狼已经奄奄一息，早上离开时摆放的水和食物都没有动。

我将它带到外面透口气，给它按摩，希望能有点好处。这时候，耳朵里突然响起了汽车的马达声。我大吃一惊，这里除了我的车，就没有别人的。是不是打猎的？

我抱起狼就往板房跑，一辆吉普车已经停在了我跟前。于是我强装镇定，车上下来一位三十多岁的青年，他说他是牧业几村的村主任，达站委托他来看看我，看怎么样。青年普通话不错，我心里放松了下来。原来他曾在兰州当过几年的武警，驻地就在七里河区，和我家距离几百米。我们俩聊了一阵，他说这只狼已经不行了。

牧民走后，我将狼抱进了屋子，用棉被包裹了起来，给它保暖。生起了火，将它放在火炉子旁边。晚上12点，它拉了一坨黑黑的屎，我知道大势已去，很快它就没了呼吸。

我去推门，门打不开，使出全身的力气，推开了一尺，外面白雪遍野，几个小时已经积攒起了一尺的厚度。夏天的祁连山，雪下起来就是一场小爆发。

我将小狼放在门外，回到炉子旁，三只狼中的两只跑了、一只死了，这是个让人遗憾的夜晚。

四周没有任何声音，下落的雪也没有声音。

第二天，雪一直没有停，我也去不了亚麻图。冒着大雪在远处挖了一个坑，将小狼埋了。

一个人坐在板房里，看着外面飘飘洒洒的雪，心里空荡荡的。记得当时敲打着键盘，写了许多字，后来文档也找不到了。无聊中去了山丘顶上，任何信号都没有，但是有一朵蓝色的花在白雪中开得正艳。下山的时候，雪已经湿透了衣服和鞋子。

中午草草做了点饭，吃完了，躺在床上，即将睡着的时候，突然听见了两声狼叫。我一个机灵从床上翻起来，快速穿起了衣服，拿了摄像机冲出门。

雪小了一些，但是密度很大，能见度只有二三十米。我顺着狼叫声的方向奔出了几百米，再回头，板房已经消失在雪雾中。我置身在

独山亚麻图

摄制组和保护局工作人员在亚麻图布置红外线中小憩。亚麻图的山顶有手机信号,这也是工作人员喜欢到山顶拍摄的原因之一。

海拔3996米的空荡雪海中,天地间纯净而单一,除了飘洒的雪,一切都消失了。这是迷幻电影中才有的情景,这个情景独此一次,以后在现实中再没有碰到。

我以板房为中心,绕了几个圈,第三圈的时候,就看到了远处小狼的身影。

它们小小的足迹也出现在我的视野。在我看到它们的一瞬间,它们也看到了我,一只笔直奔向前,一只朝着右手九十度奔去。

我在奔跑中,观察了一下,直行的一只跑得更快,就决定先追它。大概追出了两公里,在伸手抓它的时候,它躺下迎着我想要咬我的

雪豹的领地

亚麻图海拔不高，4300多米，但是山势陡峭，每攀登三五十米，队员们都要休息一阵。这里是雪豹和狼的必经之处。

手，又是同样的一招。我等它的嘴合上，用巴掌拍了一下它的脑袋，就把它拨转身，一把从脖子上提起。然后再向另外一只的方向跑去，它很快出现在视野中。

它在一个十米左右的山丘上看着我。而迎面的山坡太陡峭，一手拿着摄像机，一手提着狼，我上不去。我从侧面绕过去，等我上去的时候，小狼已经下了山丘。我从上面滑下来，它又跑了上去……来回又折腾了两次，我扔了摄像机，终于将它一巴掌压在下面。

我躺在厚厚的雪中，才发现浑身出汗已经湿透，呼吸急促，狼在我的手掌下一动不动。我就这样躺着，休息了十几分钟，才感觉力气又回到身体。

将摄像机背在后背，一手提着一只狼，往回走。每走几十米，就要躺下来歇歇，这是漫长的一个小时。终于到了板房跟前，我把小狼放在窝口，它们"嗖"地一下钻了进去。我将昨夜那只死去小狼没吃完香肠和鸡蛋放到窝口。几秒钟，食物就在碗中消失了，它们已经5天没有吃东西了，是来找我要吃的了。

我拿木板堵住了窝门，回到房子里，直挺挺躺在床上。一阵之后，湿漉漉的衣服温度降了下来，我被冰冷包裹，难受异常。

脱掉所有的衣物，钻进被子，大开着门，也懒得去关，沉沉睡去。

野牛沟口保护站在大水河边，这里有几处巨大的圆形坑，直径近百米，深达几十米。有一天我站在坑边，看见一只赤狐正在费力往上爬。巨大的坑就像张开的噬天之口，让人森然。我不愿久待，离开了，再也没去过。

野牛沟站这个地方，只要天阴就有雨，有雨雪就不敢去亚麻图。因为我只是一个人，怕车困在泥泞的途中。没有信号，没有别人，困住只能自救，是很危险的事。

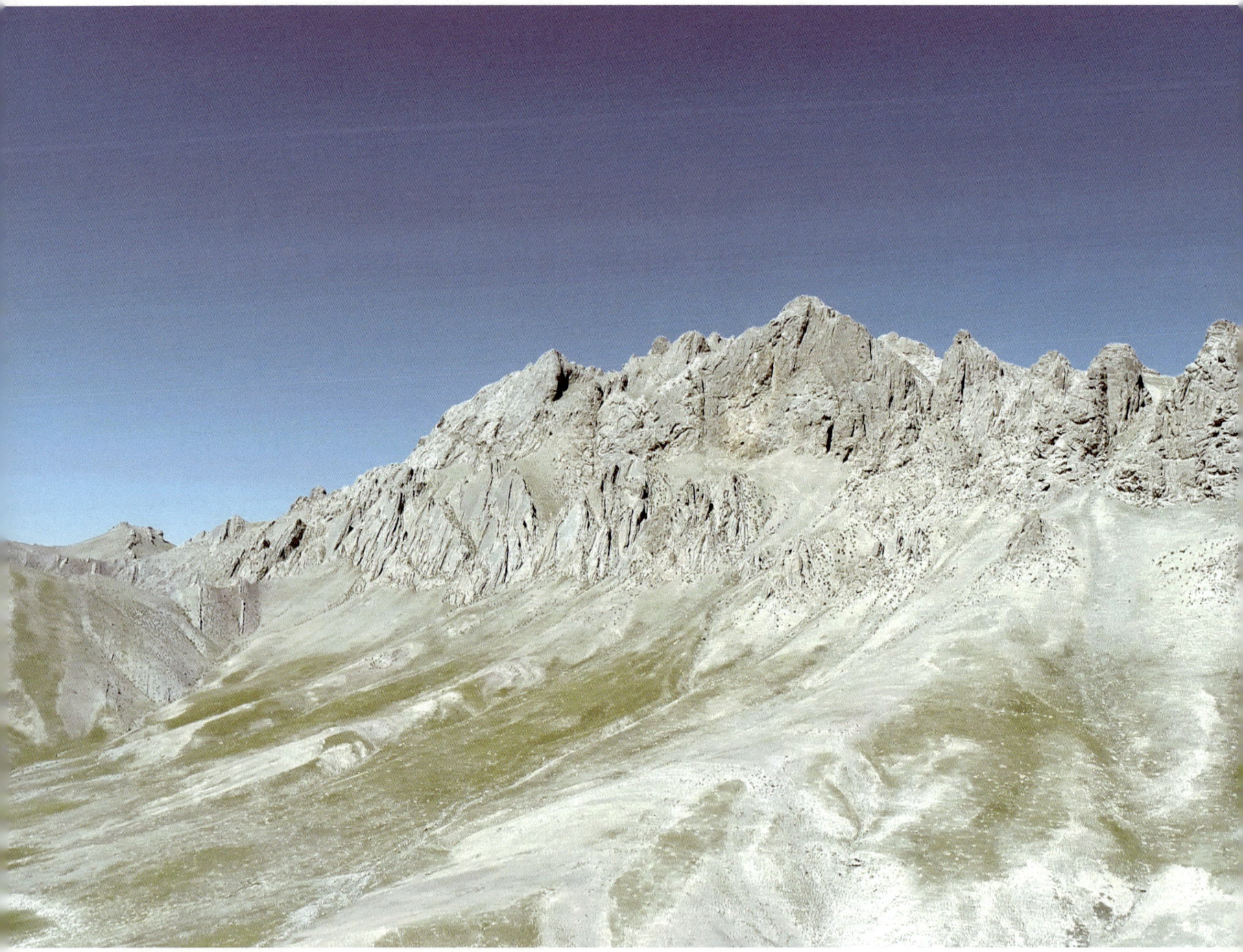

天晴的时候，看到有阴云，也要赶紧下撤。

一开始去亚麻图，和达站几个就布置了一些红外线。后来和王凯几乎每天都跑一趟，渐渐发现了这一条山的动物分布情况。

山下有两群藏原羚，各自二十多只，几乎每天都在。停车的沟边，是一只藏狐的窝。开始我们每次去，它都要跑出去，沿着对面的巨大山体翻过山才罢休。后来就很少见到它了，估计也是熟悉了，它懒得出窝了。

亚麻图山势很陡，很多地方都是悬崖，因此聚集了很多鸟类，几块内悬的崖壁就是它们的家。岩鸽有几群，和乌鸦还有高山兀鹫生活在一起。

每到中午的时候，我躺在山顶的石头上睡觉，几只在练习飞翔的高山兀鹫亚成体就会俯冲到眼前几米处，再振翅高飞。它们很可能把睡觉的我当成了可食用的动物。大概有六七只亚成体，分属于三个家庭，总是在山顶和崖中飞来飞去，真的羡慕那双翅膀。

我和王凯都喜欢这段山顶，因为这里有4G信号，能视频、发朋友圈。从山下到山顶，一开始要走两个多小时，慢慢地越来越快，到后来四十分钟就能爬上来。在半山岩羊踩出的小道中，我们身轻如燕，后来几乎是跑着下山。这里同样是雪豹和狼的必经之地，拍到过雪豹、狼，还有岩羊分别走过的镜头。

岩羊都在山顶聚集，夏天并不多，仅仅见到二十多只，据说到了冬春季节会多一些。

亚麻图的日子，很多细节都已经淡忘，不变的是对那座山的印象，就像一幅图画刻在我的心中。

每当大雪淹没天际，我便会坐在门口，遥望亚麻图。远处的亚麻图身披白色衣纱，高耸而艳丽，它是高原和天空的连接，它是我们通往理想的道路。

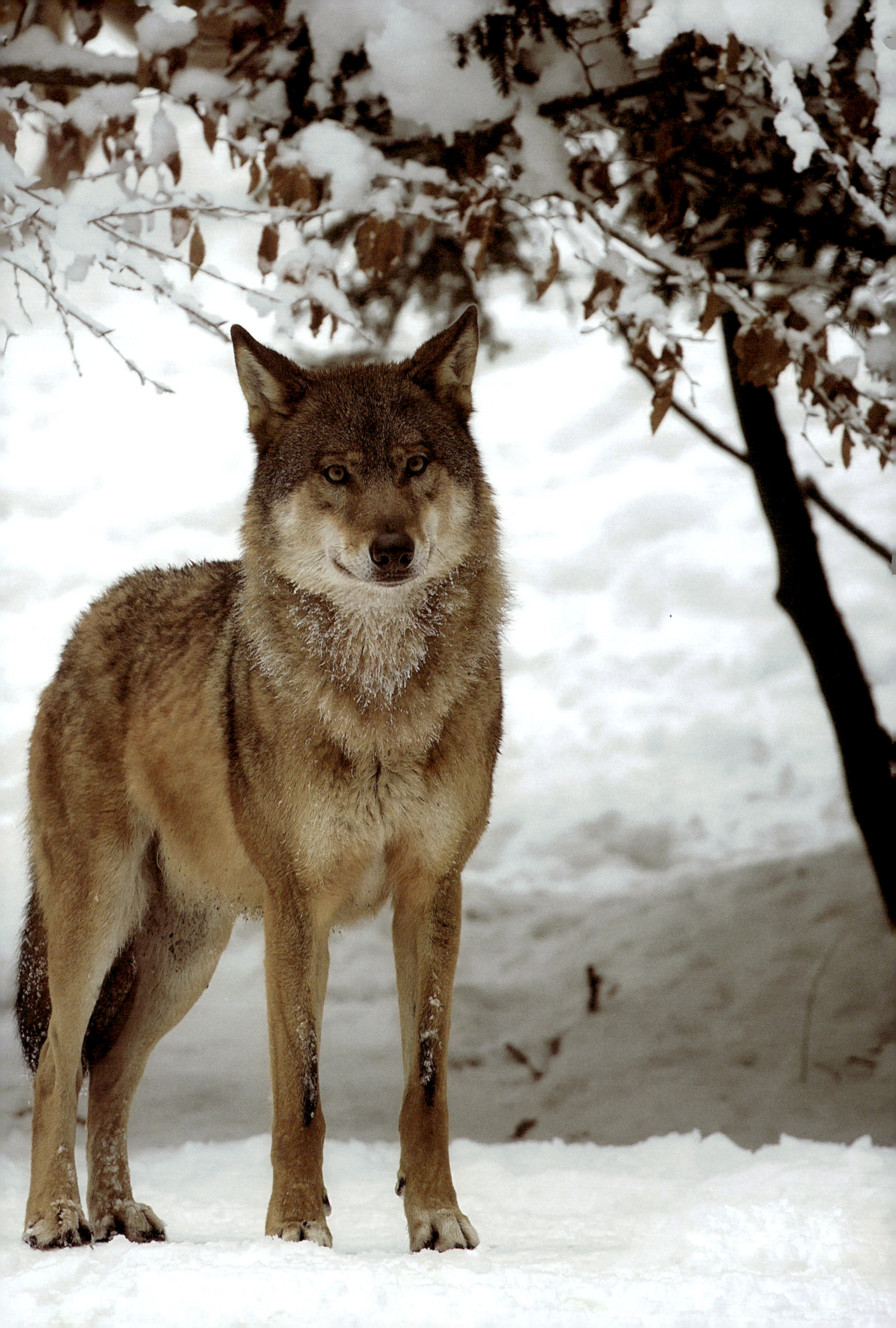

再见，小狼

后来，考虑到两只小狼崽在户外的安全，我暂时带回老家会宁县寄养。在我父母的照顾下，逐渐长大。有一天，我妈打电话说，狼跑了。我出了一身冷汗，仔细问了一下，才知道狼从院子里的大铁笼子中钻了出来。平时总舔我妈手的狼出了笼子，就是一头野兽，对着我妈龇牙咧嘴。但是院墙比较高，它们还没有能力跳过去。

我爸喊来了半个村子的人，面对这么多的人，狼灰溜溜地钻进了笼子。

我到家的时候，有人已经在加固铁笼。这个笼子长三米，宽高近两米，里面用砖头垒了两个小窝。狼是非常聪明的动物，它们在两个小窝中间极不易发现的地方，将钢丝咬断了一个仅一寸多的缝子。它们健壮的身躯是如何在这样小的缝隙中来回穿梭的，让我很是惊讶。

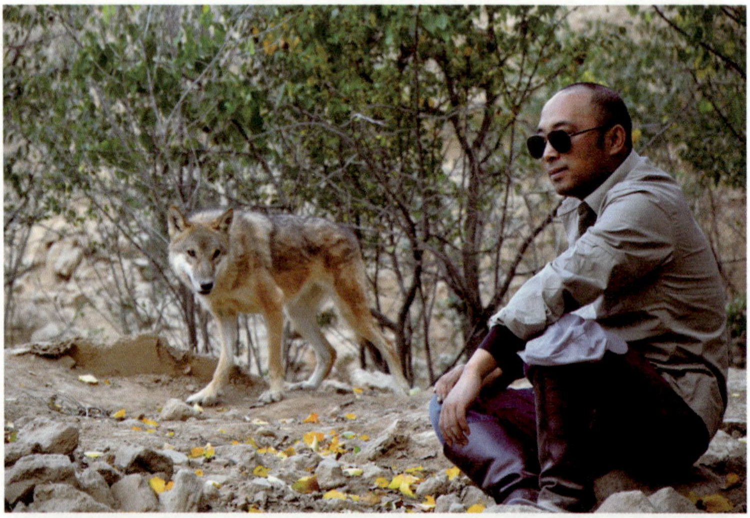

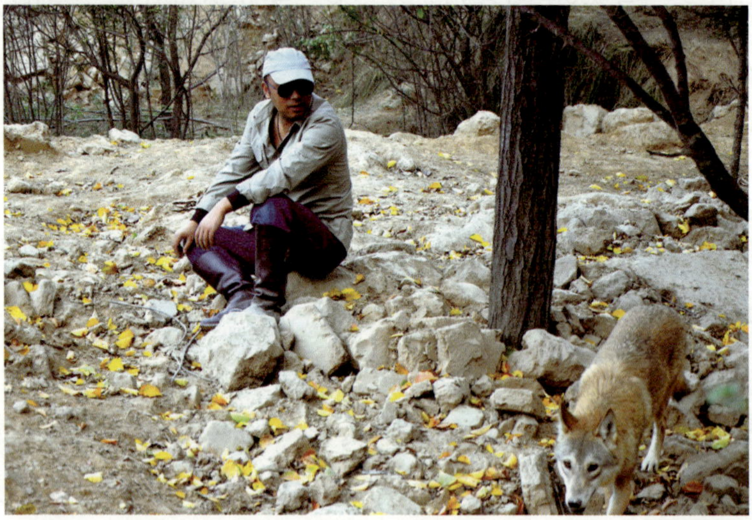

再见，小狼

狼是纯肉食动物，食物是一大笔开销。除了雪豹群的朋友有时候给一些支持，大多数时间，狼的食物由我二姐夫张旭东负责。他是开饭馆的，能拿到比较便宜的肉。

国庆节的时候，发现一只狼的左前爪断了。我委托张立勋老师请了兰州动物园的两位专家来看看，隔着笼子打了镇定针，狼就睡过去

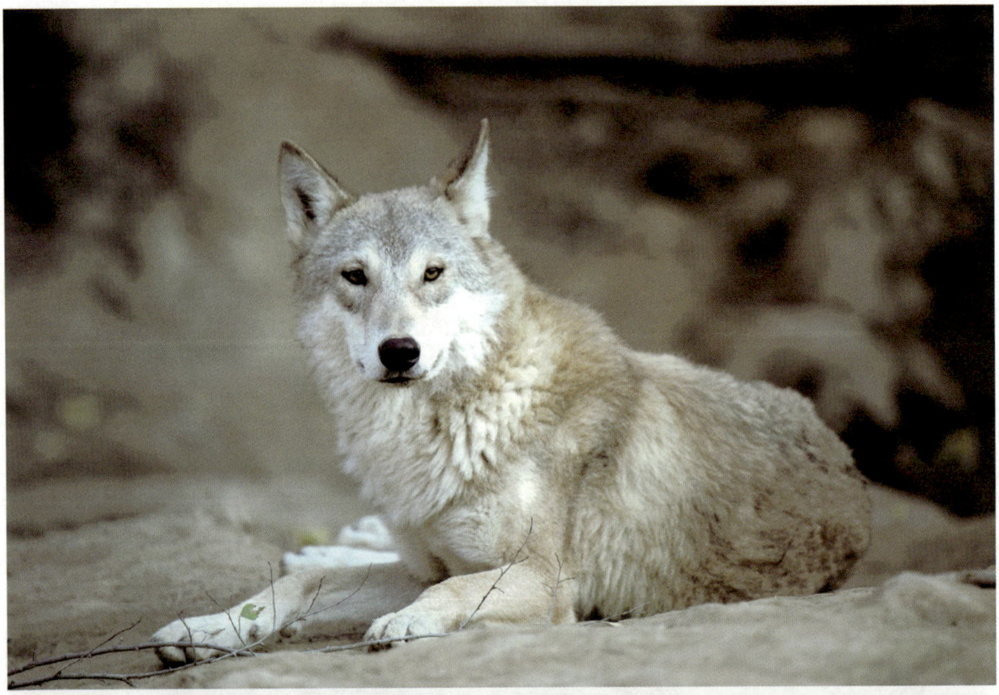
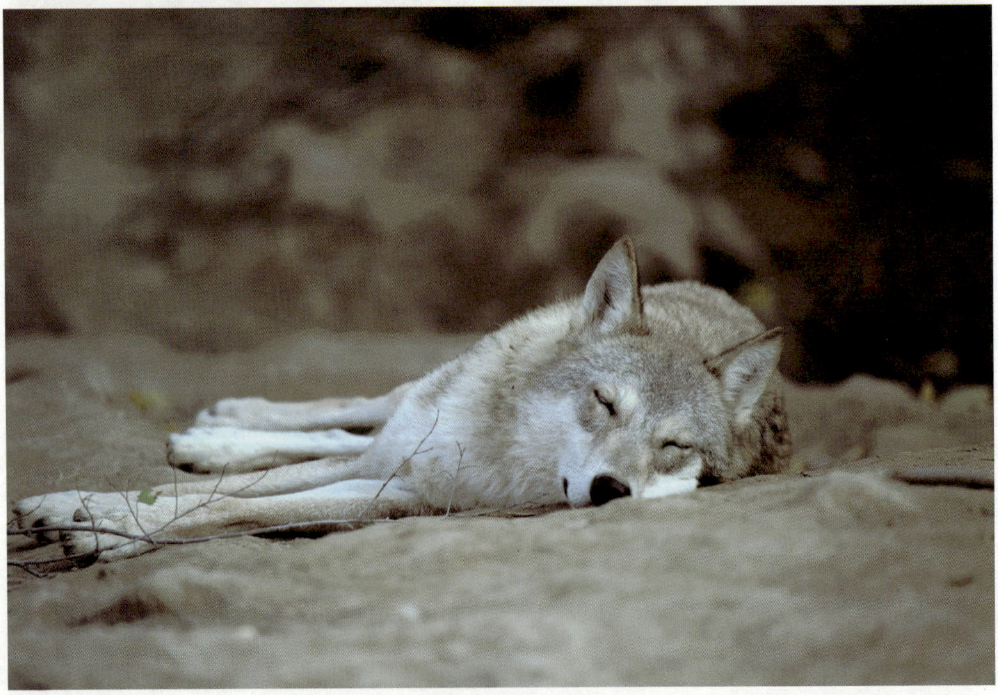

了。将受伤的一只拉出笼子，就在专家检查的时候，这只狼突然晃晃悠悠站了起来。我和一位村里的朋友两个人压着狼头，但是它依旧站了起来。专家又打了一针，狼才再次进入睡眠状态。

我们有理由重新评估狼的战斗力，就个人而言，我肯定不是一头狼的对手。

随着小狼的逐渐长大，体味越来越重，弥漫了好几家的院子，隔壁我大姐家尤甚，几乎不能出门。

于是在对面山顶找了一个废弃的堡子，和团队一起花了半个月时间，又请了村里亲戚帮忙，将堡子里面的房子拆掉，有洞的地方用砖头水泥堵住，又在高达6—9米的墙堡上铺了一层铁丝网，在上面建了一间板房……

最后找人将上山的小路用挖掘机挖出了一条路，才将两只小狼接了上去。

从家到堡子大概15分钟的车程。每天要把需要充电的设备送到山下家里，晚上就住在堡子的板房中。和团队成员轮班，来来回回又是一年时间。

托人找野兔，很快就抓来了几只，一只300元。放在堡子中，堡子长宽都在二三十米，兔子能跑开。目的是训练狼的捕食能力。后来想想，真是多此一举，狼的野性是天生的，深入灵魂的，根本不需要训练。

有一天，村里传言有狼把两只羊咬死了，派出所民警赶紧上山来看，我们的狼安安静静待在堡子里。当天，民警就找到了罪魁祸首——几只野狗。

这一天，我知道和小狼的缘分已经到了尽头。小狼最终放生，回到了它的草原。

养了它们两年半，放生之后，不会再见面。

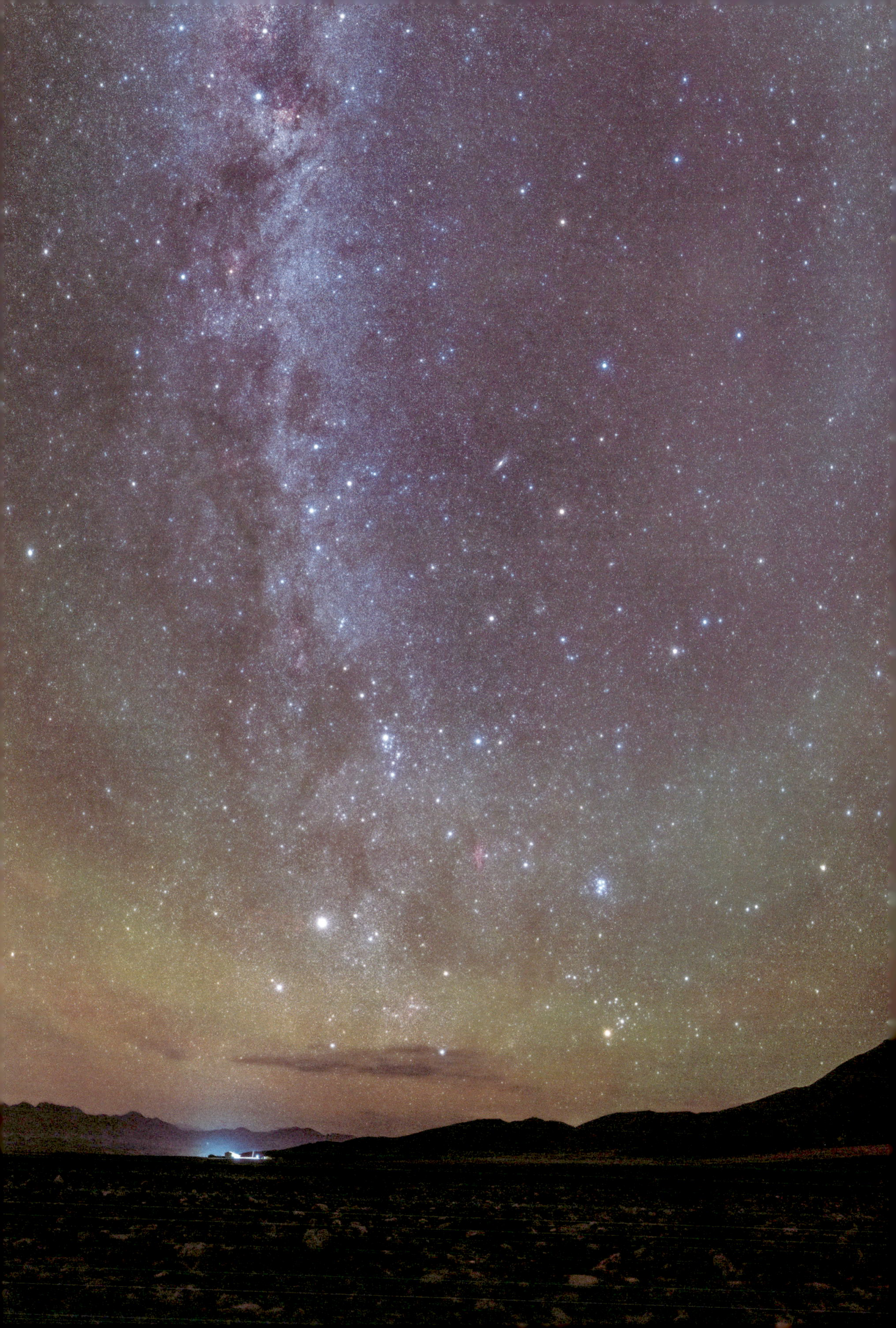

–6–
疏勒站

到了交配季节，四只公盘羊暂时结束了流浪生活，伺机向盘羊群靠近。它们是被驱逐出大群的年轻公羊，今年长得更加壮实，胆子也随着大了起来。

盘羊群的高大公羊感到了威胁，四对一，它不是对手，于是驱逐妻妾远离这四只公盘羊。但是四只公盘羊不想轻易放弃，尾随而去……

这四只公盘羊屡次出现在镜头中，首先是在达站拍的镜头中。它们年轻气盛，无所事事，互相打斗，后来又出现在白唇鹿群的背景中。它们总是尾随这群白唇鹿，其实是依靠白唇鹿群的警戒给它们放哨。

这是我们第三次拍到这四只盘羊，不得不说还是有一些机缘。

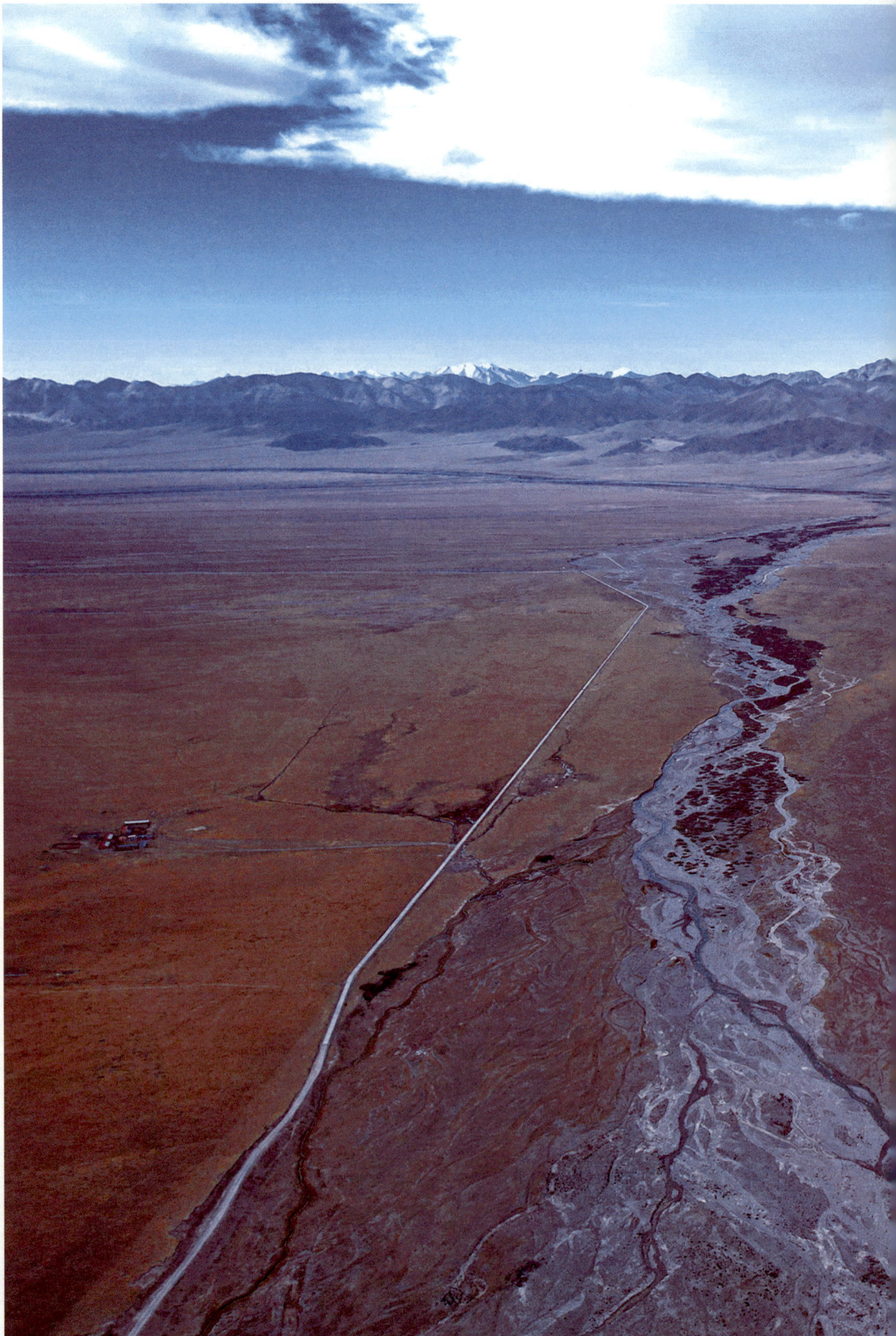

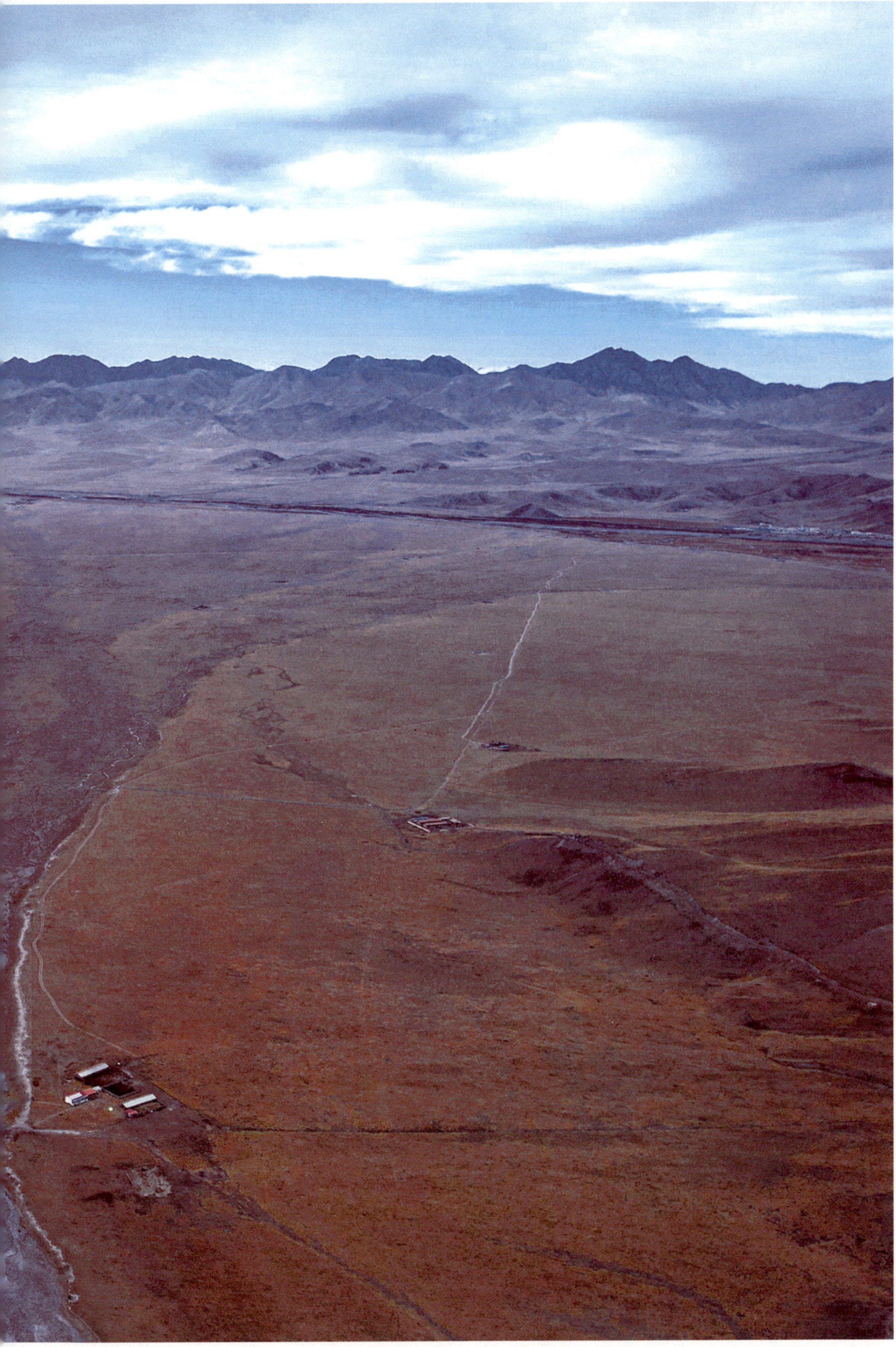

夜幕下，一百多只盘羊缓缓走进深山，在一块巨大的石头顶端，头羊一动不动，既是在放哨，也是在给其他盘羊显示威严。

关于盘羊的这一段故事后来在成片中删除了，希望以后能有机会再展示给观众。

2018年10月之后的几个月，我们在疏勒站拍摄祁连山高处的野生动物。

疏勒站是甘肃盐池湾国家级自然保护区最远的一个站，再往前就到了青海德令哈的范围，到达哈拉湖也只有四五十公里。每年国庆之后，站上的护林员就撤下山，到第二年才会回来。

我们要了钥匙，带足了吃的。路途铺满坚硬的冰雪，颠簸异常，到达疏勒站的时候天完全黑了下来。打开房间门，房子里如同冰窖。炭在另外一个房间，满屋更是结满了厚厚的冰霜。

朋友老熊也跟着我们体验生活。老熊从西安坐飞机过来，在我的一再叮嘱下，他到专业户外店购置了厚厚的装备，光羽绒服就有两件。那时候的西安还炎热，老熊总感觉衣服准备多了。在敦煌接机的时候，他还在念叨，我们的队员用诧异的眼光看着他。

到达肃北县城，老熊说天冷不过如此。随后又查了天气预报，认为最冷零下七八摄氏度，没必要穿两件羽绒服。

通往疏勒站就是一个不断爬坡的过程，气温却像台阶一样，不断往下掉。

到达疏勒站，风没有丝毫想停下来的意思，打开车门的一瞬，雪碴子打在脸上生疼。老熊站在车外，感受了半分钟，真诚地说："还真有些冷！"

一切才刚刚开始。

炉子烧起来，板房的温度很快就起来了。板房就是这样，升温和降温一样快。

第二天天亮，一只山雀在房子的角落里叽叽喳喳叫着。它是从我们留出的走煤烟的缝子里钻进来取暖的。

两个人去河道打水去了，砸开了冰面，幸好还没有完全冻住。吃了早餐，我们开始了这个冬季的拍摄。

这里山势庞大，不知不觉间就走远了，等到天黑返回的时候，才发现我们已经在大山中迷路了。

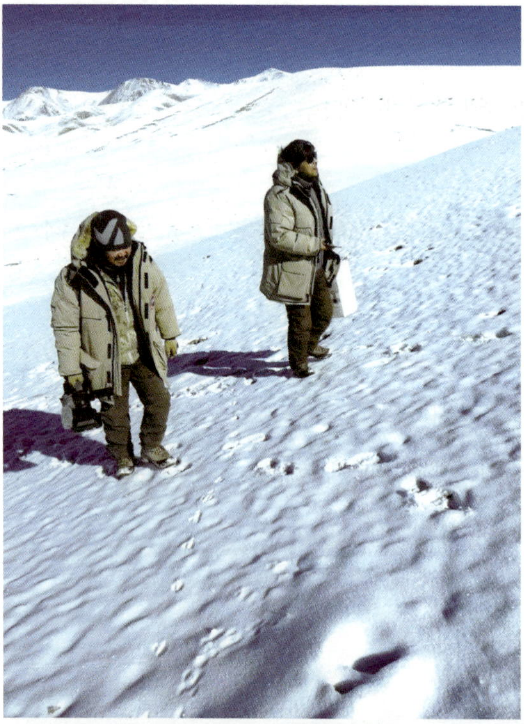
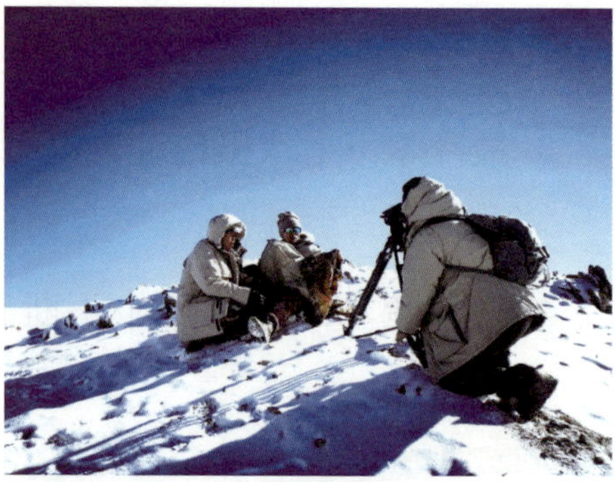
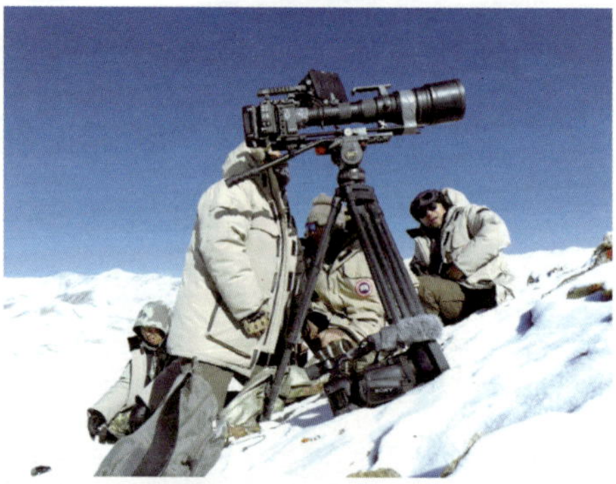
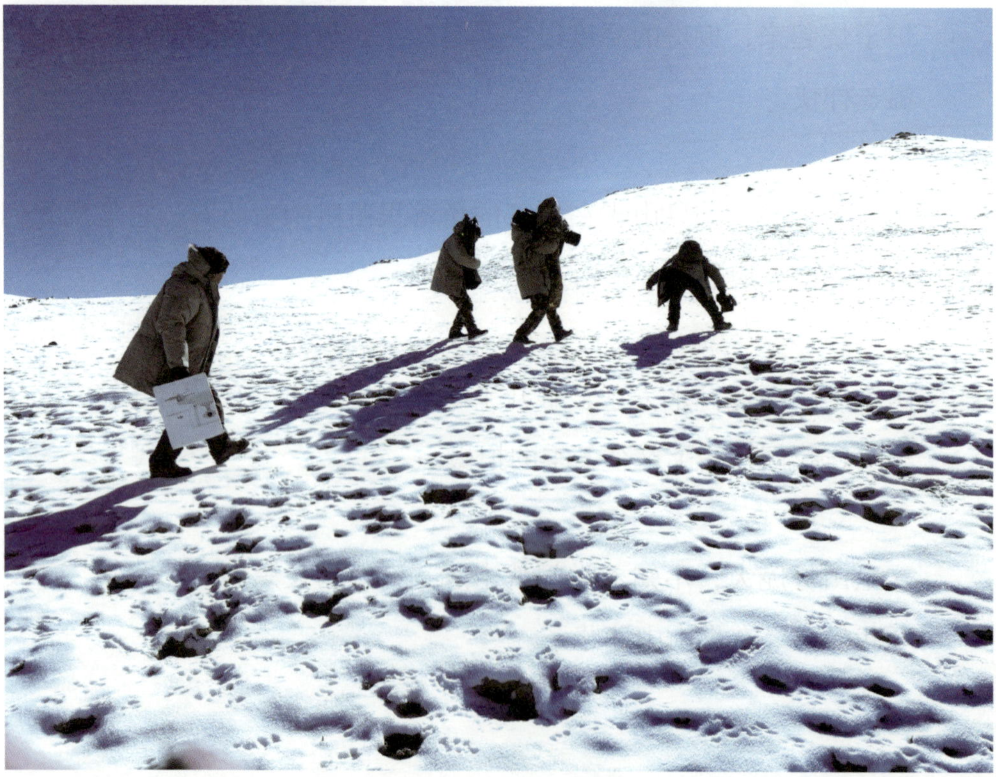

天彻底黑下来，风贴着倾斜的山坡呼啸而过，轮胎搅起的雪块飞过车灯照射的范围，射进了黑暗中，无影无踪。灯光边缘的雪发着蓝青色的光，使得远方更加幽深。除了我们，四周没有任何人的痕迹——我们迷失了方向，在海拔 4700 米的大山里横冲直撞……

事情要从前一天说起。前一天在山里转了八九个小时，四五点的时候，远远看到在左前方几公里处有一群一百多头的野牦牛。为了不惊动牛群，车选择了从河道过去，左边是一道四五米高的河岸，正好挡住了野牦牛的视野。不断压碎的冰发出咔嚓咔嚓的声音，不敢减速，提心吊胆地绕着河道开了快一个小时。

后车掉进冰中没有冲上去，8 缸丰田，车身重，陷住就是难题。折腾了一个多小时，才发现牛群就在前面几百米的山坡上卧着。老胡没有带报话机，提着一个摄像机就去了，我们几个继续想法子拖车……车被拽出来的时候，天彻底黑了下来。

野牦牛具有极强的攻击力，我们比较担心老胡，也不怕牛群跑了，就喊了几声。老胡最近走到牛群二三十米，这是距离牛群最近的一

跟踪野牦牛
野牦牛就在山后，摄制组蹑手蹑脚地往山顶走。跟随这群野牦牛，最终让摄制组在祁连山的最深处迷途了 10 多个小时。

次。可惜光线已经完全暗了下来。牛大都卧在地上，站立的几个也没有什么动作，有几头傻傻地盯着摄影师——很可能根本没认出是人，互相之间没有什么威胁。

没拍到什么有价值的镜头，但是对野牦牛的视力之差，我们算是有了深刻的体会。

回去的路上，也找不到路，好在知道方向，拐来拐去，到十一点多，终于找到了回去的车辙。

第二天一早，我们来找这群牛。它们已经和昨晚休息的地方有了十公里的距离，应该是天不亮就沿着山脚往南边走了。

沿着左手的山根往前开，迎面正好有一个三四十米高的小山包，阻挡了牛的视线。一绕路就是一个多小时的时间，牛群还在原地。

我们爬到山包顶，两位摄影师刚刚架好摄像机，探了个头，就被放哨的牛看到了，呼啦一下牛群奔跑了起来，和一朵黑色的云一样，看起来不快，再看时牛群已经消失在视野里。飞行器传来的视频显示，它们进了山后左面的沟里。车再绕到山顶，牛就在山下。几个人扛着机子去了。我跟进，趴在一块一人高的石头后看了一阵。我不是摄影师，在那里碍事，就退到车上，和老熊一起聊天。

牛群一边吃草一边移动，摄影师老胡没交代一声，就跟着牛群走了。我们等了三个多小时，仍然不见回来，决定开车去找。翻山下来才发现，这个坡度有些大，只能下，上不去。没有退路，驱车继续往前摸索，河谷里布满了大大小小的石块，总是担心爆胎的问题——最多的时候，一个月曾经爆过四副胎。

六点多，前方是冰雪覆盖的山，进了个死胡同。冰层有两层楼那么高，闪烁着淡蓝色的光芒。野牦牛群已经翻过冰层，不见了踪影。

就在冰雪的末端，闪烁着老胡的身影，我们下车等他归来。

夕阳很美，把雪山和冰层镀上了一层金黄色。有一只火红的健壮赤狐在冰线上飞奔而过，我有些欣喜——也许只有这样艰险的地方才有这样的美景。

雪茄还剩下最后半根，冷澈的空气夹杂着浓郁的雪茄味道，清洗着我的口腔，内心无比愉悦。

太阳即将落山的时候，天气奇冷，风景却奇美。尝试着拍一段航拍，却发现航拍器的电池自动没电了——低温效应。凡事总有遗憾，美景长留心间。

暗暗承诺，下次再来这个地方，将昏黄时候的冰川雪山全都拍下来。事实是，直到今天，再也没有去过。

返回的时候，天幕已经完全垂下，看着前车闪烁的灯，很是担心，归途注定不会简单。

翻下来的山太陡峭，是上不去了，我们只能绕着山跑。车身越走越倾斜，后来超过了三十度。我坐在副驾驶座上，身子往门的方向坠，老熊一脸紧张地握紧方向盘，总在问这个方向对不对。雪越来越厚，前面黑乎乎的一片，只有巨大的山的黑色轮廓。报话机问了一下前面的车，说前面应该能绕过去……前车突然停了下来，上面两个人在争吵。我下车走过去，头车前面两三米处是一个黑乎乎的悬崖，看不出多深，这里没有路了。我吓了一跳，赶紧叫大家原路退回。

那天回到营地差不多1点，来体验的朋友熊哥说明天要回去。后来，熊哥多次表达还想进祁连山体验，但是出于身体状况的原因，进入山脉深处的计划遥遥无期。祁连山总是这样，在山里感觉无比辛苦，但是回到城市，就会念念不忘，像极了爱情。

在疏勒站的日子
疏勒站是祁连山北部最高、距离人类活动最远的一个站。这里山大苦寒，却是野生动物的天堂，摄制组在这里拍摄了多个冬春季。

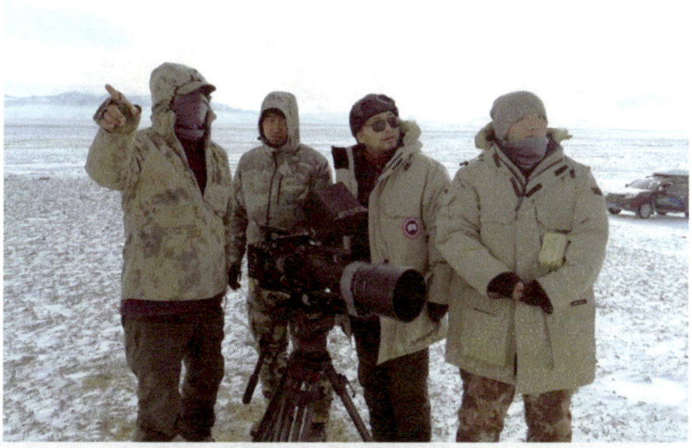
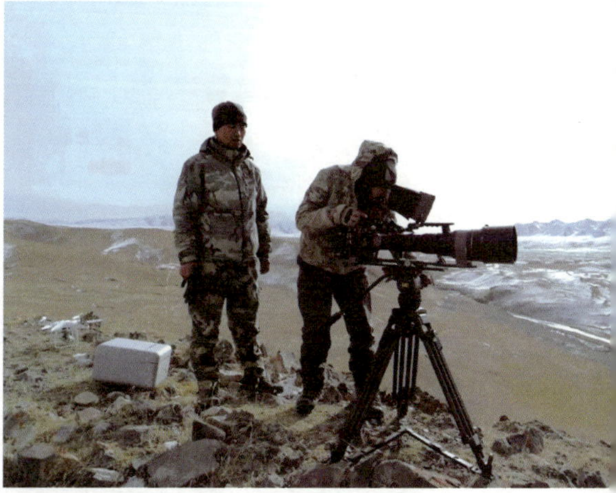
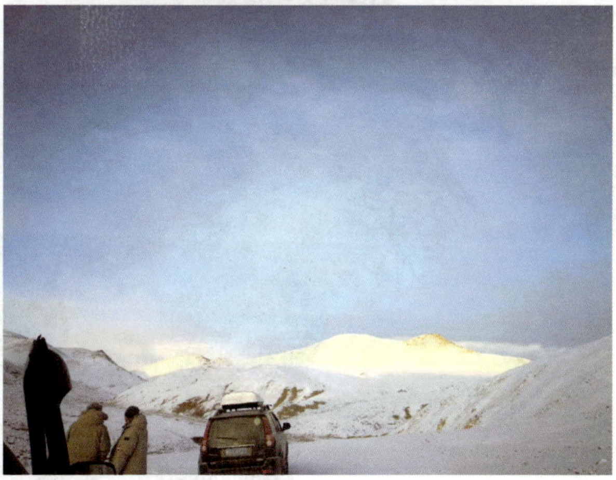
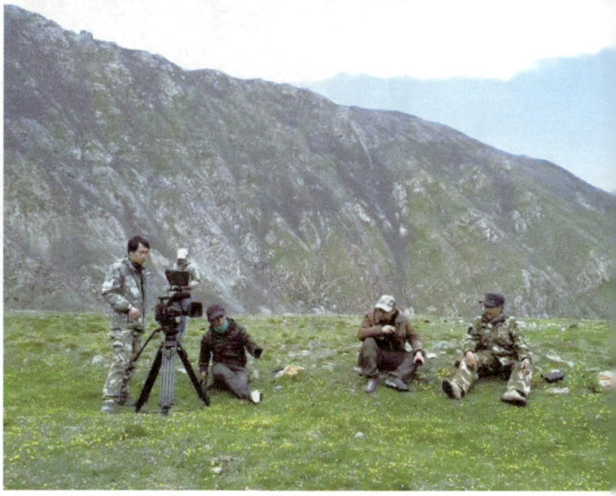

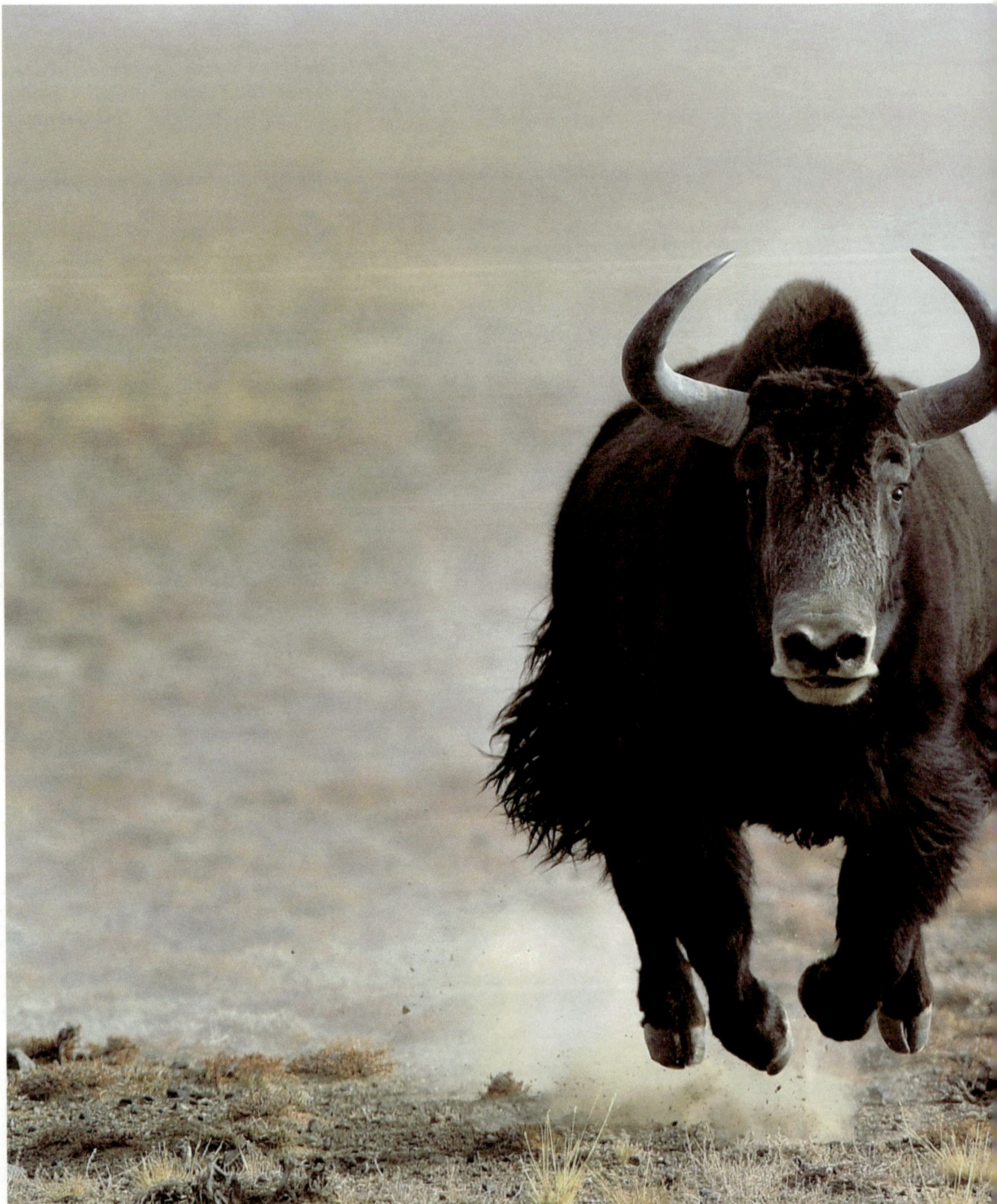

一天，牧民说有一头野牦牛在他家牛群中。这头野牦牛高超过了两米，比家牛群中最高的牛都要高出小半个身子，成了牛群中的巨无霸。

去了两辆车，加上牧民，有十几个人。野牦牛是有智商的动物，它躲在牛群中，低头哈腰，装作是家牛中的一员，可惜无法隐藏巨大的身躯，鹤立鸡群。它在忐忑不安中，终于心虚离开了。

但是还没有过交配期，它怎么会安心离开。野牦牛没有远离，在距离牛群两百米的山坡上驻足了十几分钟，突然轰炸机一般冲进了牛群。它飞舞的鬃毛和尾巴如同泼洒的水墨，直向牛最多的位置冲锋，搅和得牛群一阵混乱。

它在牛群中开始咆哮，对我们打着响鼻，这是生气了的表现。赶紧将车开走，野牦牛惹不起。

跟拍了几天。野牦牛一直围绕着发情的母牛，不让其他公牛靠近，当然公牛和它差了几个档，根本不敢靠近。

野牦牛是温情的王子，不断用舌头舔着母牛，并对母牛带的小牛照顾有加。母牛爱理不理，但是当其他母牛路过，野牦牛驻足观望的时候，母牛又会马上站在野牦牛的身边，把它的眼神领回。

野牦牛的世界和我们人类何其相似。

野牦牛过了发情期就会自动离开家牛群，回到它山上的牛群中去。有时候走的时候会带走一两头母牛。第二年在家牛群中产下的小牛，在长到一岁左右的时候，有些也会悄悄离开家牛群，回归野牦牛。

第二年的9月，我们再次到疏勒站。小巴图和一个护林员在值班，小巴图家的牛今年又有一头被野牦牛勾引走了，这两年他损失了三头牛。

正好是野牦牛下山的时候，我们陪小巴图去他家里拿了一箱子炮仗——他说这是对付野牦牛最好的武器。

他说，当野牦牛进了家牛群，远远扔炮仗就行了。

小巴图个子小，当地人叫他小巴图，其实也是一位快 60 岁的老大哥了，我们都喊他巴哥。

等了几天，野牦牛没有来。巴哥带我们去找狼，他说前几天他去找牛，看到一条沟里的五只小狼长大了。

狼搬家了，不在窝里。继续往深山走，有一条宽百米的平缓的沟，在缓缓向上铺开，沟里开满了鲜花。这个季节还有鲜花，很稀罕。坐在花丛中吃干粮，花朵的枝干已经坚硬了起来，但是花瓣依旧柔嫩，黄色的、小小的、一瓣连着一瓣、一朵连着一朵，在微风中颤抖着，拨动了微风的心弦。

两头野牦牛出现在沟的末端，距离我们大概有四五公里的路。用航拍器飞过去，视频中出现了一头花白色的牛，和两头黑色的野牦牛在一起吃草。

巴哥说这就是他的牛，他拎起小包就往山沟里快步走了。

牛走得很快，很快就到了一道坡顶，停了下来。我们跟在巴哥后面，距离他越来越远，后来只能远远望见他。

追是追不上了，我坐在山坡上，喘着粗气，等了半小时，巴哥的身影才从山坳转了出来。牛早跑了，他白忙一场，看来他找回牛的希

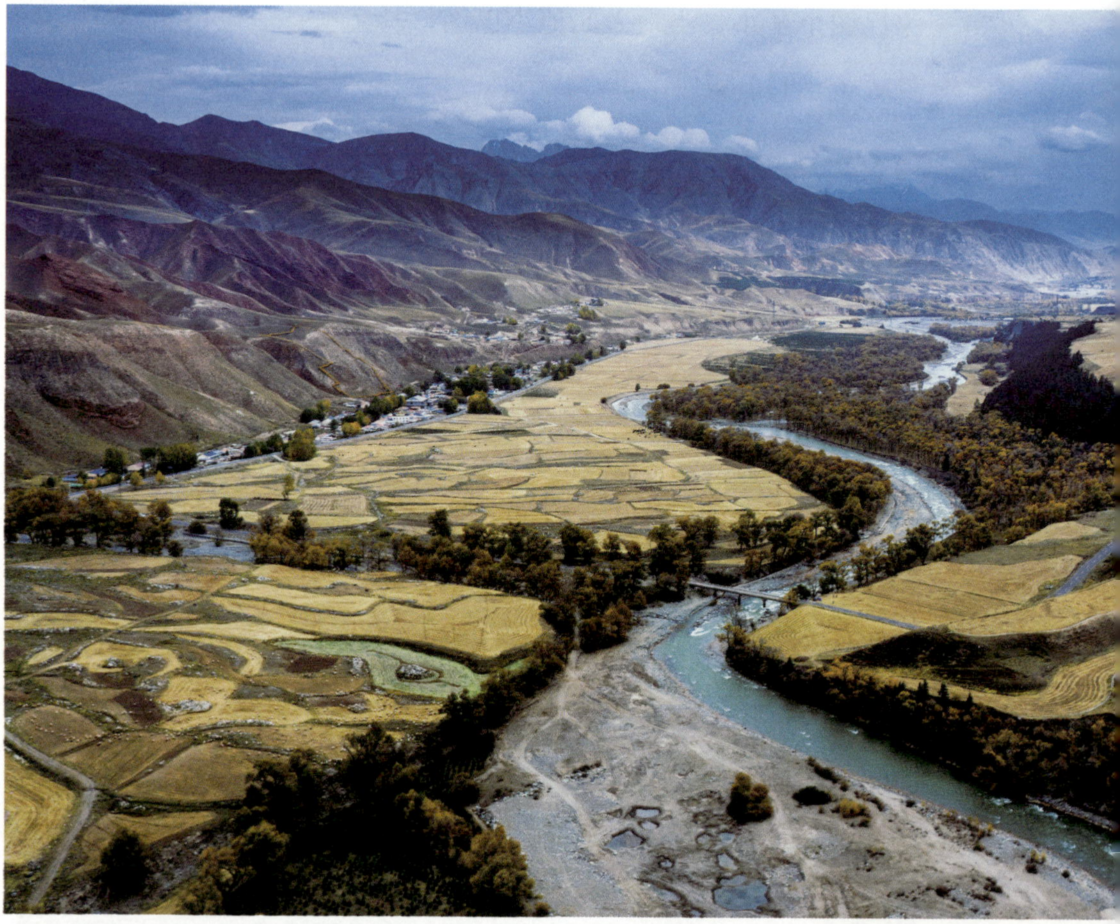
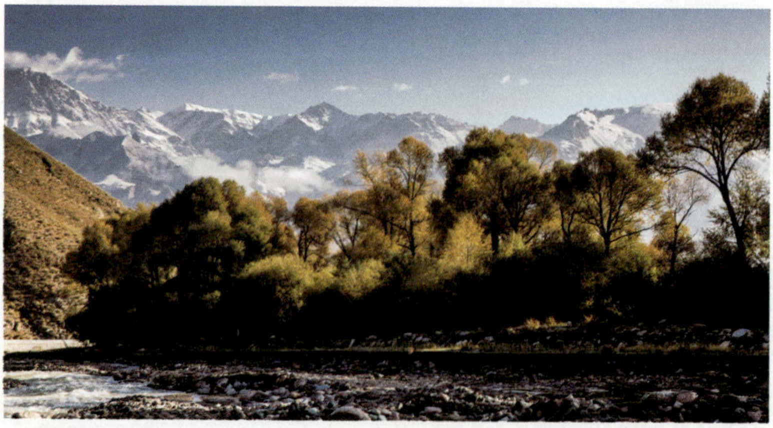
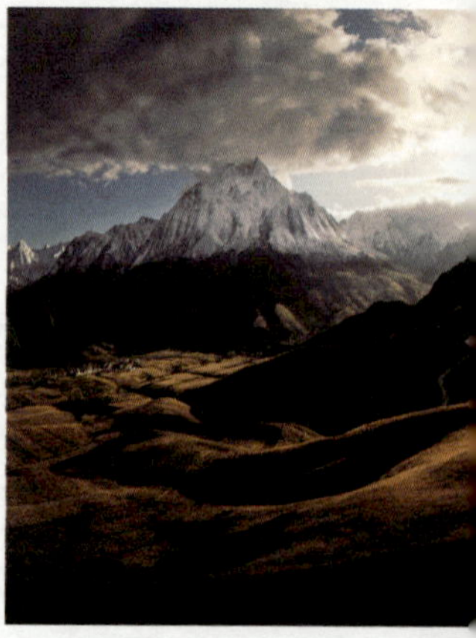

望不大。

巴哥发誓过几天再来这里找。

第二天换了一条沟去找野牦牛，有两头放哨的野牦牛在山顶上站着看我们。在看到野牦牛的第一眼，我使劲踩了一下油门，车一头扎进了泥里，再也不动了。

分了人手去拍摄，其他人开始挖车。我们用了四个小时，才将越野车从泥坑里挖出来，所有人一身泥。

第二天又换了一条沟，这次连野牦牛的影子都没见，就陷车了。这一天连续陷车三次，摄像机都没开，很是无奈。

我们在疏勒站等待了几天，还不见野牦牛下山，也不见降温，只有转到其他地方去拍摄。

祁连山北部秋季景象
雪山和发黄的植被，以及河道中的灌木，组成了祁连山北部的生态特征。无数的陆生、野生动物就隐藏在大山和灌木丛中。

野牦牛在祁连山并不好拍摄，祁连山山体落差太大，野牦牛生存在最高处，是距离人类最远的动物。

暖和的时候，山里到处是融化的冰水，人走都费劲，车寸步难行。到了天寒地冻，气温极度低下，摄像机经常因失温断电。

有一年10月份，上山的时候天气有点阴，想着一时半会儿雪不会下起来，就匆忙上山了。

路上有几只藏原羚幼崽，胖乎乎的，毛发干净，腿很短，在山坡上奔跑起来，蹦蹦跳跳的，显得更加可爱。还有两只藏狐，一只追逐着一只……苍穹特别低，远处已经消失在乌云中，近处反而显得特别清晰，应该是快要下雪了。

满天飞翔的大鵟不知道什么时候不见了，气温仿佛回升了，有点暖烘烘的感觉。

野牦牛在左前方，分散着，几头几头聚在一起，加起来大概五十只。拍摄并不顺利，摄像机刚架起来，就被放哨的牛发现了，不过没跑多远，在一个山包上面看着我们。我们没有进一步动作，其他的牛就没动，还是站着享受这一份宁静。

没有一丝风，视力极差的牛很可能还没辨识清楚我们。鹅毛大雪蓦

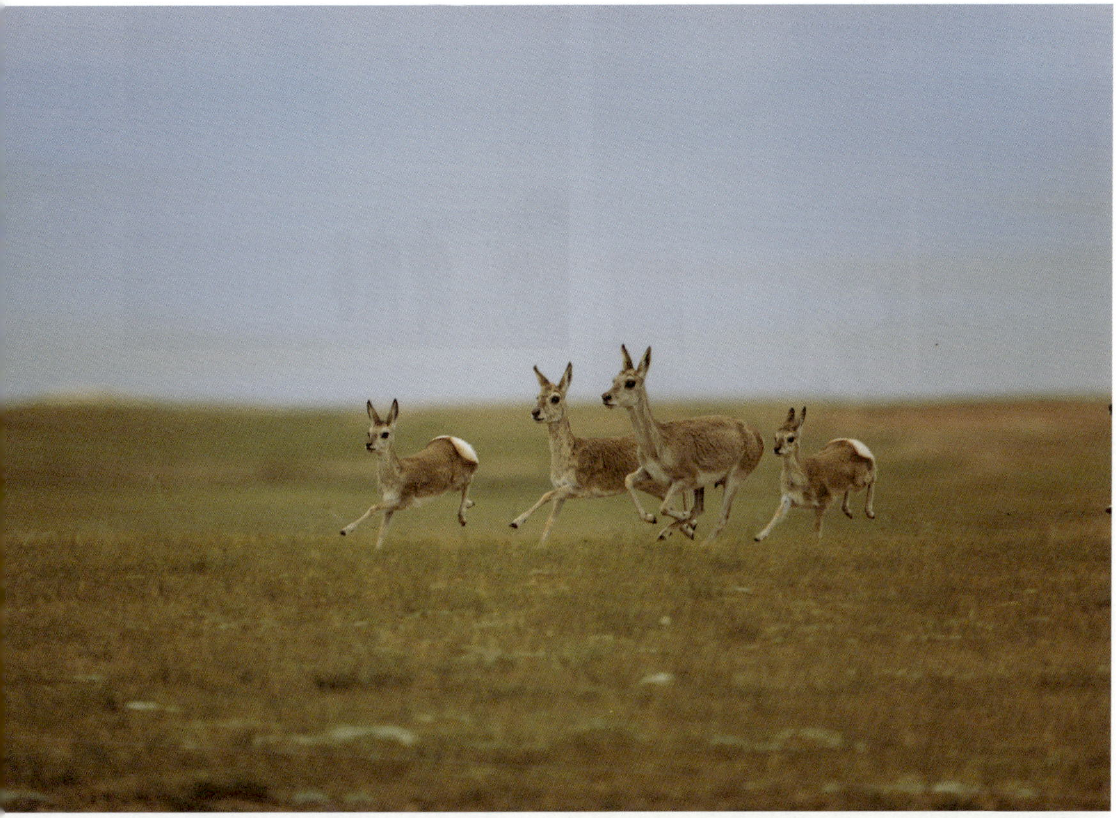

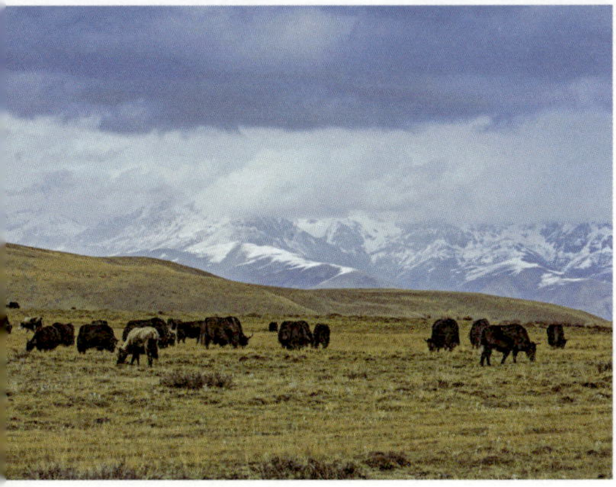

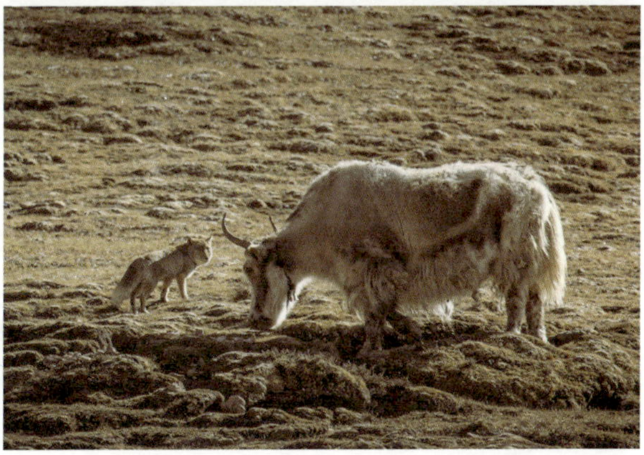

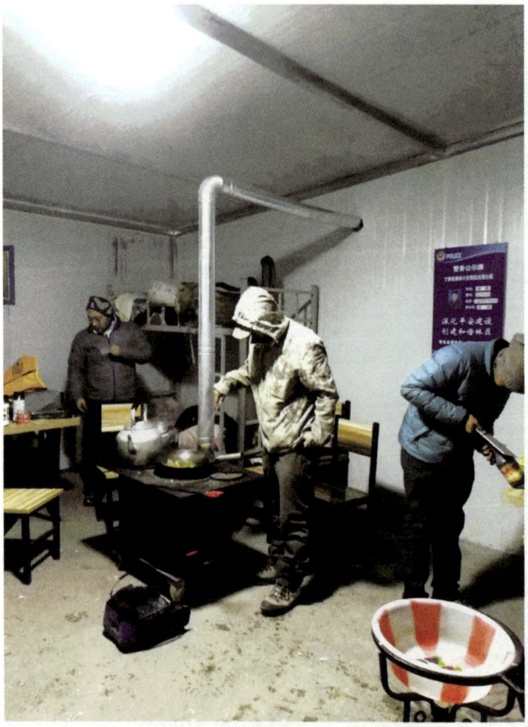

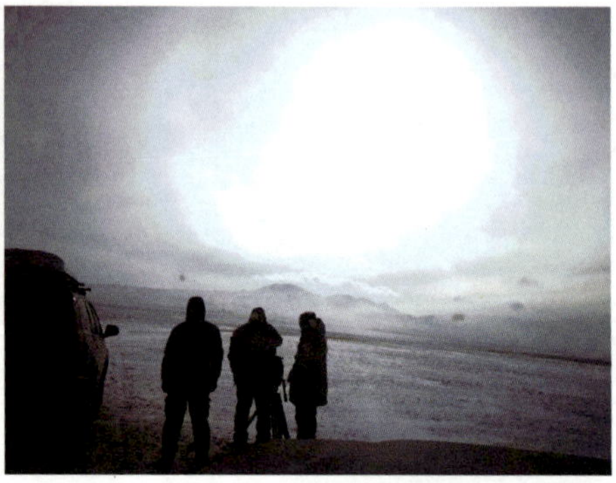

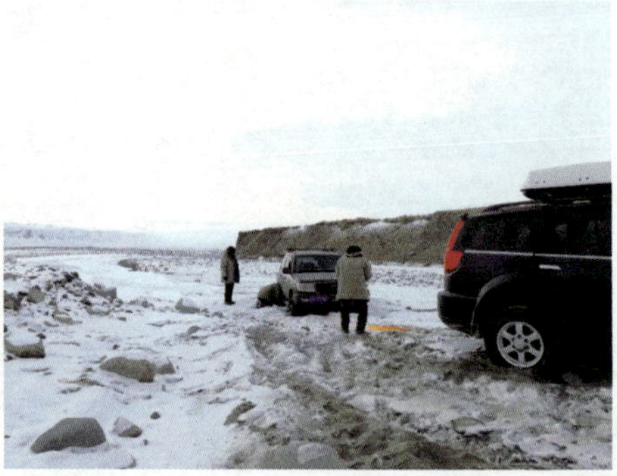

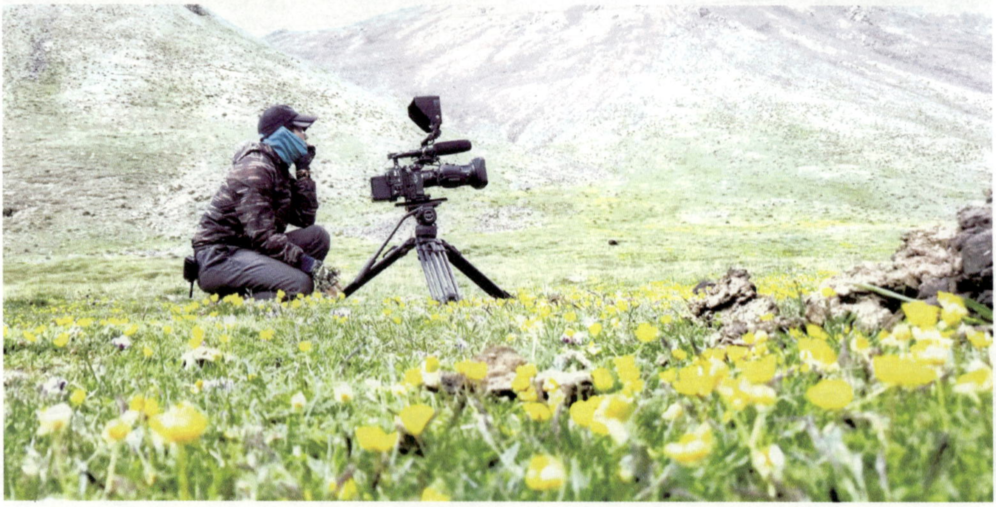

然间飘洒了起来，在半空中写着"之"字，洋洋洒洒，目所能及之处尽是。黑色野牦牛的背上很快披上了一层白色，一动不动，仿佛成了雕像。

等到野牦牛走了，才发现上山的车辙已经被大雪覆盖。不仅如此，就连周围生灵的痕迹都被清洗干净了，野牦牛不见了，藏原羚和藏狐早就销声匿迹……四周突然间静了下来，猛烈的风来了。

我们找不到下山的路。风雪交加中，四个人辨识着下山的路。

我开着车翻越了一座又一座的山坡，来来回回，三次返回停车的地方。雪还在下，不能等到雪停，即使雪停了也可能找不到路。

不断碰到悬崖，倒退，再碰到悬崖，再退回。当所有人记忆中的方向都走了一遍，我们决定往所有人都认为不对的方向走。

很快就遇到几道雪棱子，这是刚形成的还是以前就有的，谁都不知道。下车试试，雪棱很硬，但是记忆中没有经过这样的地方。

所有的方向都不对，我们四散开来，慢慢寻觅痕迹。在一个山巅的一旁，这里刚好背风，终于发现了车走过的印子。

内心大定，一步三滑，终于将车开了下来。

我们和野牦牛的故事充满了艰辛，所幸还是拍到了野牦牛打斗、交配等场景，也算不虚此行。

2020年年末，在肃南县和祁连县交界的地方，我们发现了一头野牦牛。但是这里并不是野牦牛的生存区域，也没有过野牦牛的记载。

野牦牛和一头放生的母牛在一起。当地有放生的习惯，就是将牛群中的一头被选中的牛放归山野，以便保佑自家牛羊更好地繁育。

这是一头垂垂老矣的野牦牛，不知道为什么会来到这里，也不知道它是怎样来的，从这里到野牦牛最近的区域大概也有三四百公里。但是谁能说生命不是充满奇迹的。

青藏高原有野牦牛的地方都走了一遍，毫无疑问，祁连山的野牦牛拍摄难度是最高的，再次感谢盐池湾保护局的朋友们的艰辛付出。

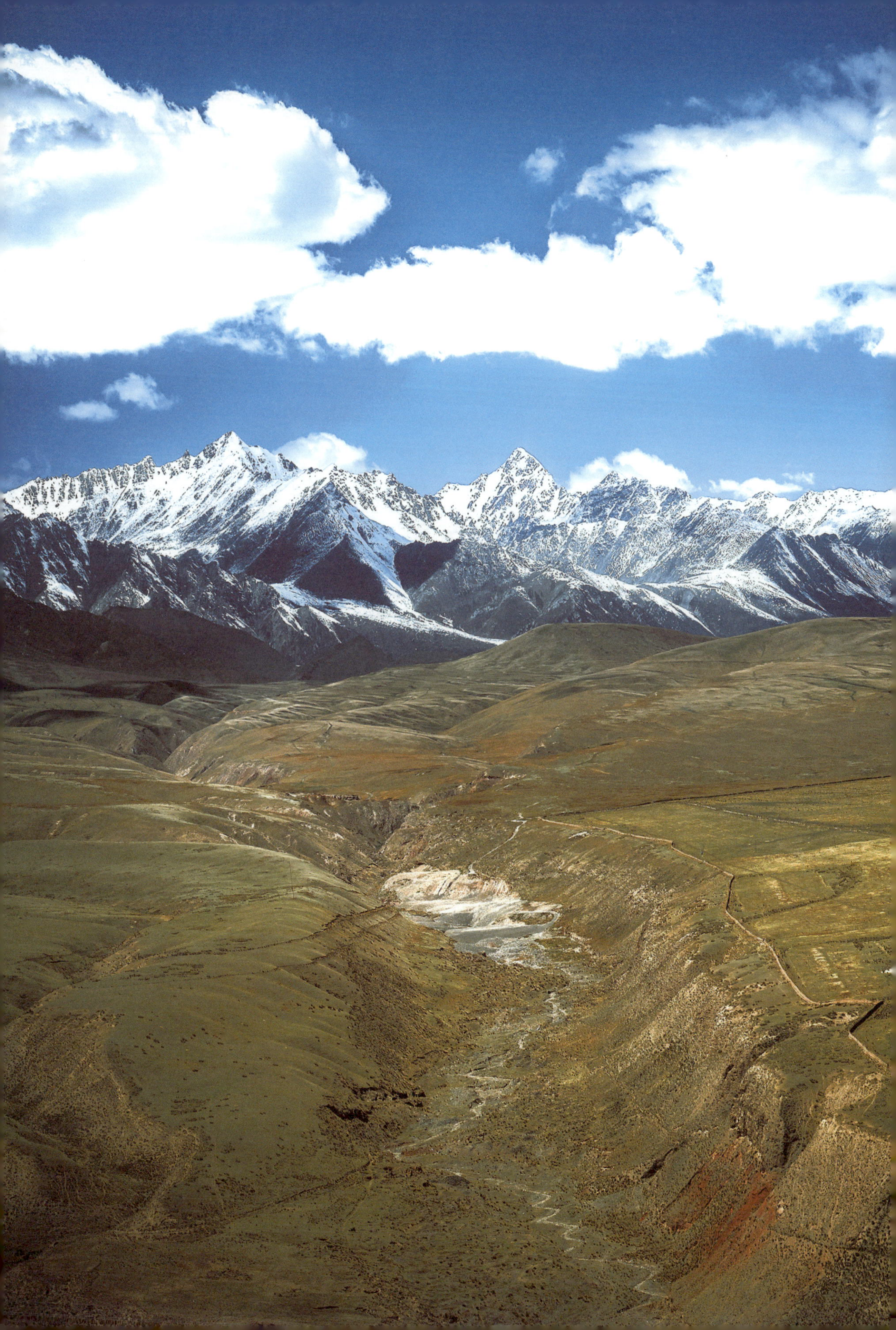

肃 南

肃 南

2018年,我们从甘肃省委宣传部承接了祁连山国家公园的纪录片项目。为了拍一个比较完整的祁连山,暂时离开了熟悉的肃北盐池湾国家级自然保护区,从天祝县开始,往北一路拍摄。

来来回回,将祁连山从南到北拍了两个四季。祁连山的南部和中部森林密布,很多地方人都挤不进去。树木大都是常见的祁连山圆柏,木质密度高坚硬;灌木一两人高,布满了坚硬的刺,穿过灌木丛是最痛苦的,不仅每次都划伤手脸,并且衣服也被轻易撕破,躲无可躲。这里的很多山都有矿物,对飞行器干扰很大,我们在这里损失了4台。

有一台较贵的飞行器,在张掖寺大隆升高后就没了信号,找了两天,杳无音信。还有一台在天祝县西大滩乡的灌木坡上,显示在距离我们两米的地方坠落,但是我们三个人找了4个小时,就是没有找到。

肃南县属于森林和草原的交界地带，对肃南的印象最早也是来自于2013年。在祁青乡拍摄素珠链，后来听护林员阿成说祁丰乡拍摄到雪豹的可能性最大，就去了祁丰乡。在我去祁丰乡之前，团队已经去了几次。

2020年11月9日，我们打算在祁丰乡进行一段时间的拍摄。然后去大河乡。

祁丰乡上有一位老爷子开了一家小旅馆，其实就是家里的两间小房子，一个人一天四十块还是三十块。住了我们五个人，就满员了。炉火要自己负责，老爷子两口子人挺好，我们出去干活的时候，他们就帮我们生火。

幸好还有两家饭馆开着，其中一家是早餐店。

祁丰乡的岩羊、白唇鹿和藏野驴都是比较多的，但是距离我们的驻地还有比较远的距离，一般早上来得及吃了早餐，下一顿就是晚餐了。

通往山里的路铺满了大大小小的石头，我们开了两辆车，一辆车的车胎经常性漏气，每天都要重新充一次。

在一个拐弯后，前车绝尘而去。等了后车半小时，才姗姗来迟。他们说我们前车过后，一只猞猁被惊动。猞猁没有跑，而是站在路边呼唤。呼唤多声之后，从草丛中钻出两只小猞猁。老猞猁带着孩子们蹦蹦跳跳再次钻进了灌木丛。

继续往前，一群岩羊出现在对面的巨大斜坡上。摆好了摄像机，盯着岩羊，这是一群母羊和小岩羊，山后应该还有一群公岩羊。

盯了这群岩羊一周时间，目的是等待雪豹捕食，可惜没有这么好的运气。

从岩羊群再往前，有一群白唇鹿，接近两百只。四只巨大的公鹿一直在靠近小路的山丘上放哨。一阵儿吃草，一阵儿卧倒休息，只要看到我们，马上向着山沟里跑了，这个方向和大群正好相反。

白唇鹿对面有一片几公里长的山坡，以前是一群藏野驴的栖息地，不知道什么原因，这群藏野驴这两年已经不见了，估计迁徙到别处了。

有一条沟里有几只金雕，以前拍过几次，这次来，金雕也不见了。看来这两年，这里也发生了一些故事，只是我们还不知道。

每天晚上，夜色中返回的时候，小路两边来回奔波着忙碌的兔子，

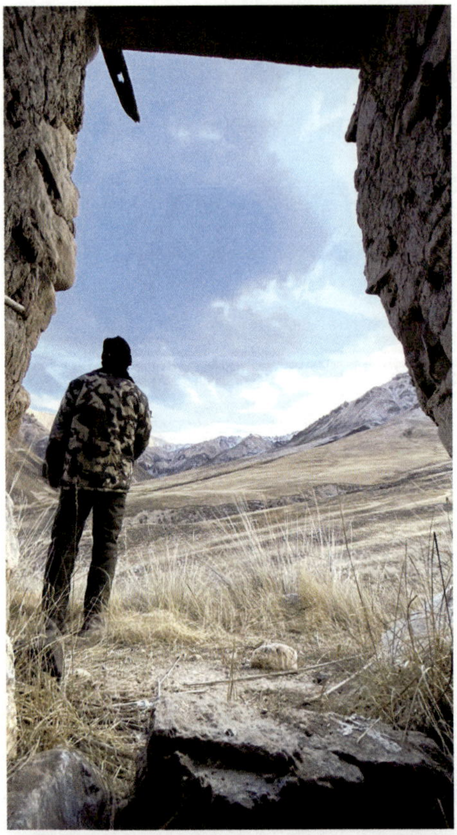

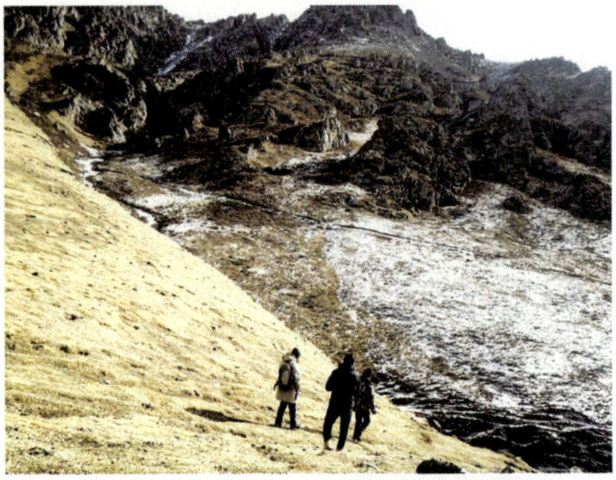

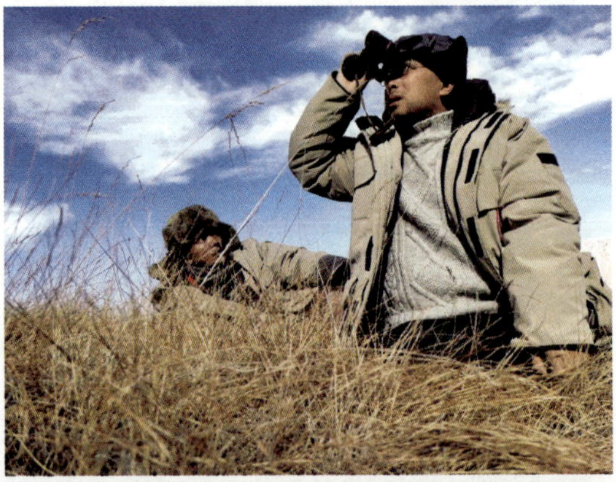

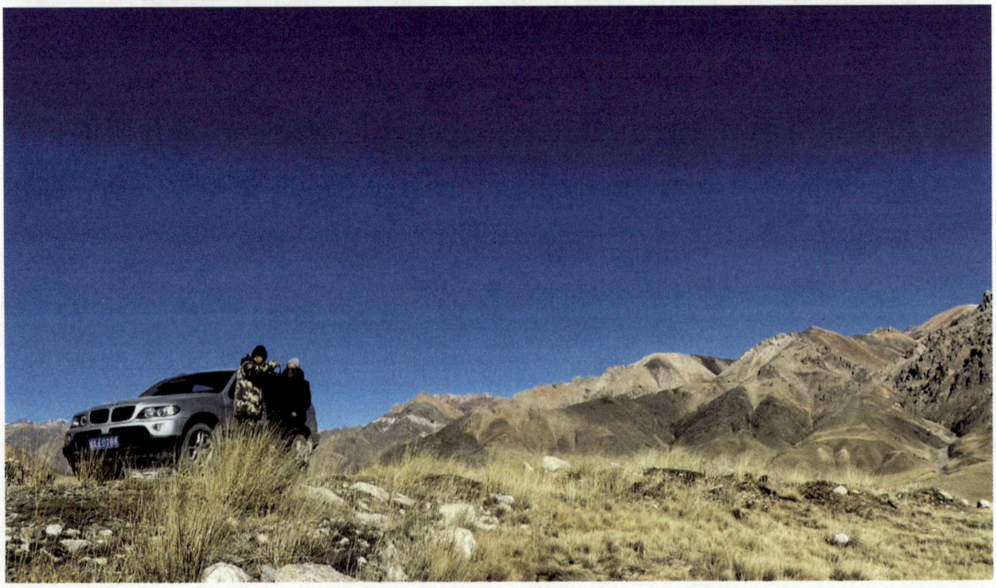

兔子在冬季看起来很大个，两只眼睛在车灯的照射下泛着红光。它们并不会停下来，而是跟着车前后左右乱跑。生怕压到兔子，只能减速慢行。

有一条小路翻过山就到了祁连县的一个镇，有几次中午实在饿得发慌，就去这个镇上吃饭。从山里到青海祁连县这个小镇的距离要比回到驻地近很多。

据说从这里也可以到达素珠链，我们尝试走了一次，路上冻结了太多的冰，再走就是冒险，只能退回。

白唇鹿群的位置相对固定，和岩羊群一左一右，在小路两边分布。有一天早上，躲开了四只放哨的公白唇鹿，王凯拿着摄像机一个人过去了，我们几个等着报话机中王凯的通知。

没想到它们还有第二波放哨的。山坡下，还有两只年轻的公白唇鹿站在干涸的河道中。王凯正好和它们撞了一个满怀。

跟拍白唇鹿
一群一百多头的白唇鹿种群在这里活动，它们是祁连山的代表性物种之一，有中华神鹿之称。摄制组在跟拍这群白唇鹿。

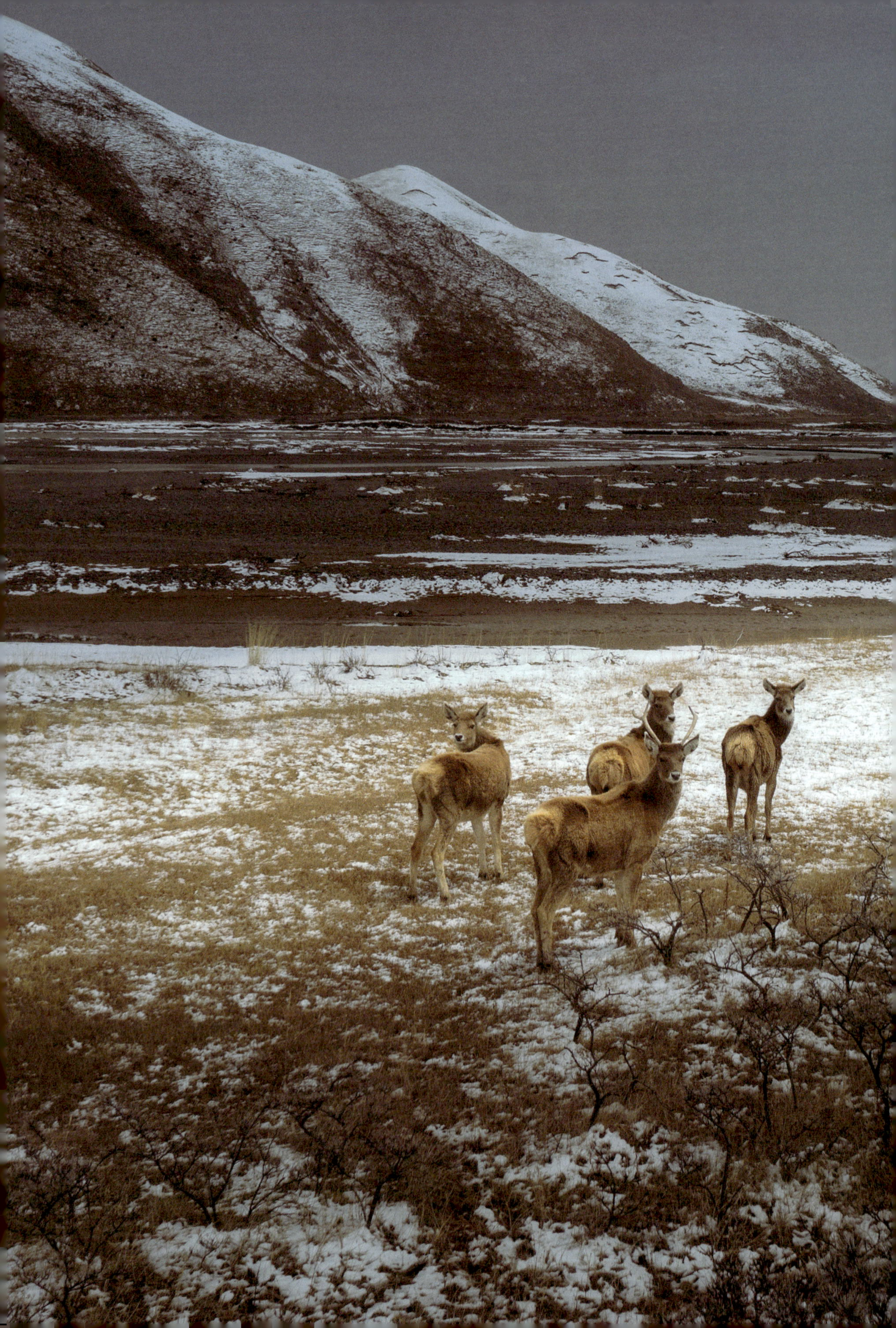

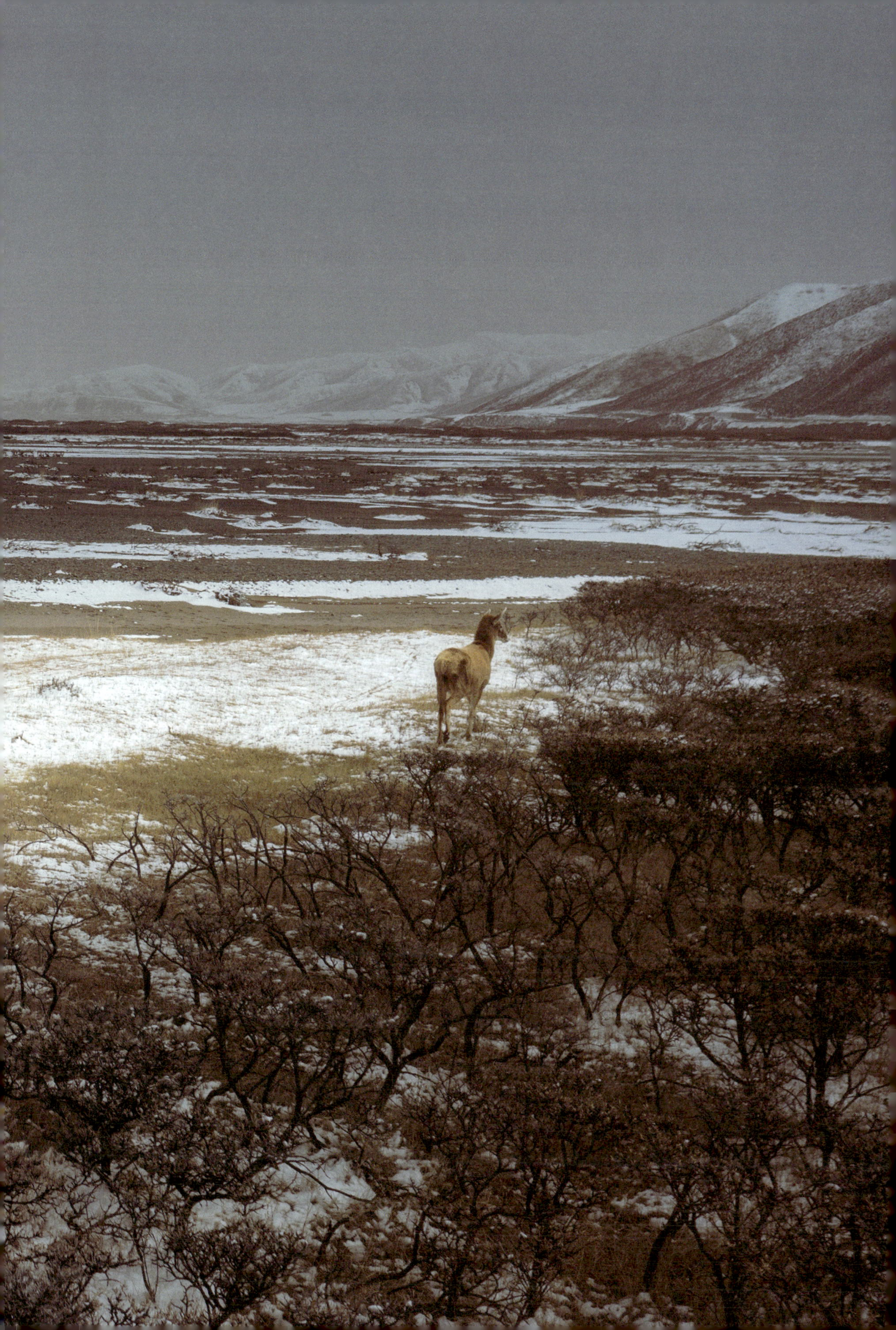

白唇鹿群开始迁移，我们将车开到半山，扛着设备往上走。走了近一个小时，才联系到王凯，他已经到了又一座山顶。白唇鹿群翻过几座山，远离了。

从祁丰乡到大河乡以前要走两天的路，如今从青海祁连县新修的公路走，仅仅半天时间就可以到达。但是也有例外，2021年年底，这段公路因为结冰暂时封闭了一段时间。

团队在大河乡安文锋家，两年中住过几次。我是第一次，安文锋两口子比我小一岁，没有什么交流的隔阂。并且我和老安都爱开玩笑，每次嘻嘻哈哈的时候，他媳妇只是听着笑。我很喜欢他们这个牧区家庭洋溢的温度，虽然辛苦，但是温馨。

我们和安文锋的故事会在下一本书《寻找雪豹》中详细讲述，在他这里主要也是为了拍摄雪豹。但是无心插柳，最后在这里拍到了很满意的岩羊交配的镜头。

岩羊交配的镜头在当时属于比较珍贵的，相关的视频资料我没有见到过。我们之前在肃北拍到过一次，除了距离稍微有点远，镜头和故事细节都不错。

一开始看到这一段素材的时候，我很兴奋。

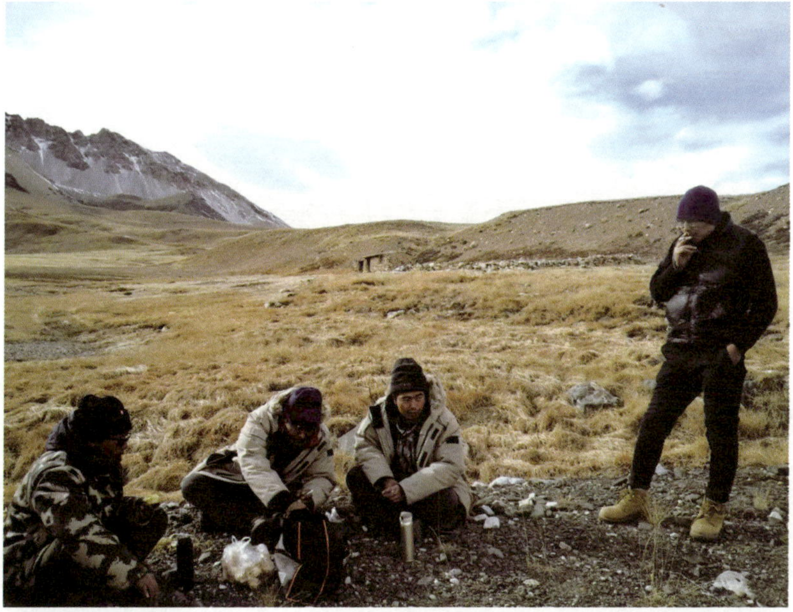

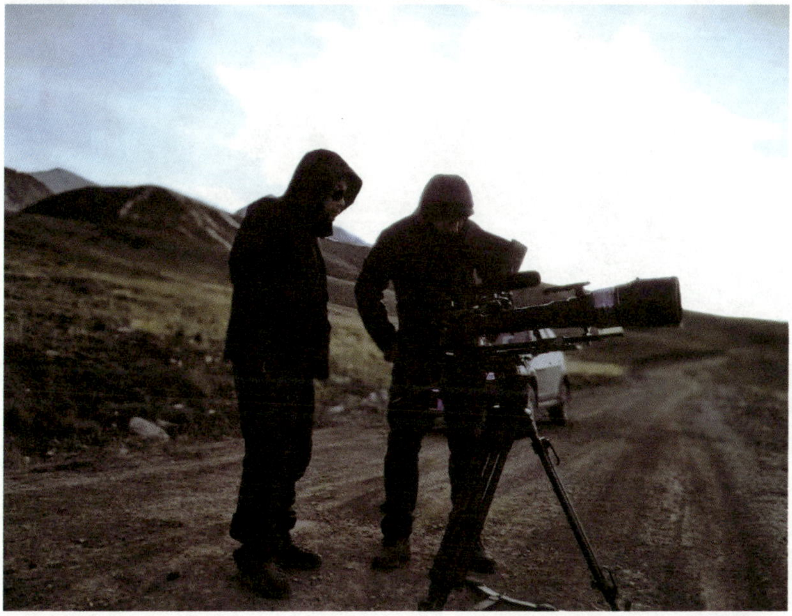

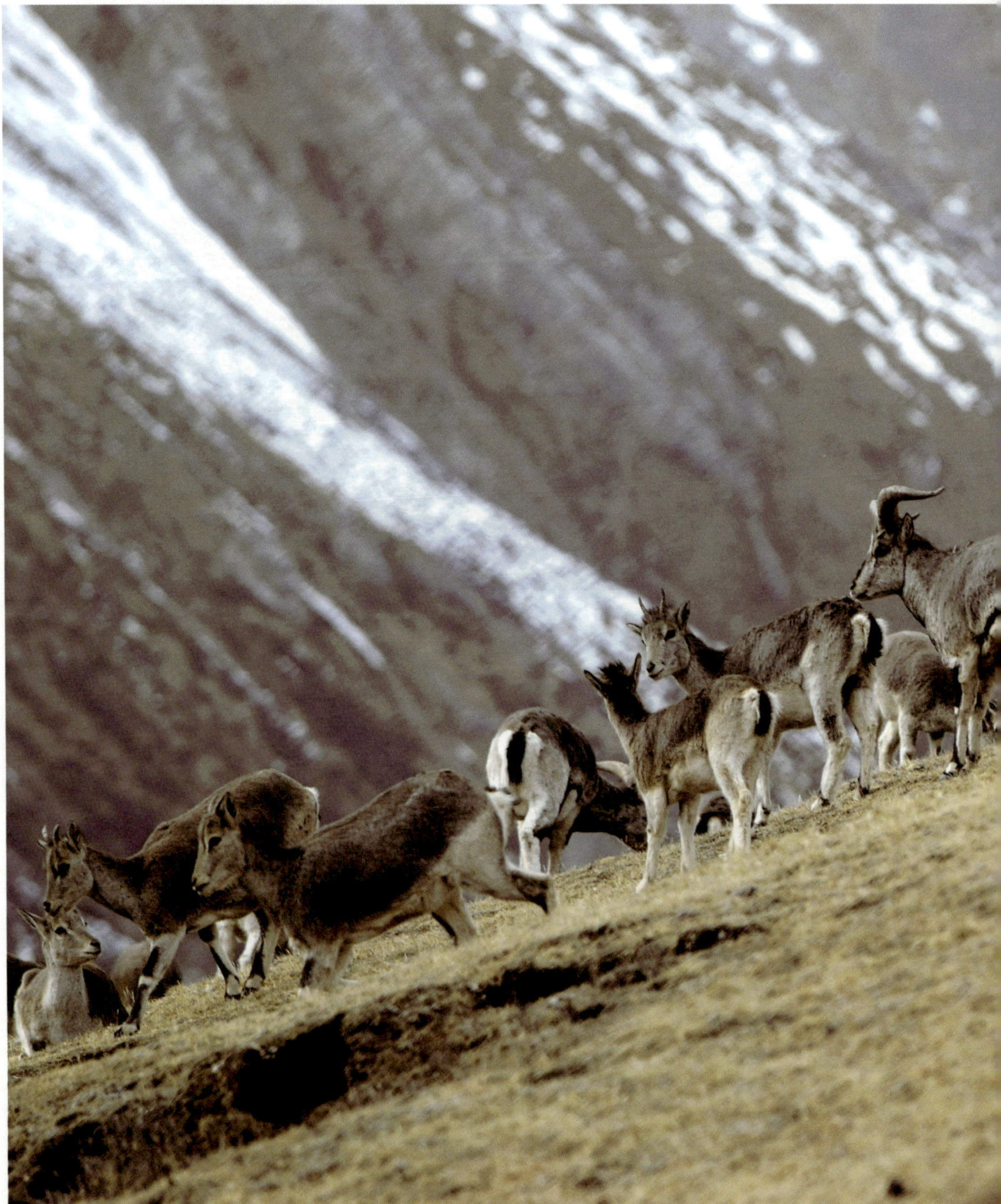

肃 南

七只公岩羊围追堵截一只母岩羊的过程，从开始到最后筋疲力尽离开视野，整个细节完整，符合纪录片的要求。它们围绕着一面巨大的悬崖展开，岩羊在山崖间跳跃，有些被顶起，从崖上掉落，极容易引起观众的惊呼。

前面已经提到，这一段镜头的缺陷，就是距离稍远了一些。拍摄的时候，我们在岩羊所在的悬崖对面的山顶，两者之间有几百米的距离。

当时用 300—800 毫米的长焦，8K 分辨率成像，但是这个距离已经超出了长焦最适合的距离。这些年，我们一直期待拥有一款 50—1000 毫米的变焦电影镜头。这种昂贵的镜头一直让我垂涎欲滴，也是我们亟待解决的设备问题里最核心的一个。

怀着些许的遗憾，当我们在老安家牧场的山里看到岩羊即将开始交配的时候，果断将它作为我们这次拍摄的重要内容。

岩羊交配期发生在一年最寒冷的时节，公羊之间必须争夺交配权。岩羊之间最激烈的打斗持续了一周左右，这和我们之前了解到的岩羊交配要持续二十天的说法不同。

当时我们的两位摄影师都回兰州了。格桑金巴胃溃疡，直接住院，王凯心急的病又犯了。山里就剩下我、孙金龙和张璇。

剩下三个人之后，我们的分工更加明确。张璇在前沿营地守着主摄像机拍摄，我和孙金龙俩拿一台便携机负责巡山。

翻过一座小山头，三只岩羊从我的眼前跳了过去，疯了一般在灌木丛中跳跃，最后消失在山丘背后。这是它们最活跃的时节，很多都离开了群落，找各自喜爱的伴侣。有时候岩羊踩落的石头从我的头顶落下，我猜测这应该是岩羊的攻击。

这里是我见过的岩羊最多的山沟，属于祁连山的试验区，仅这条十几公里的沟里，大概有两千多只岩羊。真的是雪豹理想的生活场所。

大部分岩羊交配前的争斗是暴力的，有些公岩羊顶撞之后，伸直舌头，会停下来愣几秒神，可以想象力度不小，而有些血迹斑斑仍不肯罢休。这样的缠斗能从早上九点多开始，一直到下午两三点才散开，公岩羊具有惊人的体力。

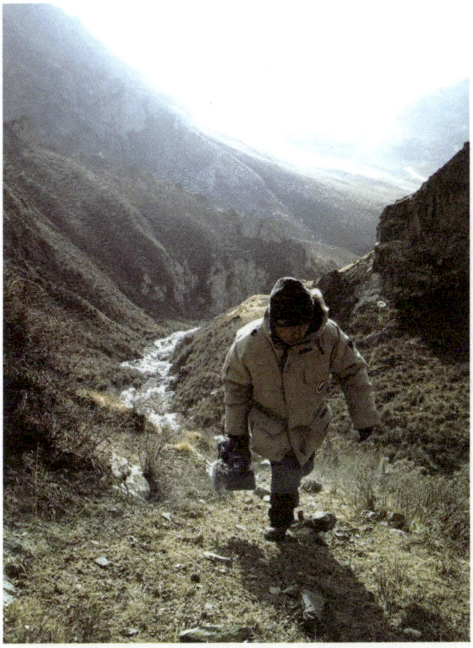
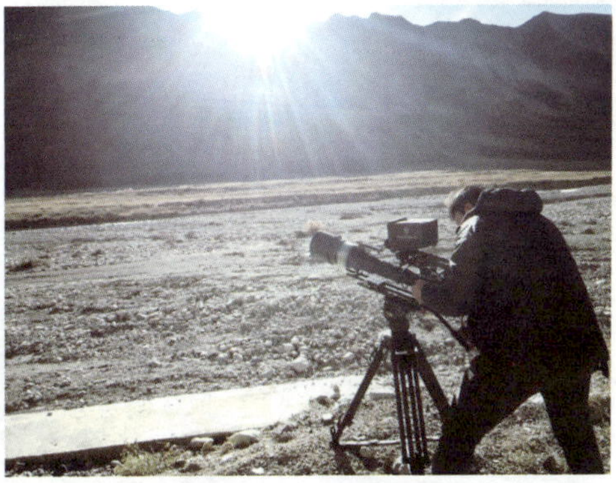
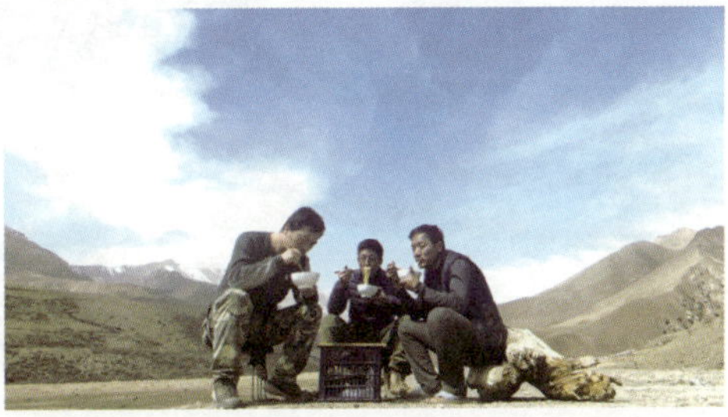
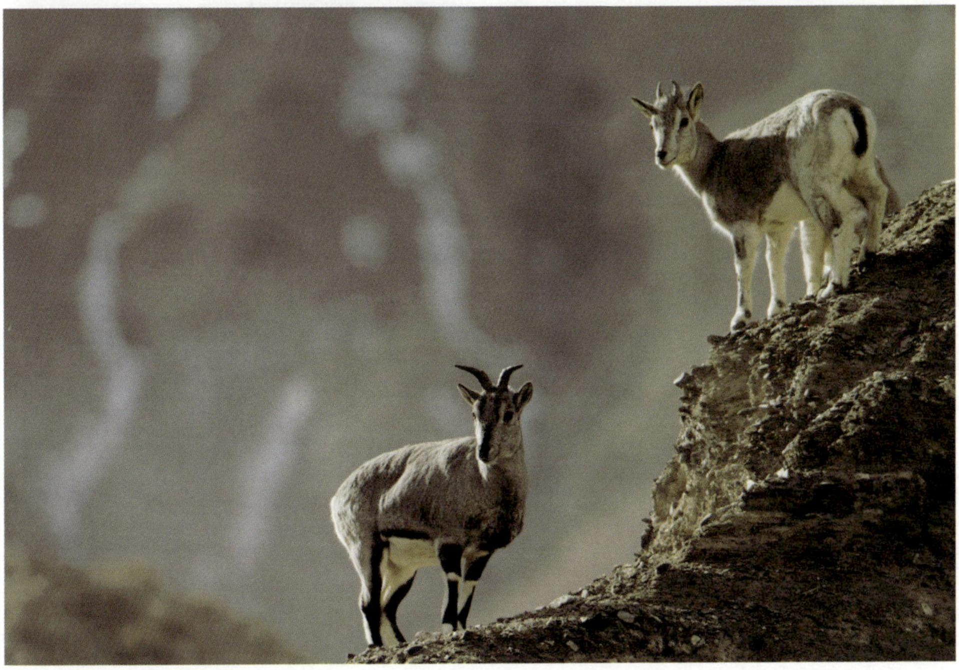

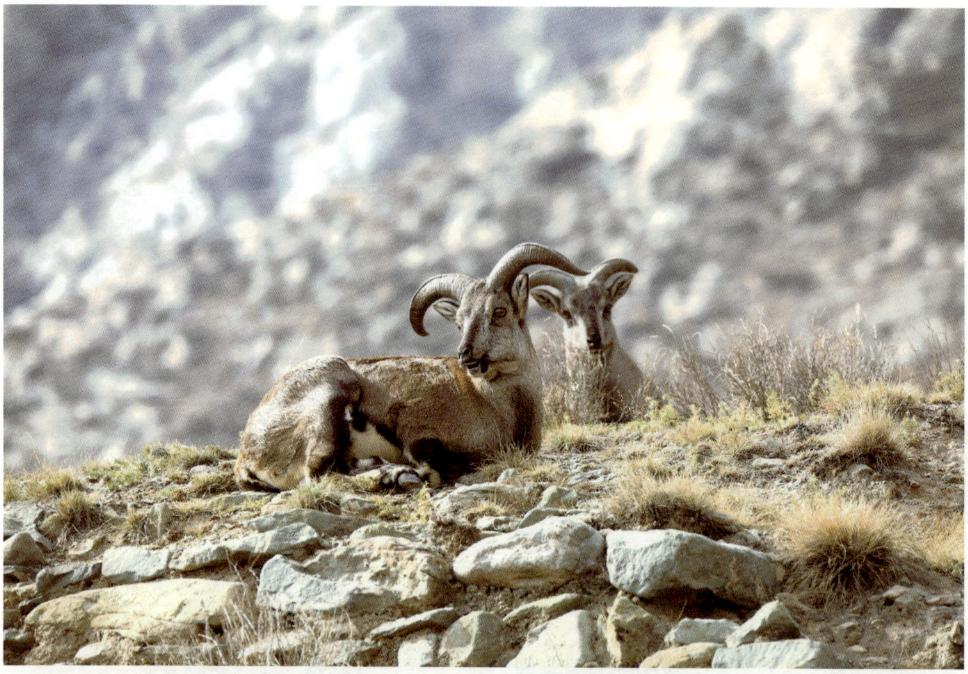
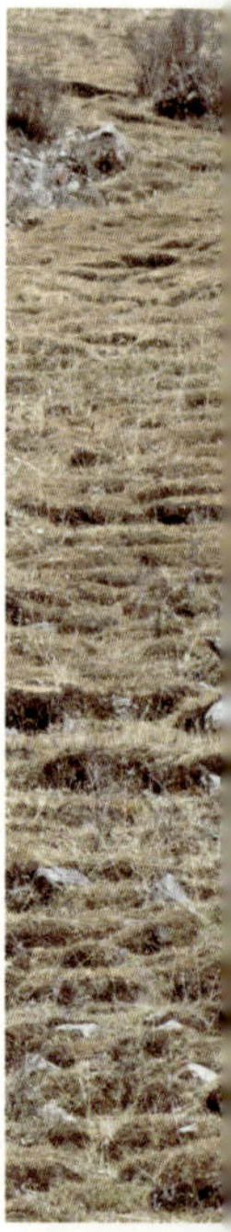
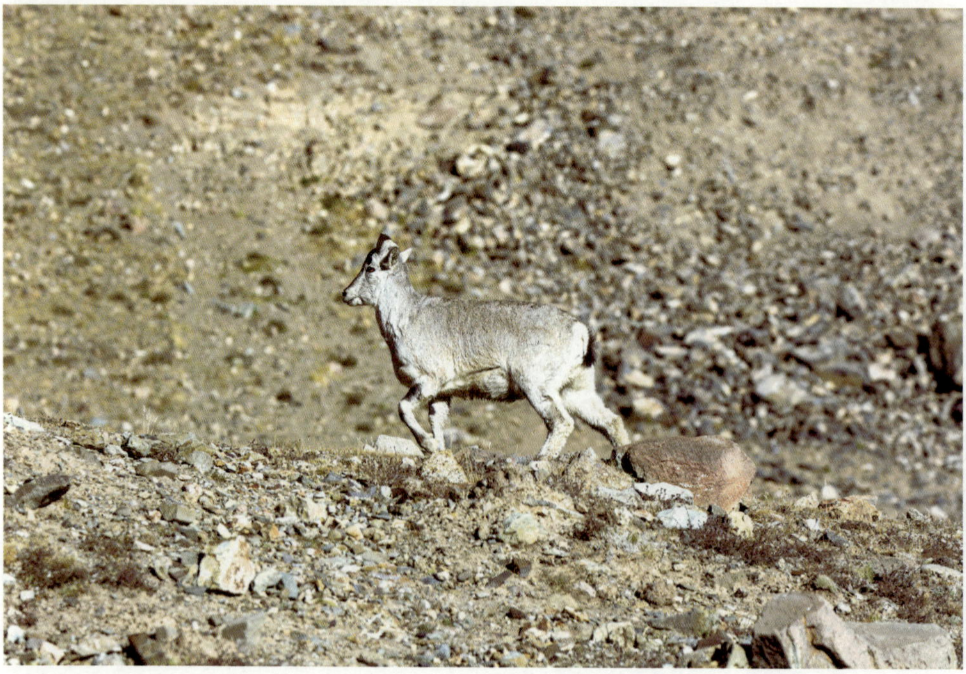
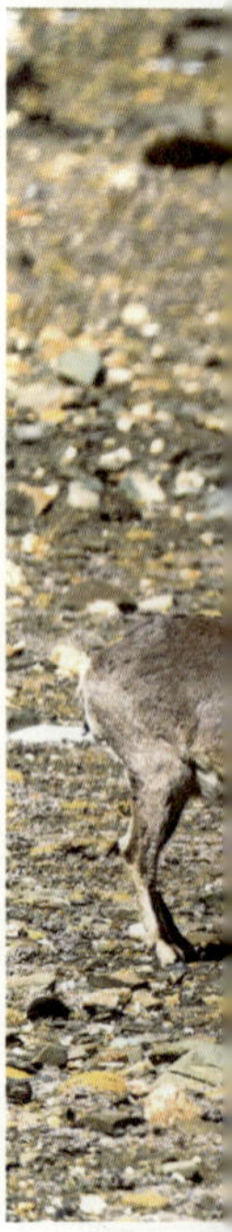

肃南

也有不暴力的，我们就碰到了一次。有三四只公岩羊跟随一只母岩羊，你方唱罢我登场，这种和谐，让我们目瞪口呆。

岩羊的交配出于本能本性，不具有人类的羞耻感。人类对岩羊的生存有威胁，岩羊对人类的警惕超过了对雪豹的畏惧，只有拥有它熟悉气味的人，才允许较近距离接近。

让我们奇怪的是，这段时间，猎食者雪豹和狼都消

👁
岩羊群
岩羊具有和山石一样的伪装色，距离稍远很难发现，是祁连山常见物种，也是祁连山雪豹的主要食物。岩羊数量的多少，一定程度也影响到雪豹的生存。

失了，这是神秘的野生动物世界。

2015年夏季，我们在无人区蹲守的时候，搭了个帐篷，睡在草地上，几十天脸都没洗，浑身都是大山的味道。每天晚上，岩羊群都悄悄下山，在我们的帐篷周围憩息，以便躲避猛兽。那次拍摄，岩羊和我的距离可以近到1米。

岩羊是祁连山很常见的物种，大群一般在两三百只，小群落几只的也有。有人说，有上千只的岩羊群，我并没有见过，可能和它们的生存环境有关。我的推测，岩羊群到达300只左右的时候就会自动分群，因为群落再大，草不够吃。

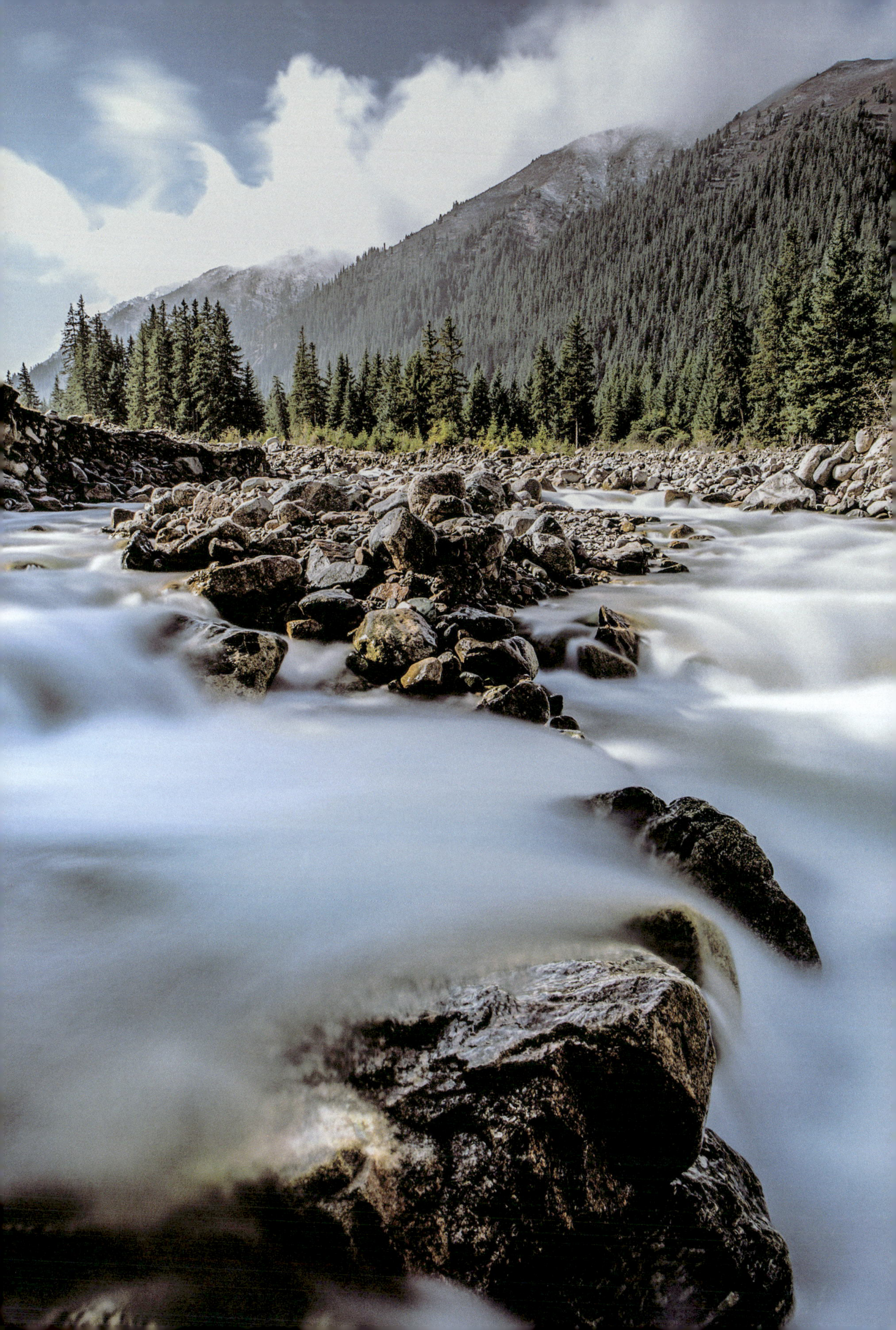

鸟类，新生命

解说词（上集）

这里被动物学家认为是地球上野生动物多样性最典型的区域之一

夏初，是祁连山一年当中水草黄绿交替的时节
大地为高原鼠兔提供了鲜美食物
它们是湿地及其周边最常见的物种
作为杂食的黑颈鹤很乐意有机会改善一下餐单

坚硬的喙在身体和脖子的支撑下变成了一把尖刀
可以随意刺穿鼠兔并不厚实的身体
这是自然界每天都在发生的最寻常不过的生物链关系
而这一切都是为了生命的延续和物种的繁衍

祁连山冰川

这颗星球上缺水干旱区

距离人类频繁活动最近的冰川群

也是目前气候变暖背景下

地球上融化速度最快的冰川之一

祁连山最大的冰川——老虎沟 12 号冰川，长 10.1 千米

它有一个浪漫的名字——透明梦柯

夏季午后

透明梦柯冰川还会有几个小时的冰雪消融

祁连山冰川融水量多年平均达近 10 亿立方米

它是周边河流和万物的生命之源

三月末，寒风中夹杂丝丝暖意

祁连山脉中游荡着春的气息

大地开始解封

黑颈鹤飞越 2000 多千米回到了祁连山

率先打破了湿地长达半年的宁静

黑颈鹤的领地争夺战将持续两个月之久

为了下一代，它们过冬时的种群团结荡然无存

鸟类占据了 20 万公顷的湿地
黑颈鹤在水位较深的区域无法筑巢
因而这片水域成为大天鹅和斑头雁的栖息地
它们向来群居，并不介意挤在一起

斑头雁激烈的打斗只为了争夺交配权
体型较小的绿头鸭占据了冰水交界线
普通燕鸥、白鹭只能被排挤到水域边缘处徘徊

棕头鸥平时也挤在这些鸟类中
但是到了进食时间，它会选择单独行动
这里是棕头鸥的秘密餐厅——洄游小鱼的必经之地
这只棕头鸥在两个小时中吃掉了大大小小 17 条鱼

盐池湾，动物学家发现的黑颈鹤最北栖息地
位于祁连山国家公园的北部

黑颈鹤是高原鸟类中的霸主
湿地沐浴在浪漫的晨雾中
相依相伴的黑颈鹤享受着清晨的宁静
它们的热情已经压制不住

这对黑颈鹤做好了抚育下一代的准备

黑颈鹤的交配持续半个月左右
这段时间，绵延800千米的祁连山不时响起它们的鸣叫

随着湿地鸟类交配季节的结束
喧闹的湿地逐渐安静了下来
更多的鸟在草丛中筑巢、产卵、孵化
茂密的草为它们提供了极好的掩体
祁连山脉已经做好了迎接新生命的准备

第31天，小黑颈鹤出壳了
一无所知的它
面对着一个全新的世界
一个充满了危机的世界

小鹤还没有来得及熟悉周边的环境
就被父母带进草丛藏了起来
草丛完全遮盖了小鹤幼小的身躯
似乎将好多危险拒之门外

但是，没有绝对安全之地
普通燕鸥的窝就在这里
黑颈鹤的侵入使正在孵蛋的普通燕鸥受到了威胁
它们向黑颈鹤发起了攻击

普通燕鸥的进攻一刻也不会停歇

黑颈鹤一家被迫离开了草丛深处

斑头雁选择在小岛产卵孵化

它们聚集在一起，共同抵御可能的危险

但是所有的选择都是顾此失彼

喜马拉雅旱獭成了斑头雁最不受欢迎的原住民

斑头雁对这只喜马拉雅旱獭严防死打

但是这不能阻止喜马拉雅旱獭

它在伺机偷蛋

一年中只有二三十天才有机会享用营养丰富的鸟蛋

喜马拉雅旱獭怎会轻易错过

吃饱蛋的喜马拉雅旱獭离开了

等到饥饿它还会再来

斑头雁除了鸣叫，对喜马拉雅旱獭没有更好的办法

这是个凉爽的夏天，为新生命的诞生和成长提供了舒适的条件

一窝小斑头雁终于出壳了

熬了28个日夜的斑头雁父母急切地要带孩子们离开小岛

它们面临的首要威胁并不是那只喜马拉雅旱獭

而是群居的同类
孵化失败的斑头雁们具有最强烈的嫉妒心
斑头雁父母要为新生命的安全打出一条路来

小岛的一个角落
一只刚出壳不久的小斑头雁在找寻父母
它感受到了周边同类的敌意，更加惊慌失措
它冲向一个陌生的斑头雁家庭
斑头雁家庭接纳了这只惊慌的小斑头雁
加入这个斑头雁家庭是小斑头雁目前唯一的选择
斑头雁父母带着它的孩子们下水离开了
而小斑头雁没有勇气继续跟随
这毕竟不是它的家庭

它在岸边呼唤亲生父母，却招来更多的攻击
留给它的时间已经所剩无几
天黑前找不到父母它很有可能就会死去

小斑头雁粗心的父母出现在不远处
小斑头雁奋力向父母游去
受到惊吓的孩子需要父母的安抚
它们回家了，这次父母护着它寸步不离

斑头雁父母教给小斑头雁更多的生存技能
面对现在和未来的更大风浪

这是祁连山湿地生命盎然的季节
除了黑颈鹤、斑头雁这些候鸟
湿地周边还生活着一些常留鸟
它们的下一代也大都在春季相继出生成长

山坡上
一只棕背黑头鸫对一只纵纹腹小鹛发泄着不满
纵纹腹小鹛无法还嘴
它叼着一只飞蛾,这是它的孩子的食物
它有四只嗷嗷待哺的幼鸟

这是高原的精灵,憨态可掬
纵纹腹小鹛母亲只有不断奔波才能满足孩子们的胃口

和其他的幼鸟一样
小纵纹腹小鹛也有独霸食物的行为
但是它们之间的食物竞争并不激烈
因为能干的母亲会带来足够的食物

这是个温暖的家庭

感受到外面似乎有危险
它们不让最小的一只出窝

作为高原留鸟
这个石崖缝是它固定的巢穴
坚固安全、避风挡雪
小鸦们能安然长大

纵纹腹小鸦幼鸟几乎没有练习就能展翅飞翔
这预示着它们离家的时间即将到来

湿地周边的常驻民除了纵纹腹小鸦
还有体长达70厘米
是纵纹腹小鸦四至五倍的大鵟
它是真正的猛禽

变天了,大鵟赶着回巢
这只大鵟要做母亲了

幼鸟成长的速度颇为惊人
短短两个月,体型已经接近父母
面对高原鼠兔,这只幼鸟有些无可奈何
强壮的兄弟姐妹帮它撕开,这是动物界的温暖一幕

大鵟父母每天马不停蹄地为幼鸟们捕捉高原鼠兔
即便是这样，三只幼鸟依旧对食物的需求急不可待
它们每天至少要吃掉9只
幼鸟饥饿的时候，会将高原鼠兔直接吞下

它们的体内积聚了力量
不愿意再安静下来
大鵟窝拥挤不堪
这只幼鸟鼓起勇气跃出了鸟巢
从这一刻起，它就再不会回来
这是翱翔天际的开始
小大鵟在窝顶的天空中盘旋了几圈
随后飞向远方
开始全新的旅程

随着祁连山进入短暂的秋季
新的生命或夭折或长大离开父母
繁衍生息的一幕即将落下帷幕

棕颈雪雀带着它的孩子们寻找被风聚集在一起的草籽
这个时间段
棕颈雪雀从祁连山的各个角落汇集一起
这是高原湿地仅剩的喧闹

祁连山国家公园拥有 5.02 万平方千米的广阔面积
是台湾省的近 1.5 倍
虽然湿地的面积仅占 20 万公顷
但是它们调节着祁连山的生态系统
为大多数鸟类提供了庇护所

十月，大部分候鸟已经南飞过冬
月底，这是南飞最后的日子
湿地只剩下一对黑颈鹤和它们的孩子
这只晚出生的幼鹤太小了，至今难以飞翔

在祁连山湿地
每年都有小黑颈鹤因为出生较晚而错过南飞过冬的日子
最后冻死在严冬之中

寒风逐渐凛冽
它的父母无法继续等待，只能黯然离去
黑颈鹤凄厉的叫声响彻日渐冰冷的湿地
从这一天起，祁连山进入了冬季

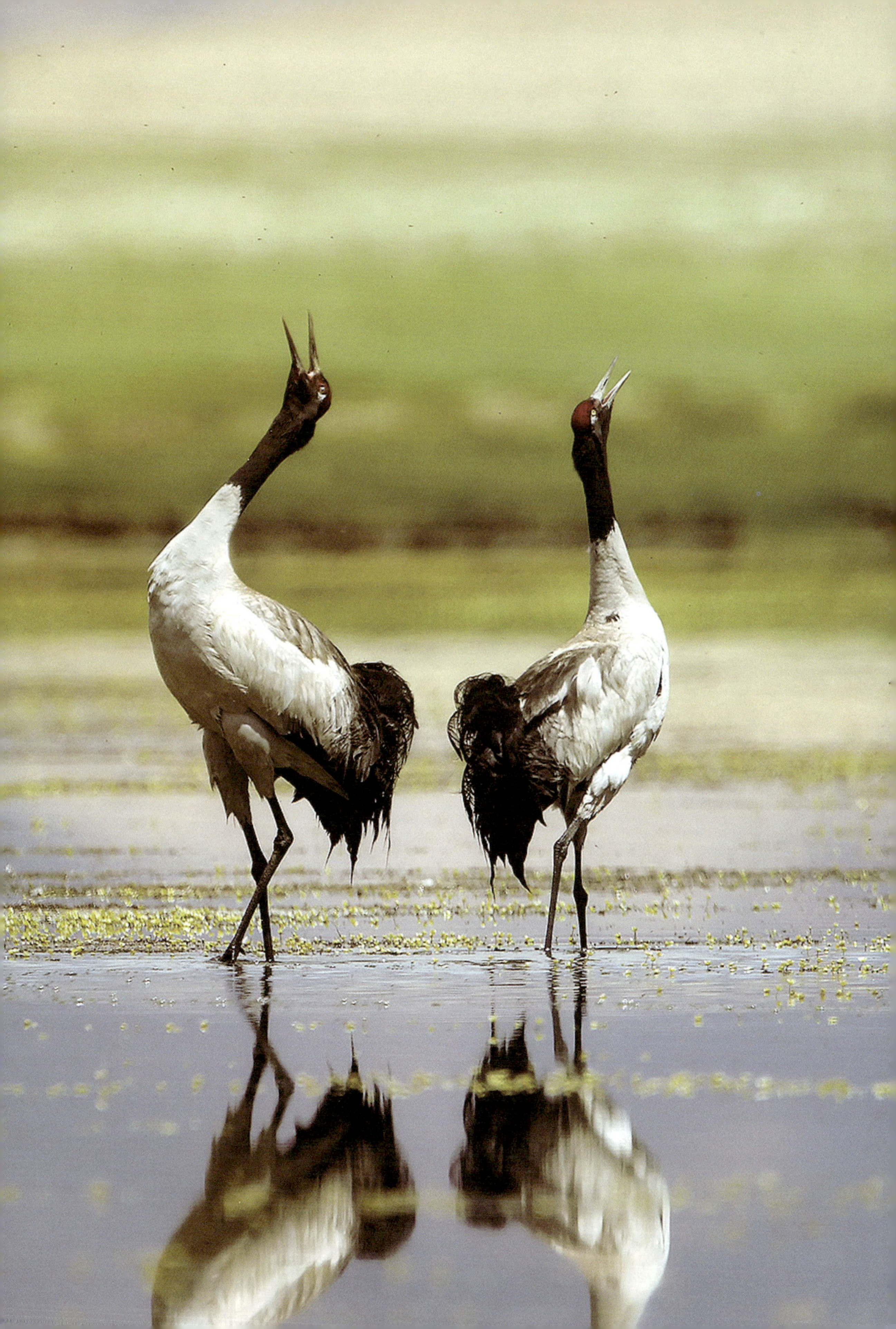

–9–
动物的故事

黑颈鹤一直是我们在祁连山拍摄的重要对象之一，仅次于雪豹。2014年3月开始拍摄，大概到2018年的夏季才算告一段落。花了5个春季和部分夏秋季来关注这一动物。

黑颈鹤的素材很多，最后的成片展现中，最大的遗憾是把黑颈鹤的美展现得不够。黑颈鹤最美的时候无疑是它舞蹈的时候，时而激烈，时而轻盈。我们拍到了很多次黑颈鹤的舞蹈，大都是夫妻俩只在一起的时候，单只的没有见过舞蹈的。黑颈鹤舞蹈的触发比较随机，但以早晚或者阴天较多，有时候是一只围绕另外一只起舞，有时候是两只同时舞。起舞的原因也是各种各样的，其中一次舞蹈记忆比较清晰，两只黑颈鹤在赶走斑头雁之后，兴奋地跳起舞来，这是胜利的舞蹈；狂风起的时候，或者大雪时候，黑颈鹤也容易起舞，应了迎风起舞这个词；交配期也容易舞蹈，但是在交配前母鹤容易起舞，交配成功之后，两只共同起舞。

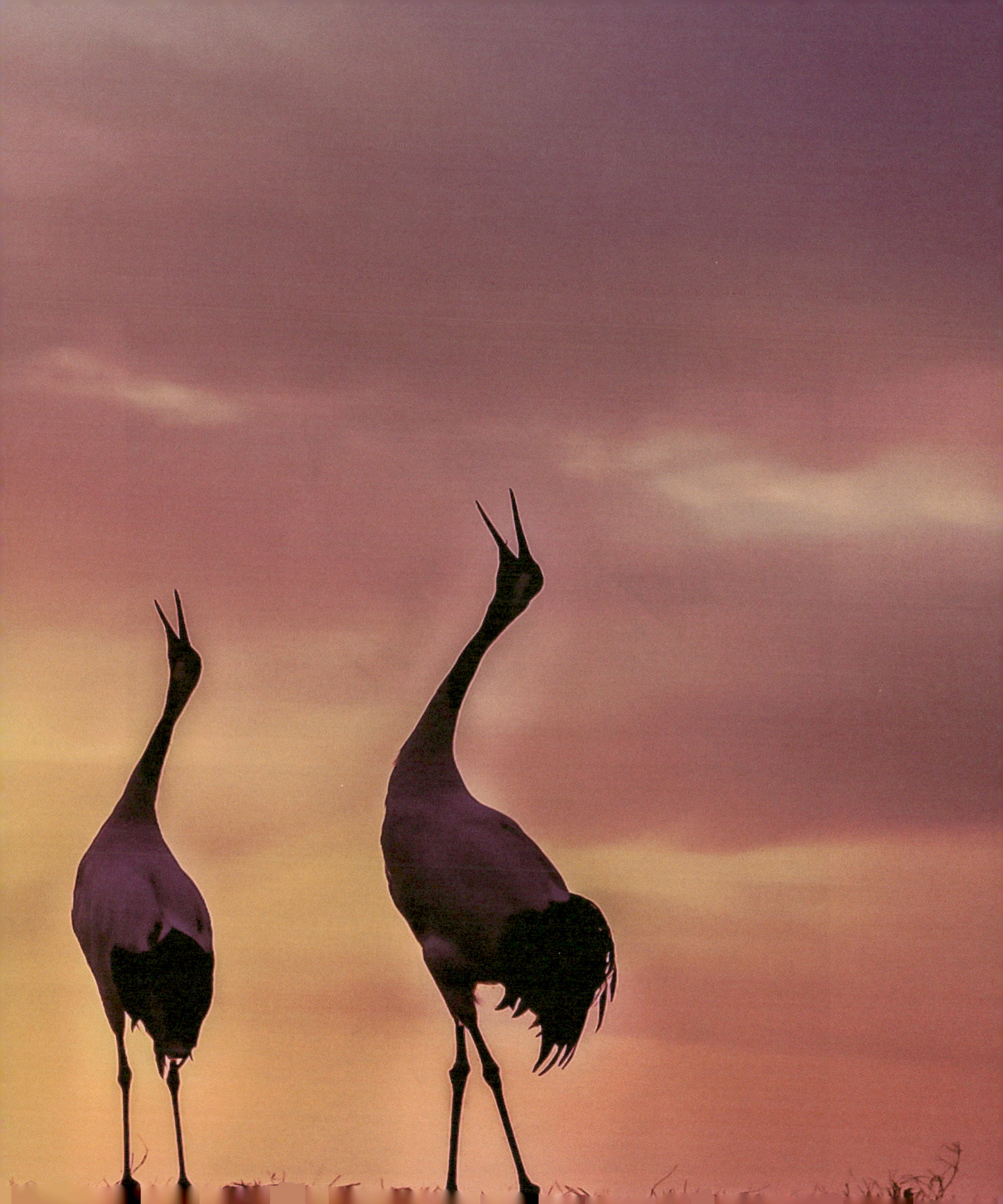

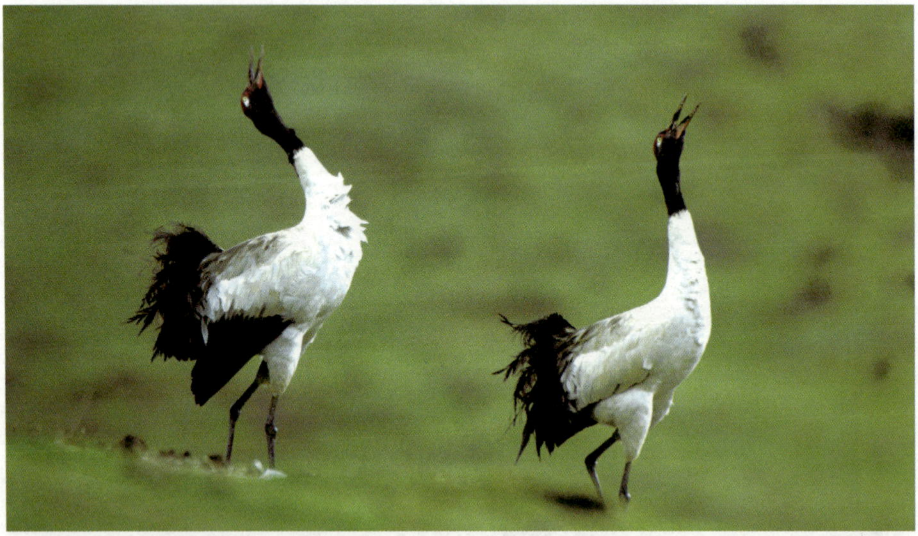

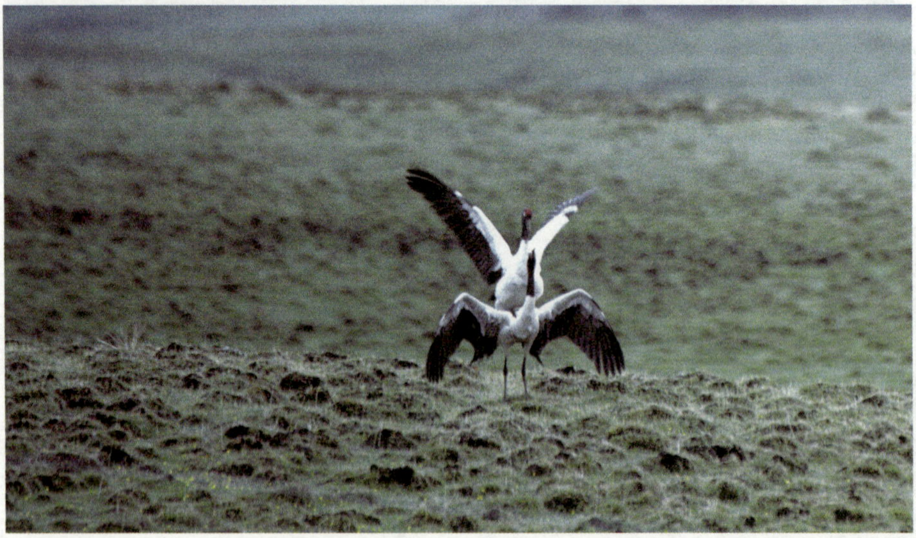

黑颈鹤尽兴的舞蹈镜头是我们这几年拍摄的重点，但是往往觅而不得，舞蹈虽时常见，却不让人满意。或者距离远，或者光线差，或者景色不好。其中有一段素材几乎满足了所有的要求，黑颈鹤在灿烂的日光下迎风起舞，舞蹈激烈动感十足……但是背景里有一台修复湿地的挖掘机和很多工程用的小红旗，让人大跌眼镜，只能舍弃。

2022年春季，我们再次将黑颈鹤作为主要拍摄对象，这次对黑颈鹤的认知有了变化。看来人类对野生动物的了解很难有尽头，也很难下结论。

黑颈鹤吃鼠兔的细节是偶然发现的。之前并不掌握这一习性，对它们吃鼠兔的细节很是惊讶，就将这个镜头放在了第一集的开头，作为开始的序。我在国际黑颈鹤研究的微信群中，里面大都是研究黑颈鹤的专家，记得有一次他们在群里为黑颈鹤是否吃鼠兔进行了争论。这个习性是他们在调查中，牧民告诉他们的。但是因为没有真凭实据，最后认为这个消息还有待考证。我们总共拍了两次黑颈鹤吃鼠兔的。片中放了一次。当时摄影师感到很奇怪，黑颈鹤在早上

天敌精灵黑颈鹤
黑颈鹤容易在狂风暴雨中伴着风雨鸣叫，它们对天气的变化极为敏感；黑颈鹤的交配行为主要发生在太阳升起之前，成功后都会跳起舞蹈。

黑颈鹤吃鼠兔
这是最珍贵的野生动物镜头之一。优雅的黑颈鹤以鼠兔为食,让人类惊呼不已。

显得不安,到处乱跑,驱逐鼠兔。第一次见黑颈鹤如此仓促不安,摄影师老胡就开机跟拍,看接下来会发生什么。黑颈鹤是很凶猛的鸟,这个我们见识过,对于它杀死鼠兔,并不感觉到意外。但是当它伸长脖子,将鼠兔一口吞下的时候,我们还是瞪大了眼睛,这让人难以置信。

但是并不是所有人都喜欢这样的开头。浙江大学传播学教授李岩老师在看完首播之后,就跟我说她有老鼠恐惧症,开头的黑颈鹤吃鼠兔让她毛骨悚然,差点放弃看下去。

在纪录片播出之后,我大概统计了一下,结论是女士大都喜欢下集

在祁连山的黑颈鹤，只有亚成体聚集在一起，过着无忧无虑的生活，等它们完全成年，就要离开群落，担负起养育下一代的任务。

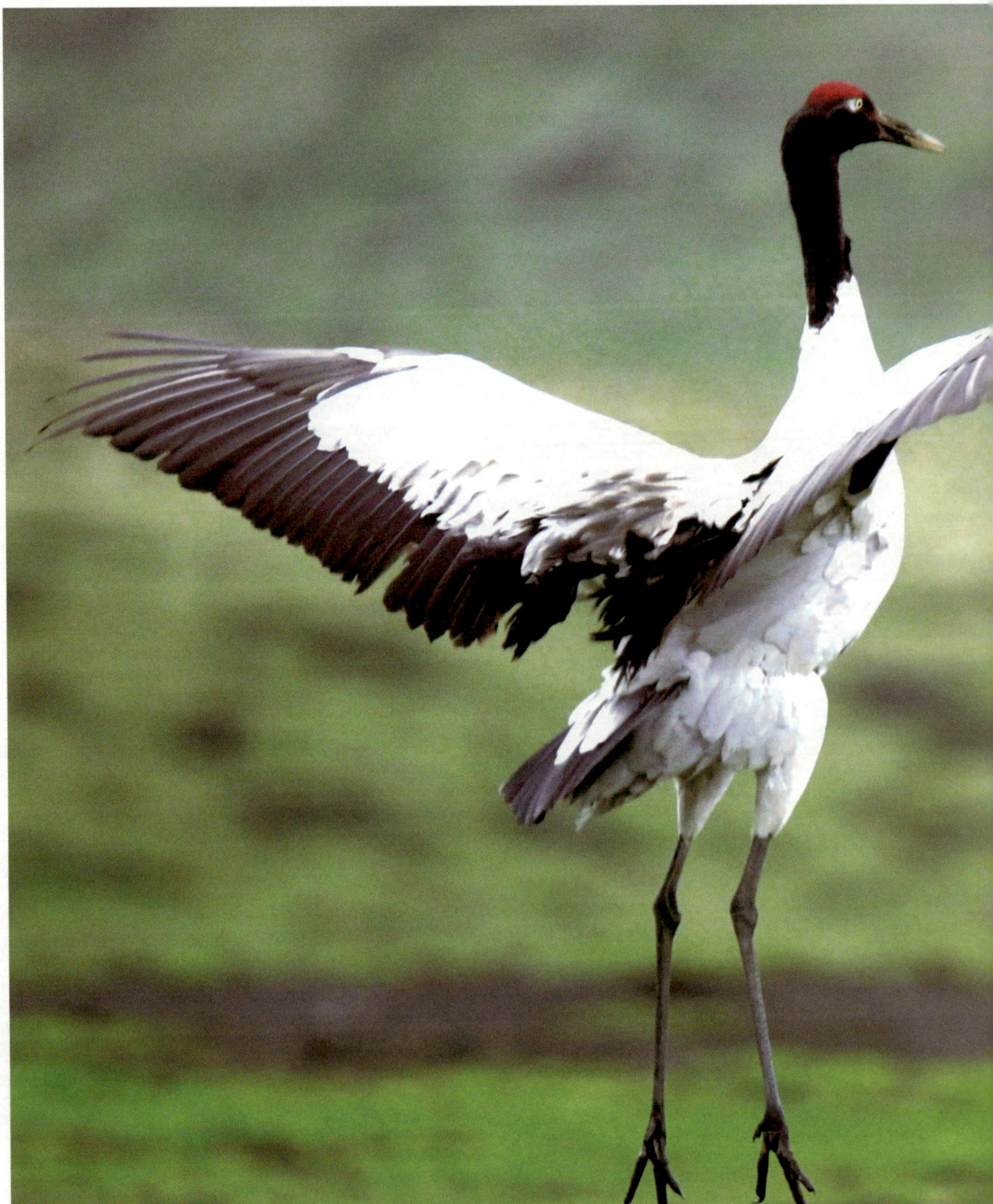

鹤舞

这是高原最美的舞姿,也是野生动物带给人类的欣喜。

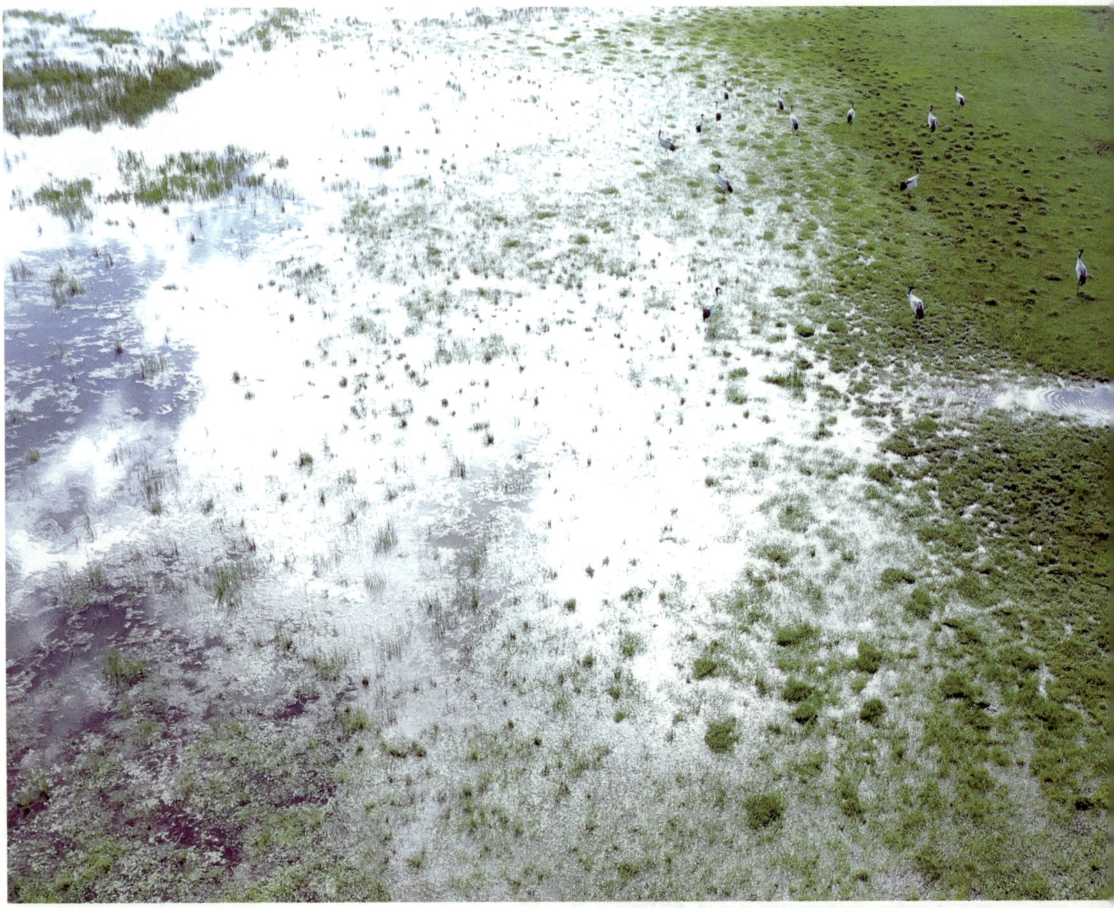
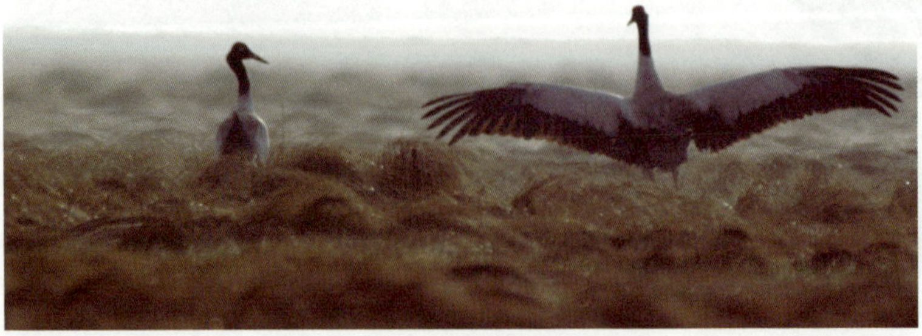
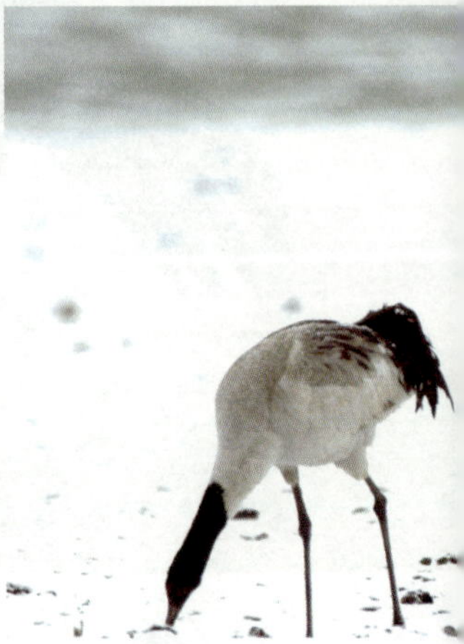

兽类，包括李岩老师，她说下集特别好；而男士反而更多地喜欢上集鸟类，比如西北民族大学新闻传播学院朱杰在看完上集之后，就打电话给我，对片子进行了盛赞。这是个很奇怪的结果。而更值得关注的是，儿童很喜欢这部纪录片，我统计了五十位朋友的反馈，他们的孩子，从三岁到十几岁的都有，能站在电视前，认真看完全片。如何去做现象分析不是我的专业所在，我的工作是继续拍摄让大家能喜欢的纪录片，我们只是实践者。

黑颈鹤是高原体型最大的鸟类，斑头雁比它小得多，两者同时南飞过冬，同时回到湿地。一般情况下，斑头雁受黑颈鹤欺负。但是斑头雁对黑颈鹤的憎恨表现在它随时在等待机会报复黑颈鹤。我们曾看到斑头雁不断靠近黑颈鹤的巢，本来以为是正常现象，后来发现斑头雁乘着黑颈鹤不注意，会将黑颈鹤的蛋啄碎。

牧民的狗也会去吃黑颈鹤的蛋。碰到过狗抓黑颈鹤的，当然抓不住。后来红外线录下了一段，有一只黑颈鹤的巢筑在了浅水区，狗来了，黑颈鹤飞走，狗没吃蛋，而是用鼻子将蛋滚到了水里。然后狗离开了，站在远处等黑颈鹤回来。但是黑颈鹤一直没有回来，只是一个劲地在深水处鸣叫。狗又折回来，将蛋一个一个叼走了。

这些内容，一开始都设计进了全片，后来在剪辑中，又被删掉了。主要还是素材本身的质量问题，还有过于琐碎，也会影响到这部片子的观看效果。

关于黑颈鹤和狗的恩怨，本以为狗占了绝对上风，后来发现并不是这样。2022年春季的拍摄中，我们看到一只藏狗冲着一群刚到湿地的黑颈鹤群而去。黑颈鹤刚刚过完冬回到湿地，这片湿地是这只狗的领地。

藏狗理所当然要去驱赶到自家牧场的不速之客，但是黑颈鹤群一点动静都没有，近百只黑颈鹤静静地盯着狗，一动不动。狗在距离黑颈鹤大概十米的地方停下了脚步，叫了几声。几只黑颈鹤径直走到狗跟前一米处，藏狗低头拖尾地无趣走开了。

事情并没有结束，狗走向一个方向，冲着远方急速喊叫，几分钟之后，又有两只大狗冲了过来。三只狗得意扬扬，跳上跃下，在鹤群面前展示力量。一只黑颈鹤径直走到三只狗跟前，仿佛对三只狗得意扬扬的行为很好奇。三只狗在雪地里打闹起来，玩够了，互相追逐回家去了。这是很有趣的过程，我们全程记录了下来。

一开始的几年，小黑颈鹤出壳之后，黑颈鹤父母会带着小鹤离开

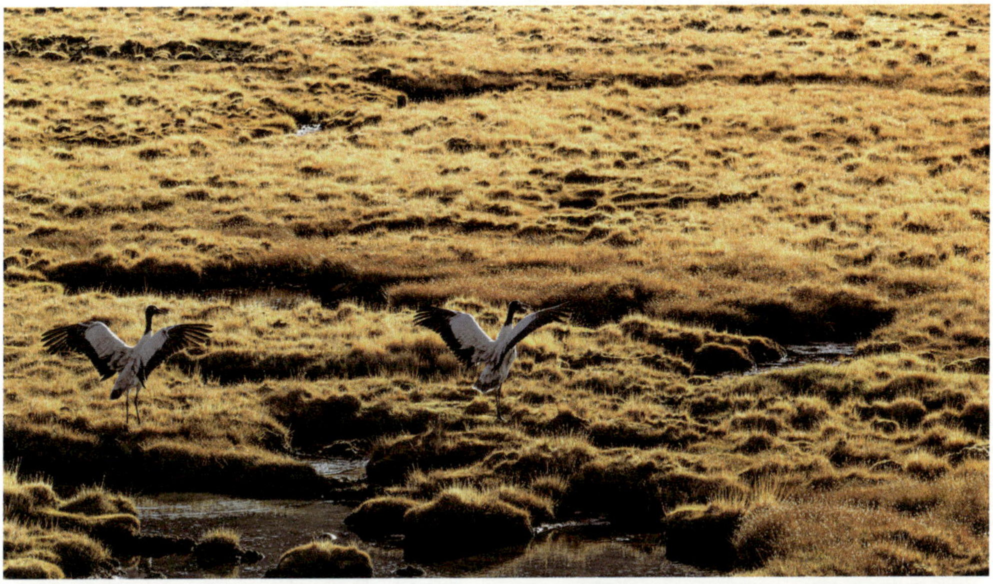

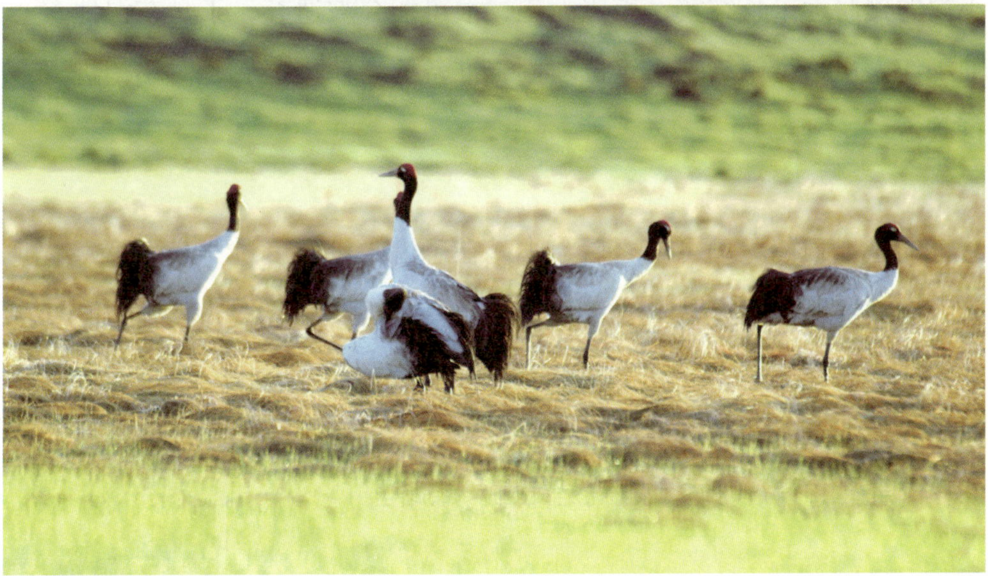

巢，进入茂密的草丛中，基本上很难见到。我们就在这个时节选择撤离湿地，去别的地方拍摄。大概是2018年的夏秋季节，感觉素材还不能展现黑颈鹤的全部，尤其缺少出壳之后的故事，就在夏秋季节去了几趟湿地，拍到了小黑颈鹤出壳之后的几个故事。比如被普通燕鸥攻击，尤其是最后的黑颈鹤之死。

秋末，盐池湾党河湿地已经是一片冰天雪地，黑颈鹤大都已经南飞，只有三只还留在湿地，是一对夫妇和它们的孩子。小黑颈鹤应该是出生晚了一个月左右。我们猜测是黑颈鹤正常时间孵化失败，又再次产卵，结果整体推后一个月。

小鹤的翅膀远未长结实，南飞无望，很可能会被遗弃，于是在湿地的工作人员给小鹤绑上了定位项圈，准备等老鹤飞走后，对小鹤进行救治。

遗憾的是黑颈鹤父母飞走之后，小鹤在恐慌中没有度过一夜，第二天我们就发现了它的尸体。

播出后，很多人问我这只小黑颈鹤怎样了，肯定是死了。这就是自然界的规律，错过了季节，就是死亡一条路。

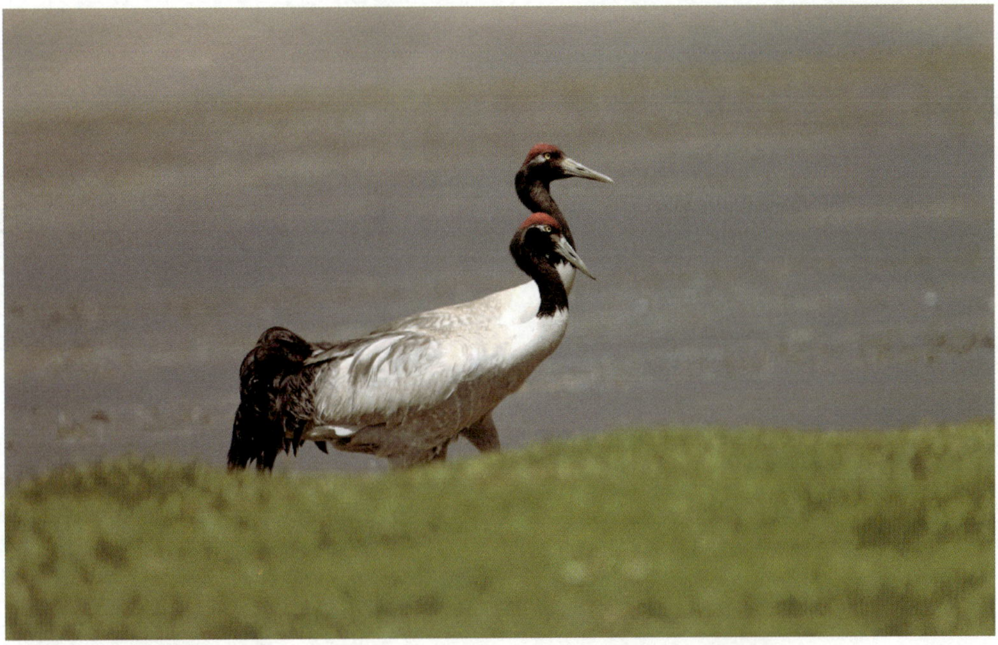

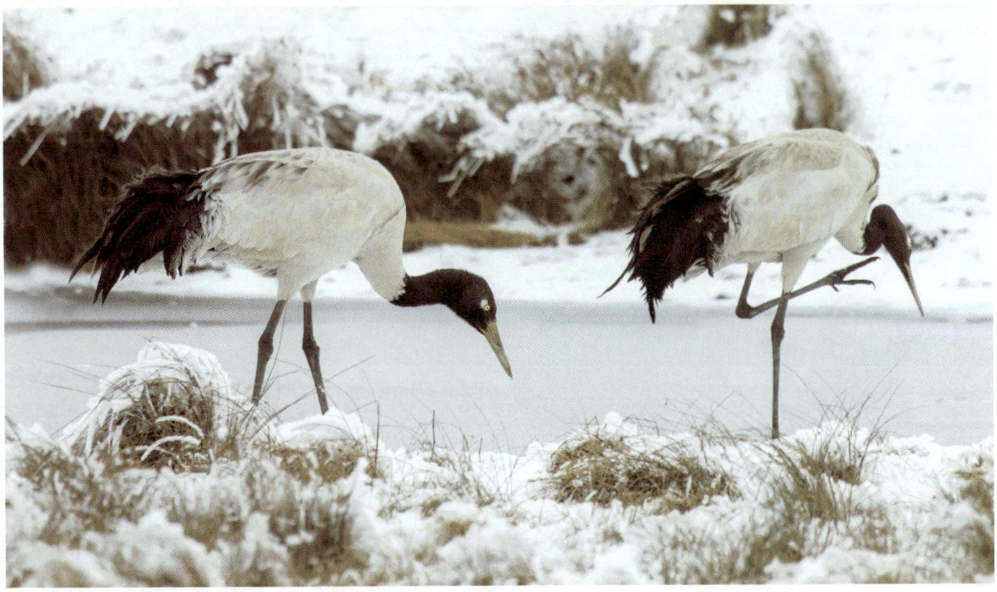

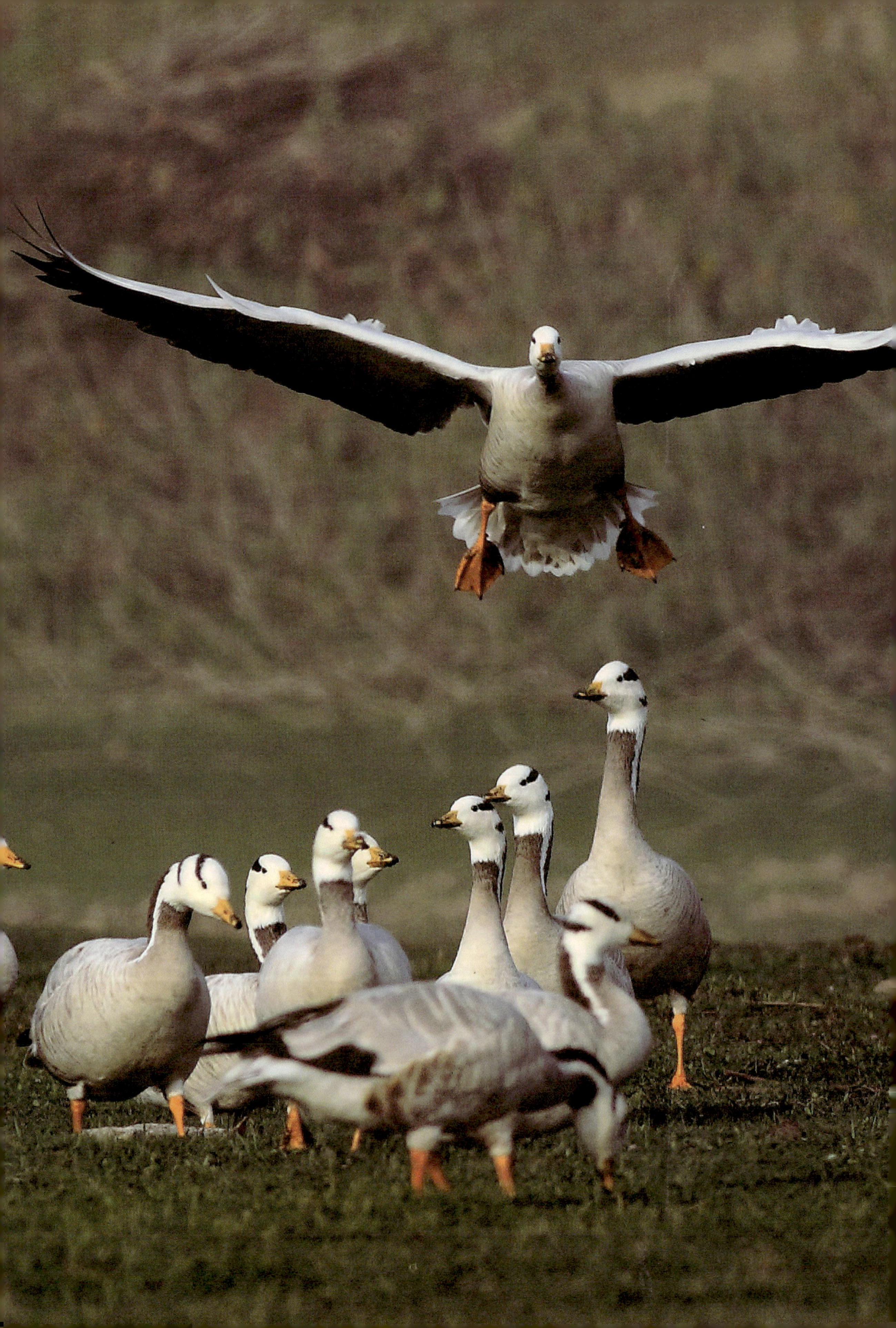

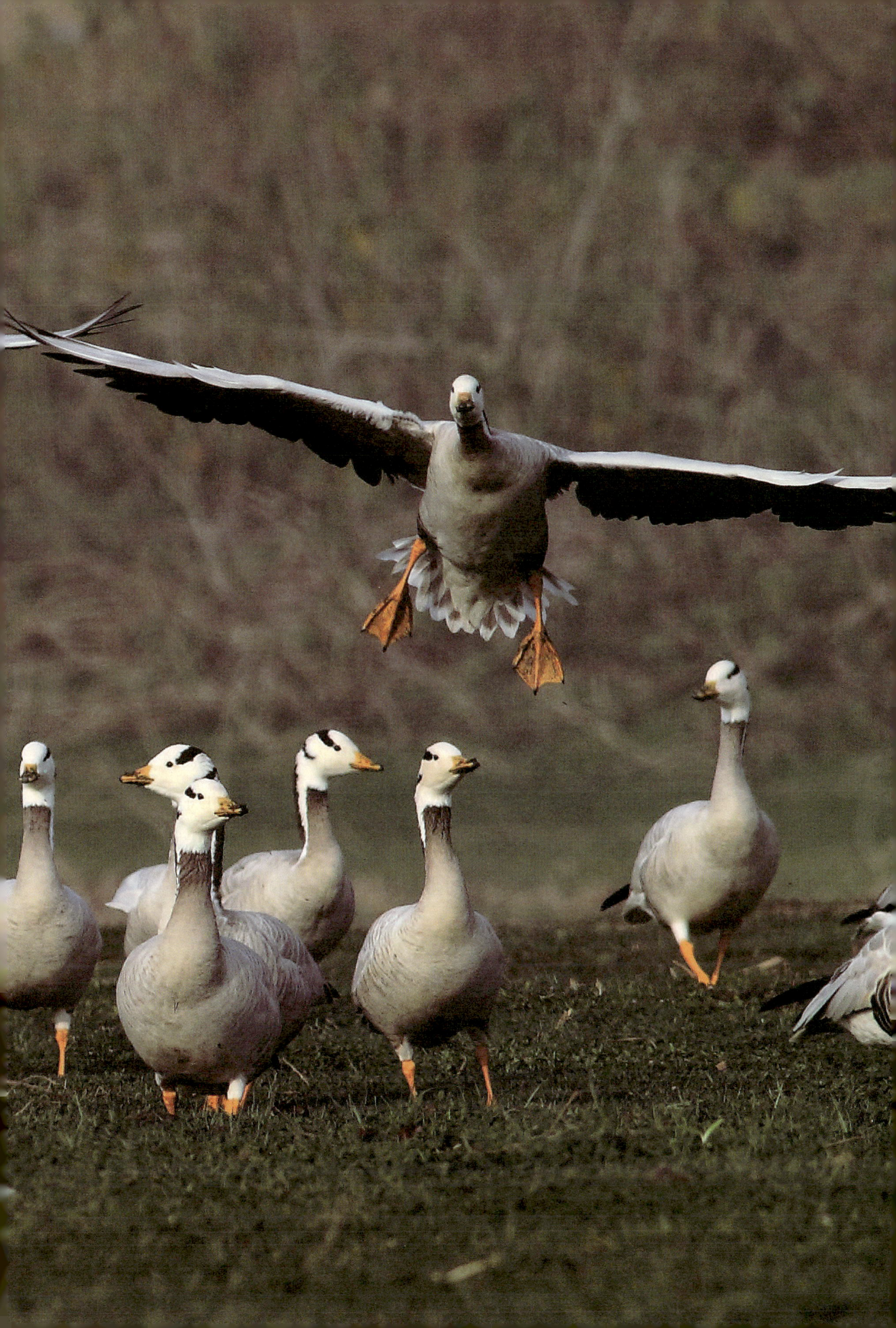

老鹤离开的时候，湿地笼罩着灰尘，阳光洒在灰尘和飞鹤身上，给鹤带了一层亮边。它们互相鸣叫，声音凄厉，长久回荡在湿地。

关于黑颈鹤还有很多没有解开的谜题，我们将继续关注这一动物，将它最美的一面带给观众。只有被野生动物的美惊艳，才会有更多的人去保护它。

斑头雁就是我们常说的大雁。小时候看到斑头雁都是天上飞的，认为体型很大。后来在湿地近距离见到，它体型并不大，仅仅比大公鸡大一些。

斑头雁的蛋比鸡蛋大一圈。每年的五月份，在一个叫大德尔吉的湾里，山坡上滚满了斑头雁的蛋。斑头雁是群聚的动物，喜欢将蛋产在一起。于是这个湾里的角角落落挤满了产蛋的斑头雁。一只斑头雁产了六七颗蛋，然后它的窝被另外一只占了，占了窝的斑头雁将蛋全部拨弄出去，然后自己伏下产蛋。然后又来了一只急着产卵的……整个山坡上乱滚着被推出的蛋。这样的情景本身是很好的细

喧闹的斑头雁
斑头雁群一刻也不会安静，或者互相争执、吵闹，或者扑腾打架。每当斑头雁群回到湿地，湿地才真正热闹起来。

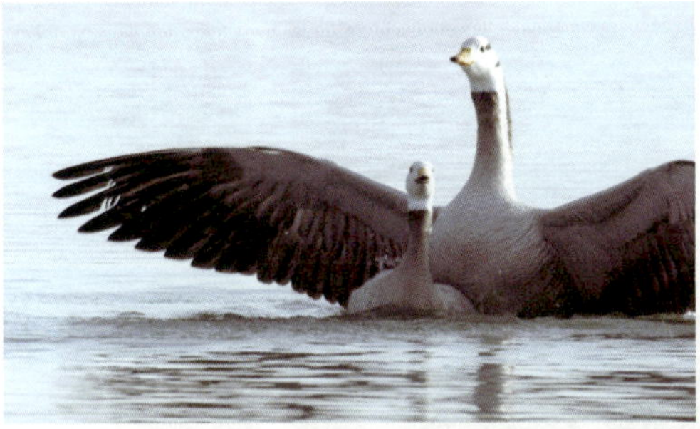
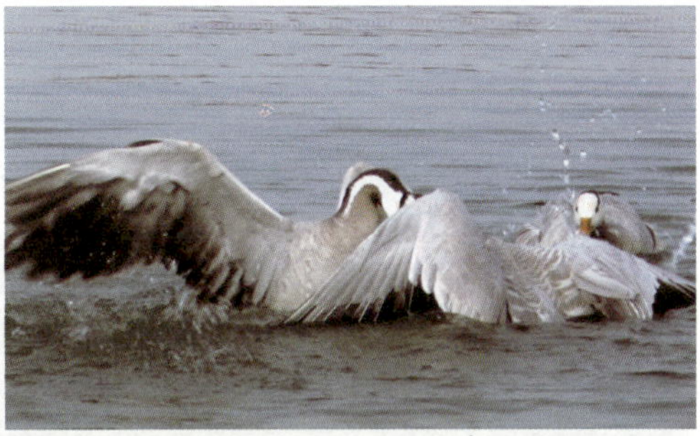
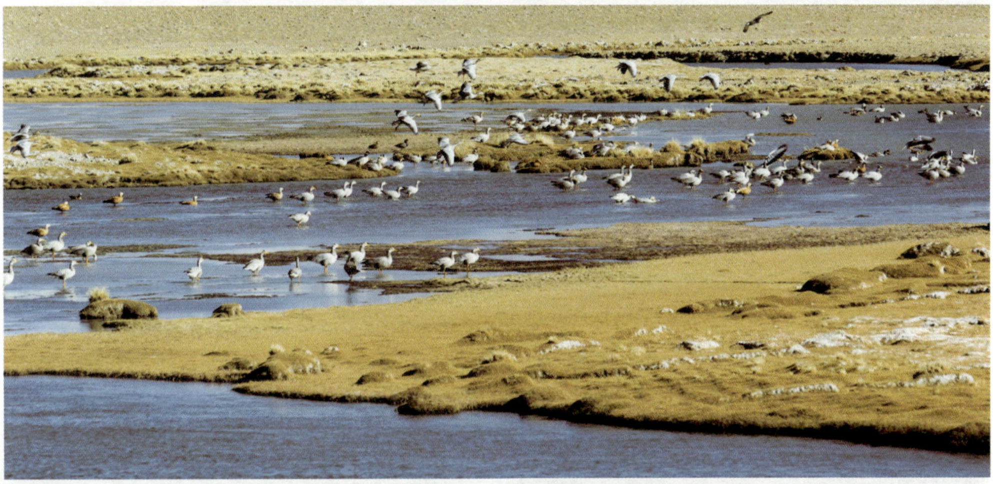
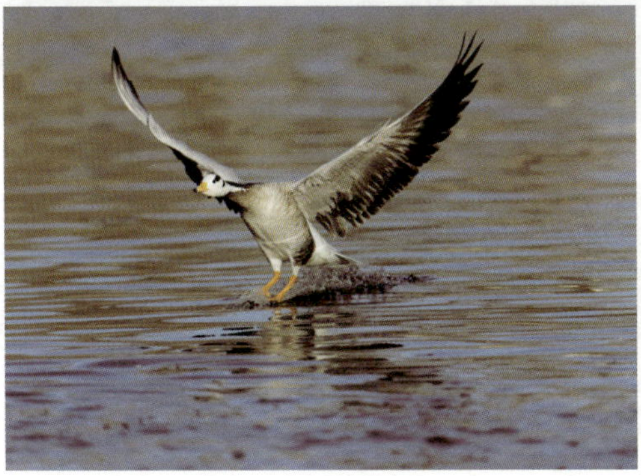
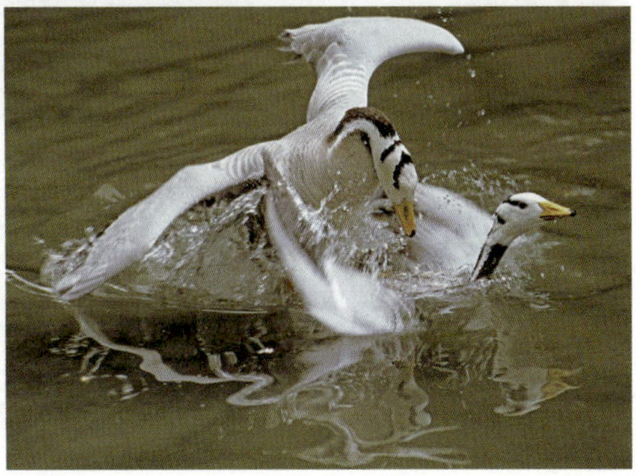

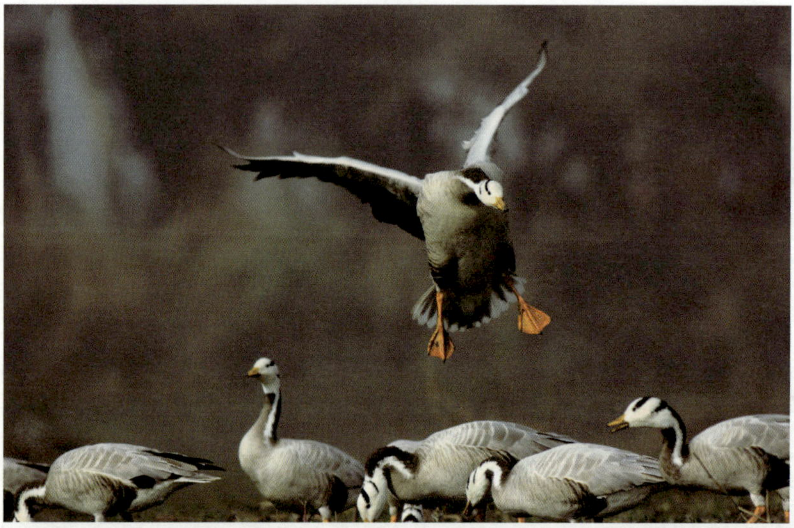
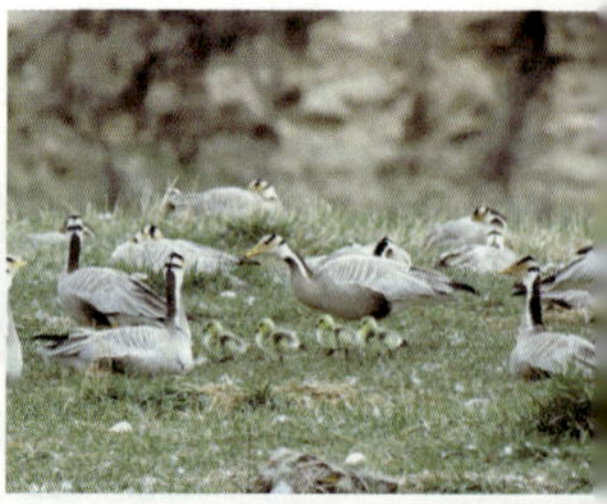
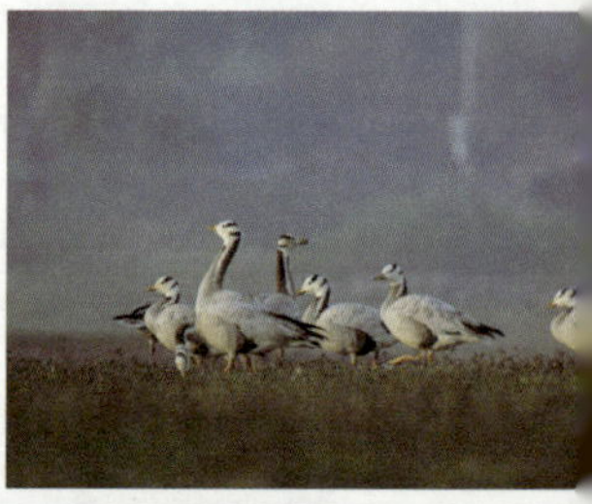
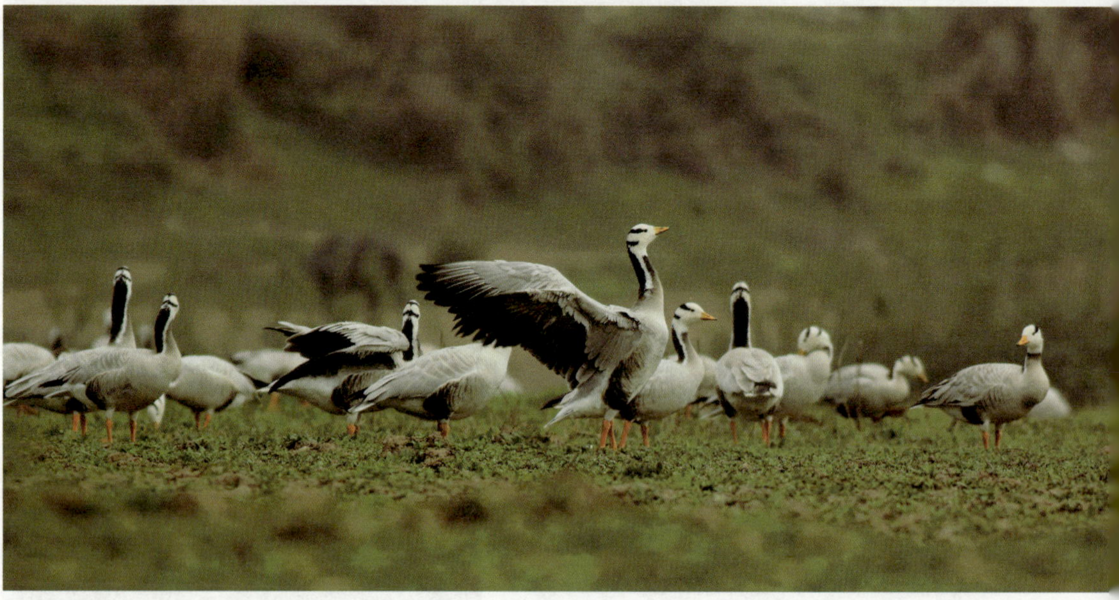

节，但是要在镜头里表现好，有一定的难度。前几次的尝试以失败告终，最近找到了一个斑头雁聚集的小岛，因为隔着河，斑头雁完全不怕我们，较好地拍摄了斑头雁的巢争夺战。

上集最感人的，也是最核心的部分，就是小斑头雁找妈妈。实际上这一段我们是分两年拍到的素材，最后剪辑出来一个故事。同一个地方，碰到了同样的事，剪辑出来一个故事。这是坚持拍摄的奇迹。

第一年的小斑头雁并没有找到它的父母，应该是已经死去了。第二年的小斑头雁顺利找到邋遢的父母，让人欣慰。一切都是天意的安排。

记得第一个版本仅有小斑头雁最终没有找到父母的部分，解说词是它会在恐惧中死去。兰州大学陈响园教授认为，没有见到尸体，怎么能说肯定会死去。陈老师是被这一段故事感动，他坚持认为小斑头雁死去是一件很残酷的事。后来我将悲情弱化，甚至结局变得温馨，也是考虑了观众可能的感受。因为这一集的结尾是以小黑颈鹤的死亡结束，就在片中高潮的地方制造了另外一种情愫，避免了情绪的重复。

这个段落也有一些遗憾。小斑头雁找到妈妈之后，父母带着它去练习从高处跳下。摄影师没来得及开摄像机的升降格，小斑头雁是按

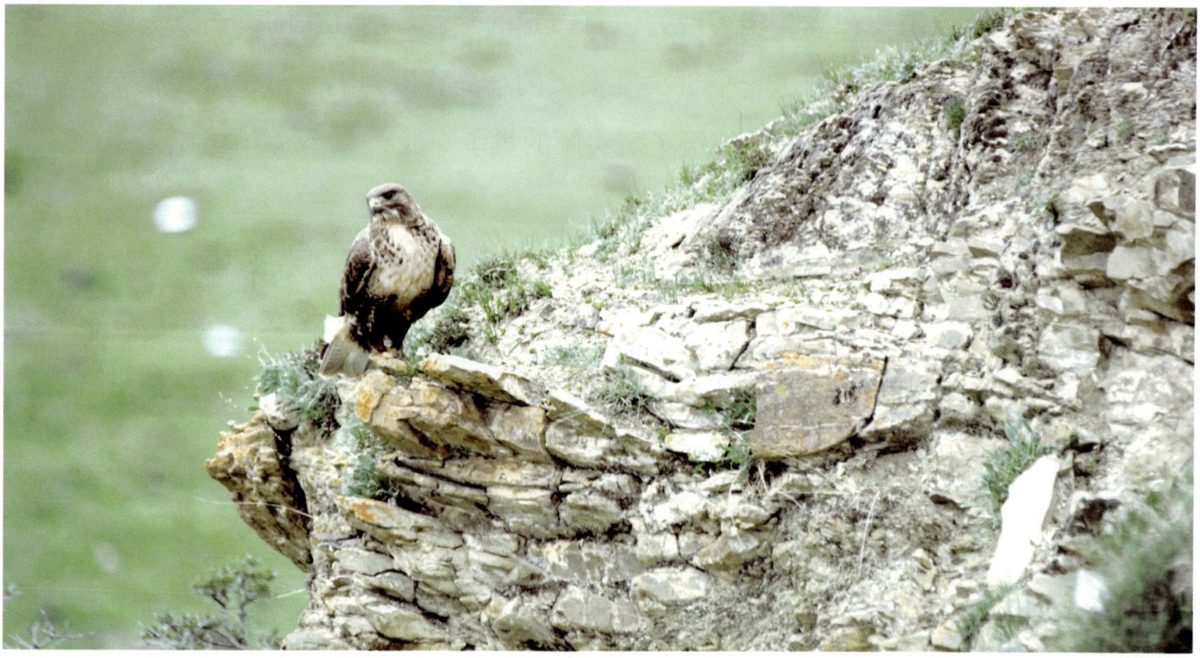

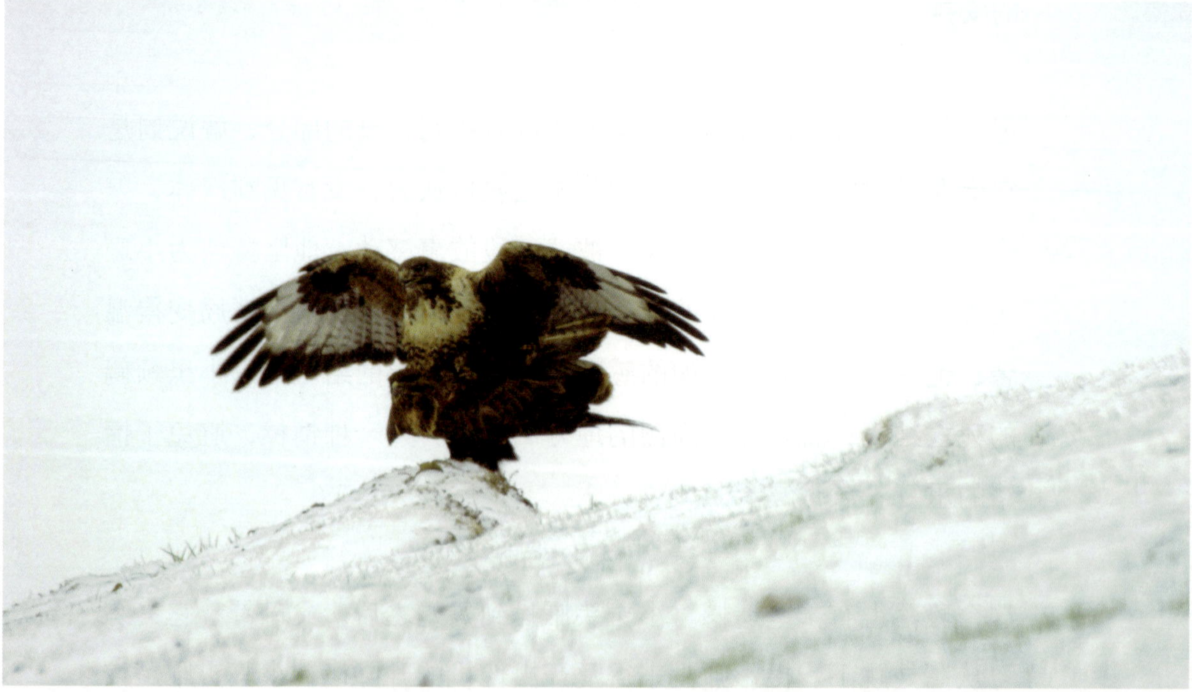

动物的故事

照正常速度跳下去的，如果拍成升格镜头，效果会好得多。

大鵟和纵纹腹小鸮的拍摄比较顺利，每年都在找它们的窝，只要找到窝，然后懂一些拍摄野生动物的常识，剩下的就是漫长耐心的拍摄。

大鵟的过程比较完整。从初春的交配，到产卵孵化，看着小鸟一天天长大，学会了吃鼠兔，慢慢练习飞翔，到最后离开鸟窝，飞向自己的天地，是一个较为完整的过程。拍摄比较顺利，我们也很有成就感。唯一难受的，就是每天的等待，还有每天拍到的几乎都是同样的内容。后来回到机房看素材，才发现还是有所不同。这些不同当时在拍摄中感觉不到。大鵟是高原上常见的猛禽，数量相对较多，比较好找，但是要拍到整个过程的关键点，是丝毫马虎不得，稍微一个疏忽，就会错失机会，甚至会让大鵟弃巢而去。

大鵟的剪辑比较简单，把这个过程梳理出来基本就可以了。后来发现缺了一些环节，主要是捕食过程。摄影师说拍过好几次，找了很久的素材，才在繁多的镜头中找到了两次。严格来说，捕食的拍摄

大鵟
祁连山常见的猛禽，主要以鼠兔为食，本片完整记录了大鵟这一物种从交配、产卵、孵化、长大、离巢的全部过程。

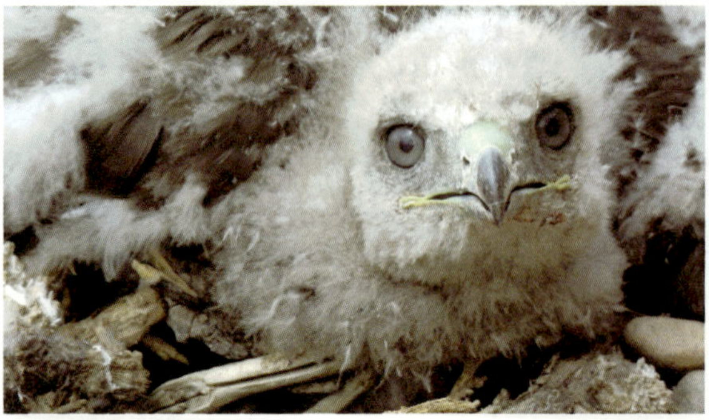
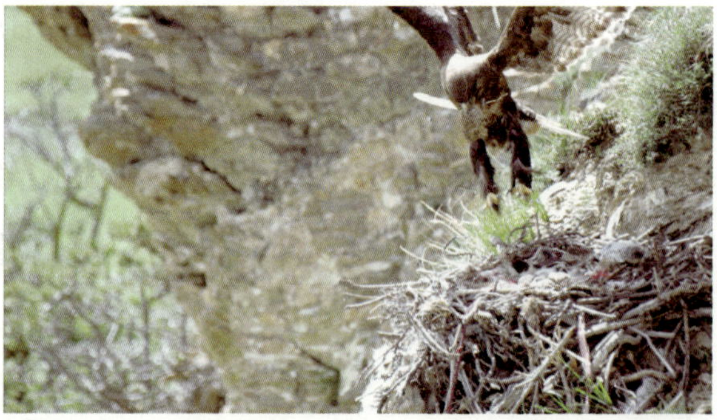
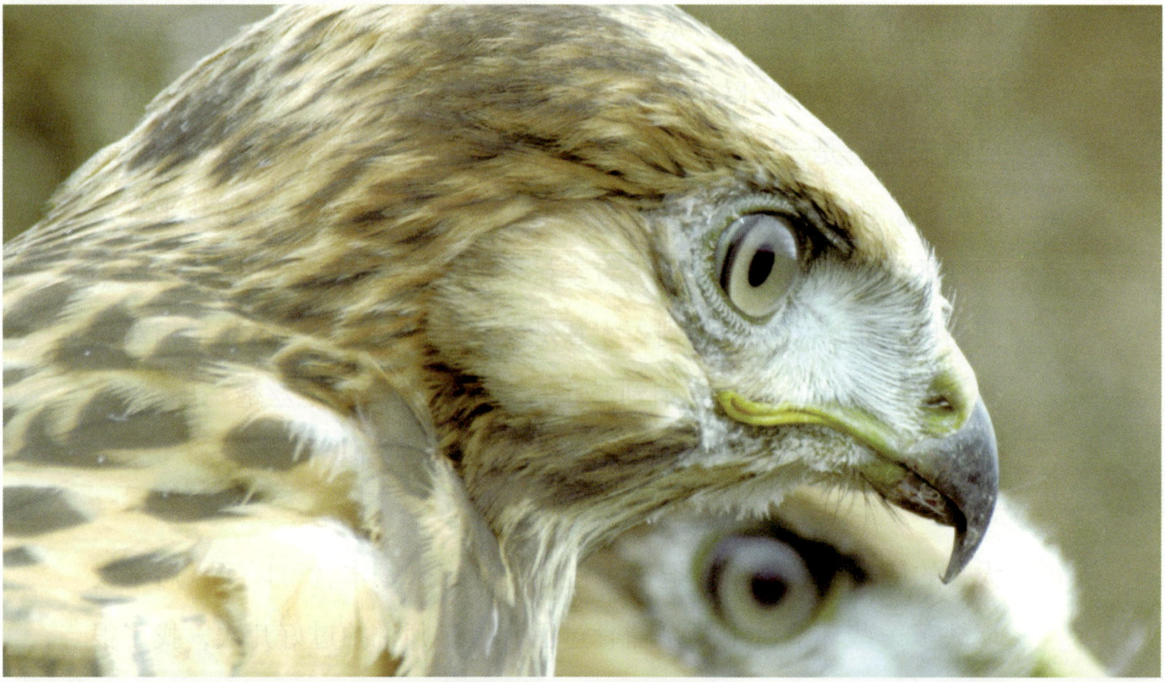
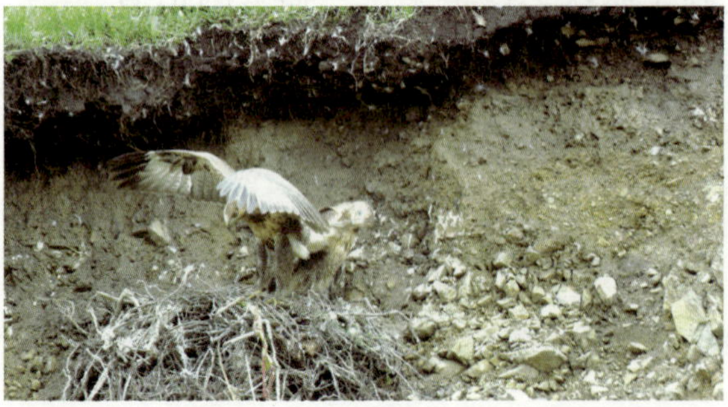
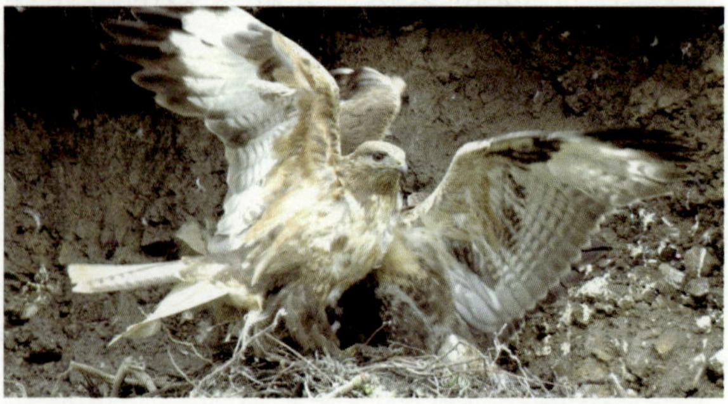

不是很精彩。

拍摄大鵟的时候，设备已经更换成 8K，镜头也可以到 800 毫米，所以摄影师拍了很多的升降格镜头。升降格镜头的好处，就是能让关键的动作慢下来或者快起来，感染情绪。坏处也有，升降格太多之后，会改变全片的节奏，降低故事的叙述性。作为纪录片，讲故事是第一位的，所以升降格镜头的使用要更加谨慎一些，不宜多。

小大鵟在窝里吃鼠兔和练习飞翔，用了太多的升降格，后期的处理

小大鵟成长记
从练习撕开鼠兔，到展翅翱翔天际，小大鵟完整的成长记也是对自然学科的贡献。

变得很麻烦，最后索性恢复了正常速度，按照 8 倍的缩放又还原了一些动作。大鵟这部分后期最大的难题就在这里。又因为升降格镜头无法录制同期声，所有的声效后期处理得非常困难。

实际拍摄中，摄影师找了很久，才找了一个最好的拍摄位置，拍了几个月，但是同样的机位，角度单一，分解镜头很难，对后期的剪辑带来了很大的不便。

听到过一些猛禽因为拍摄者距离过近，导致弃巢的事。我们算比较幸运的，因为镜头焦段够长，能在更远处拍摄，目前还没有发生过鸟类为此弃巢的事。大鵟一开始跟拍了两窝，后来一窝被冰雹砸死了，四只小鸟全部死亡，另外一窝的窝上面有部分遮挡，小鸟都活了下来。

萌态可掬的纵纹腹小鸮
这恐怕是高原上最可爱的鸟类，它们的眼神和圆圆的体态，足以让我们忘记野生动物世界的残酷。

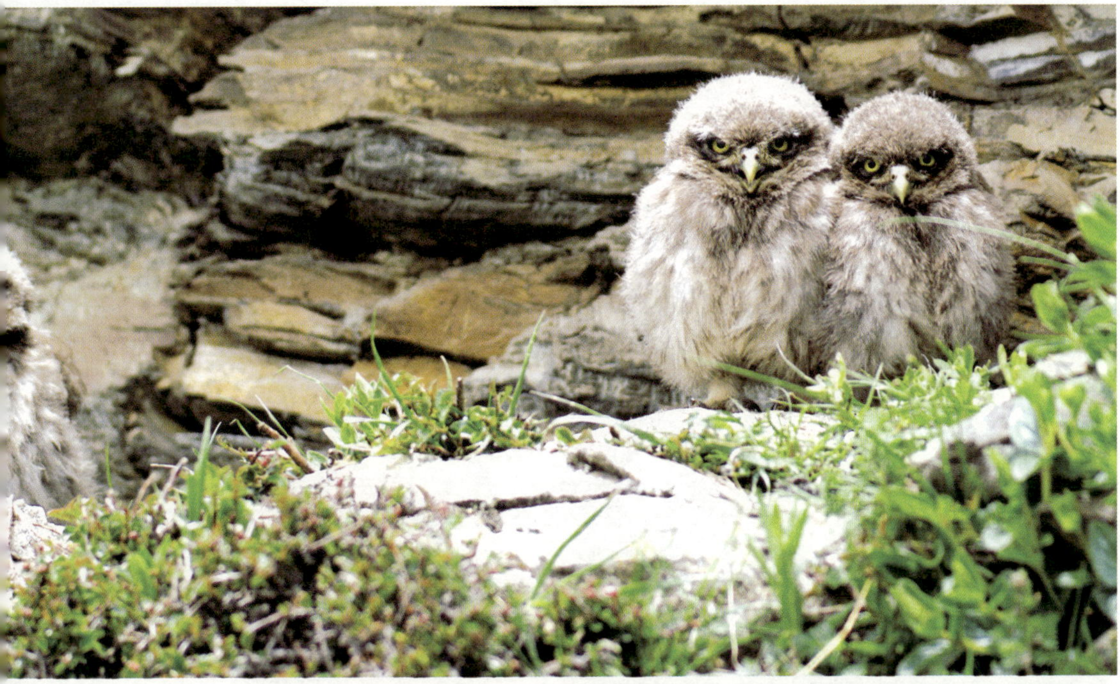

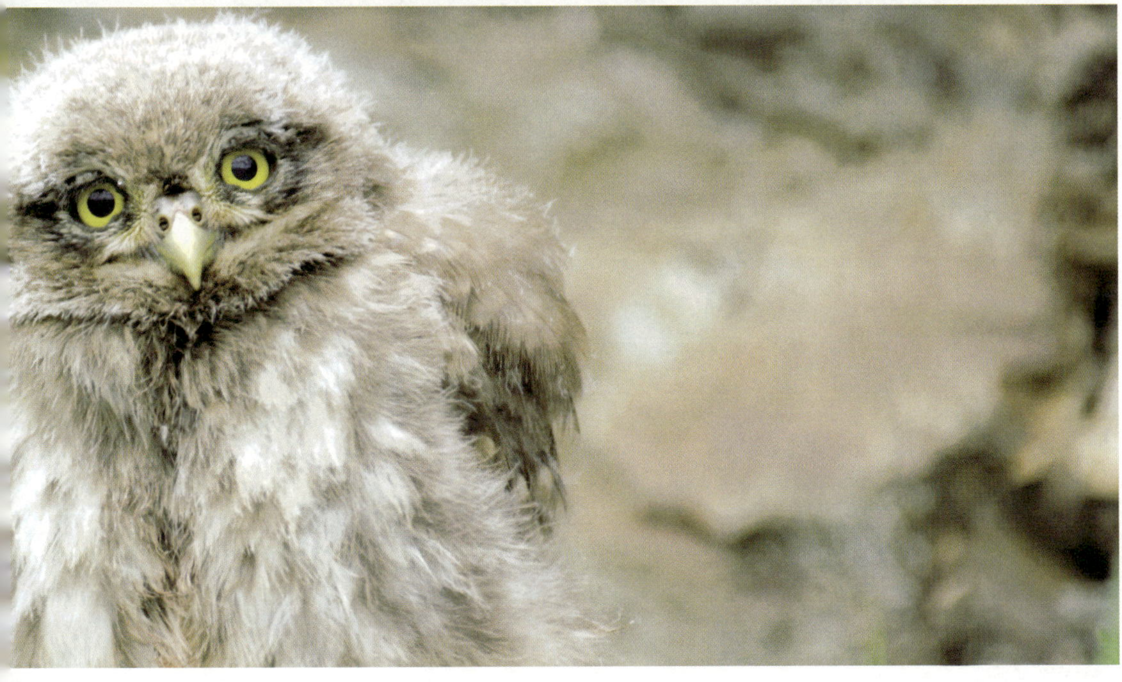

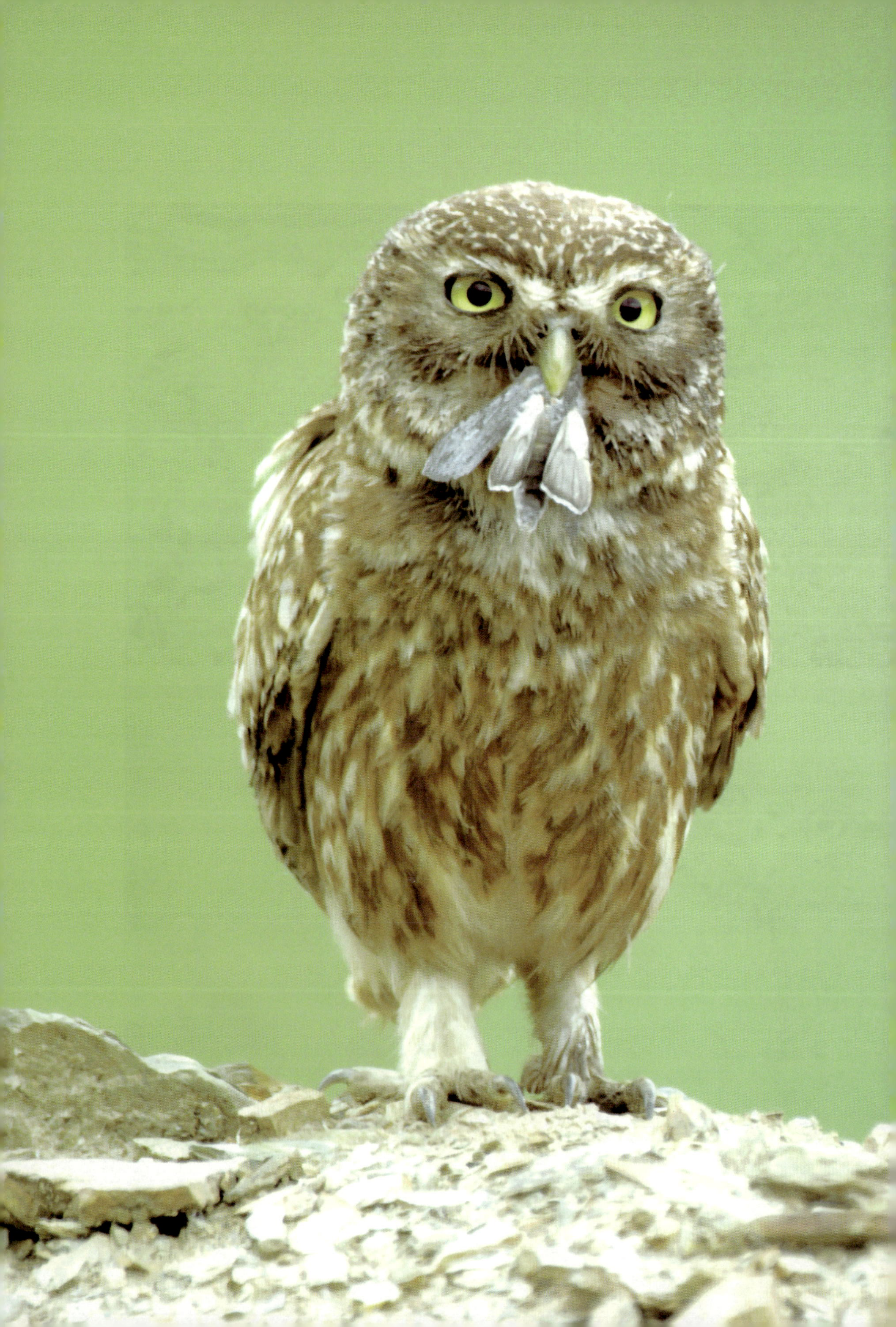

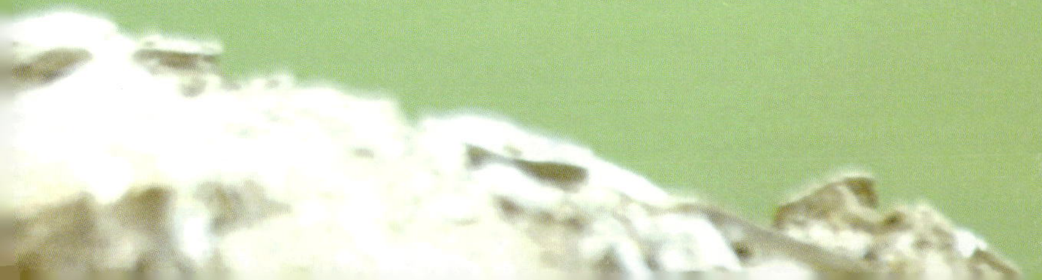

这一窝大鵟就在路边，经常有车辆路过，基本都是牧民，他们对大鵟司空见惯，不会对鸟有什么干扰。牧民对大鵟是保护的，因为大鵟以草原鼠兔为食，是草原的益鸟。

这是我们第一次将猛禽拍得这么详细，虽然这期间也拍了金雕、胡兀鹫、高山兀鹫、隼等，各种猛禽都拍了一些琐碎的细节，但是都没有像大鵟这样完整，所以在后期剪辑的时候，直接删去了其他物种，仅仅保留了大鵟这一种。

拍摄纵纹腹小鸮是一次偶遇，比较突然。一直没预想过拍一种猫头鹰。

纵纹腹小鸮很谨慎，有人经过就钻进洞里去了。毛茸茸，眼睛圆圆的，脖子仿佛可以360度旋转，很可爱，就想多拍一些它。后来将摄像机放到洞对面不远，开机，然后人撤离，于是拍到了一些习性。比如，它们不让最小的一只出窝等。

练习飞翔拍到了，捕食拍到了，抓捕雀类、蝶类，和棕背黑头鸫的争吵等，可圈可点。总之，对这一物种，还有很多需要继续拍摄的理由。

上集主要涉及黑颈鹤、斑头雁、大鵟和纵纹腹小鸮四种鸟类的故事，前两种为候鸟，后两种是留鸟。片名为鸟类新生命，主要围绕这四种鸟的生活习性、交配、产卵、孵化、长大进行展现的。

祁连山鸟类禽类比较丰富，比较独特的还有蓝马鸡这个物种。蓝马鸡这几年在祁连山繁殖很快，到冬天有些会下山到有人的地方寻找吃的。在肃南县和山丹县都有大量分布，拍摄难度不大。就是说要拍到这个物种很简单，去了就能拍到，但是要拍到习性等还是有一些难度，需要长时间的跟踪和运气。

胡兀鹫是我们常年跟踪的物种，也是接下来要继续拍摄的重要对象之一。前面我们提到过，胡兀鹫这个物种在野生动物研究领域和纪录片领域都有重要的地位。它独特而有趣，但是在中国，很难接近，需要长期努力。我们2020年拍到胡兀鹫在最冷的几天交配，而不是小鸟孵化，这和之前专家的记录有偏差，需要进一步去证实。

2022年，我们受中央广播电视总台委托要拍摄一部关于高原湿地野生动物的纪录片，《祁连山国家公园》上集中涉及的部分物种还会出现，当然也会出现一些新的物种。

下集片名：兽类何以为家，主要讲述高山这一环境中，野生动物的生存状态。

祁连山的高山野生动物系统和青藏高原其他地区既有很大的相同之处，也有一定的不同。

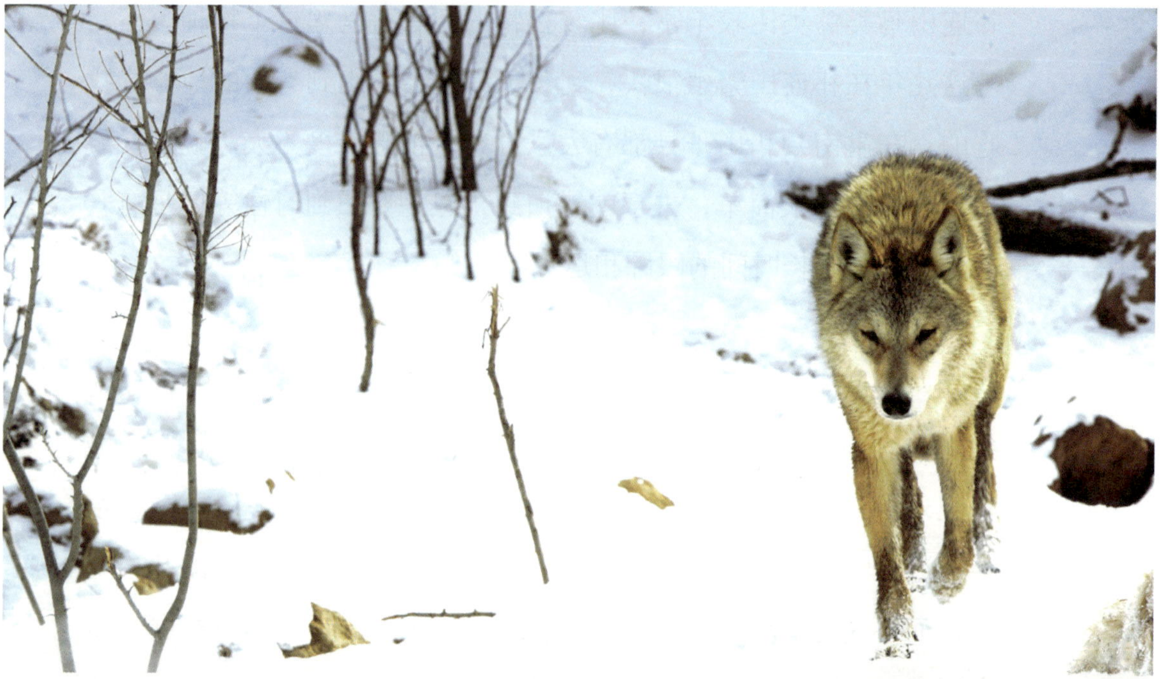

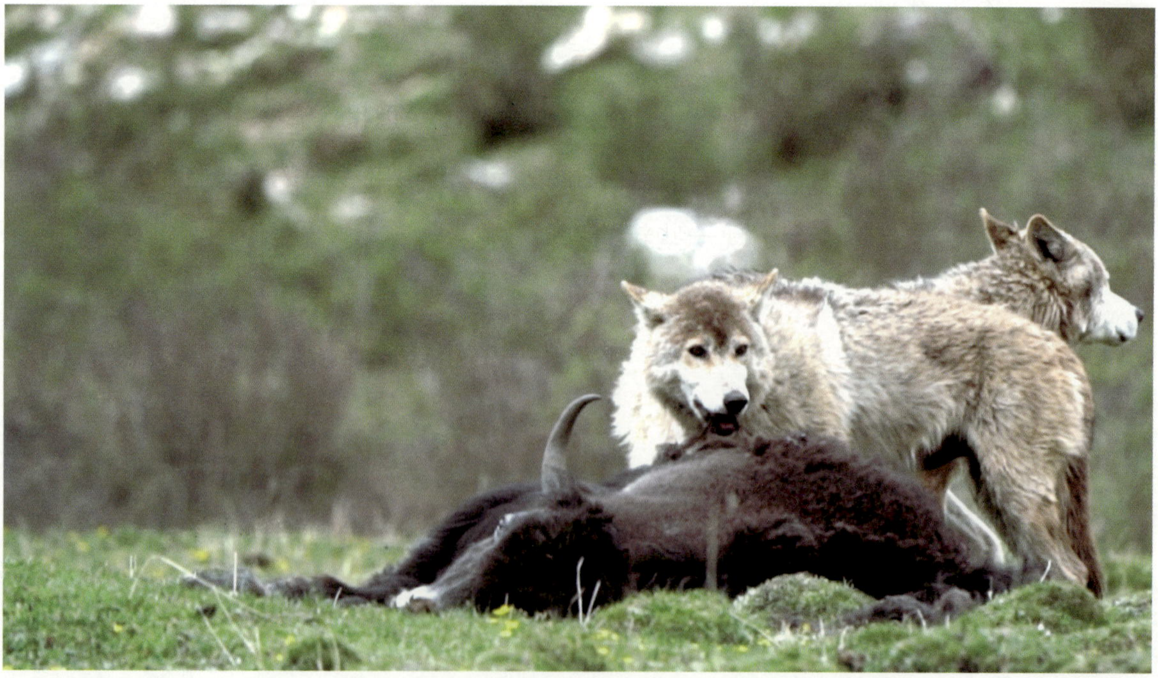

雪豹、狼、猞猁、兔狲、藏狐等都属于肉食者，而野牦牛、白唇鹿、盘羊、岩羊、马鹿、藏野驴、藏原羚、马麝等属于有蹄食草类，棕熊、黑熊属于杂食者。

祁连山的野生动物是比较难拍摄的，和同行聊天的过程中，他们大都舍弃了在祁连山的拍摄计划。我想，一个原因是祁连山处在三大高原的交接地带，地形要比青藏高原内部复杂得多，落差很大，崎岖难行，少有公路；另外一个原因是祁连山在之前的岁月中，人类的大型活动较多，导致了这里的动物对人类的敏感。

在祁连山拍食肉类动物，要比在可可西里难很多倍。比如狼，在可可西里几天总会见到一次，但是在祁连山，一般很难见到。这里的狼闻声而逃，不到万不得已，绝对不会和人有任何接触。并且山大沟深，狼随便一躲，就会消失在镜头里。

有时候听到有狼的消息，等我们去的时候，最多只能看到它们落荒而逃的背影。在肃北亚麻图和肃南祁丰一带，狼相对较多，有时候

觅食的狼
狼的行踪较为容易见到，但是拍摄狼是比较难的一件事。它们的谨慎和怀疑，让拍摄者吃尽苦头。

会碰到它们在岩羊群附近徘徊,在肃南大河乡拍到过狼追岩羊的过程,但是距离偏远。

十年时间,我们拍了一些狼的素材,情景很多,但是故事性强的细节并不多。

我们最终选取了这样一个故事。

2019年的秋天,黄昏时分,摄影师准备撤离的时候,从山坳里闪出两只大狼的身影。不远处,两只小狼从密密麻麻的灌木丛中钻了出来,母狼在小狼面前低下头,艰难吐出胃里的食物。

距离我们大概有四百米,从摄影机里看不清是什么食物。两只小狼吞食着,这时候公狼走了过来,一只小狼走过去拨打着公狼的嘴,公狼低着头,摇着尾巴,它应该没有进食,无食物可吐出来。小狼失望地转身走了。

母狼窝在地上,看着小狼吃完食物,才站起身来,和公狼一起走进大山。

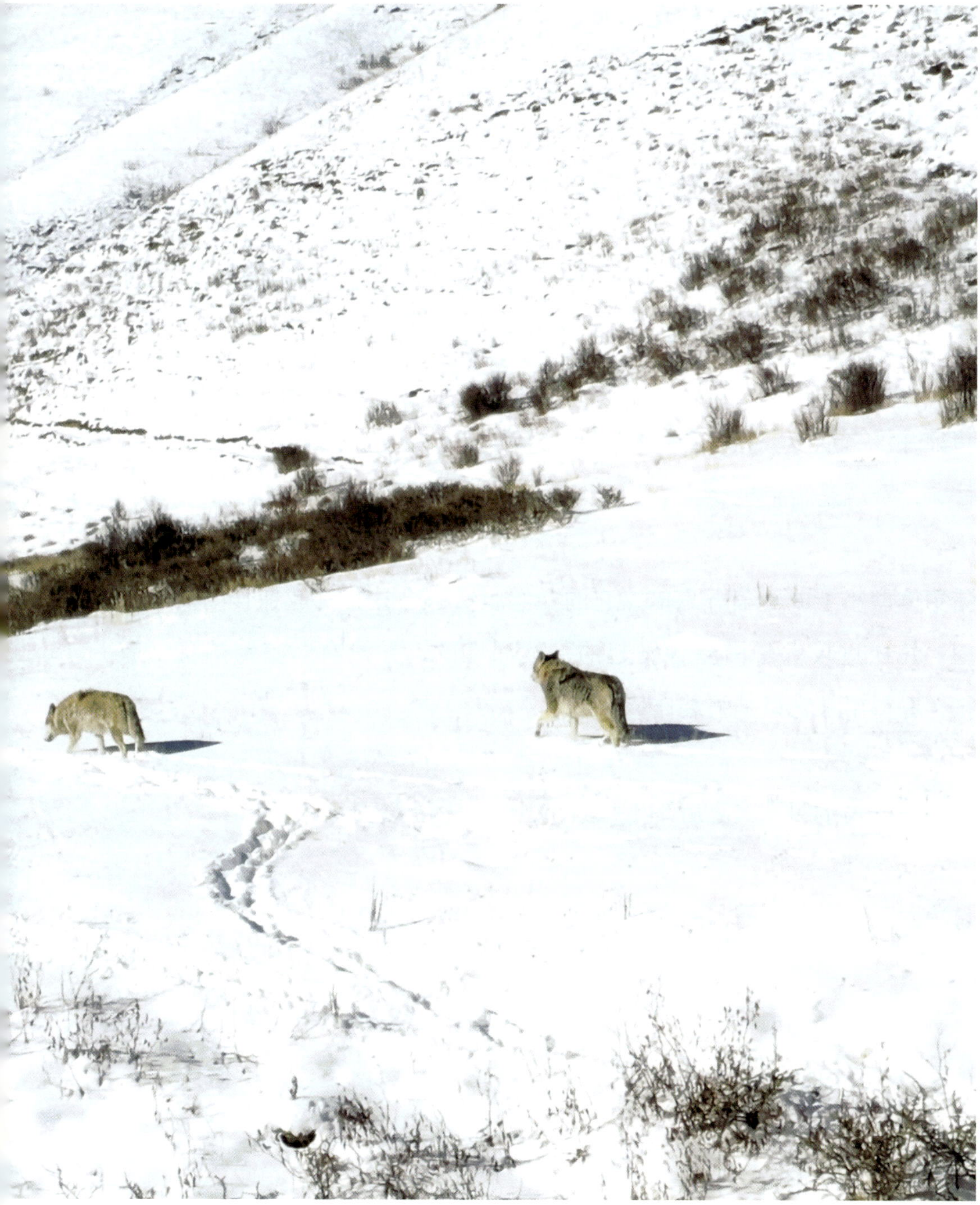

吃饱的两只小狼嗅着一枝艳丽的花朵，哪怕是狼的童年都是如此无忧无虑。这时候，一只回家的猪獾——它的窝距离狼窝只有一个山头的距离。猪獾蹦蹦跳跳地小跑了过来。猪獾是凶猛的杂食者，如果有必要，它会毫不留情地杀死小狼。

两只小狼警觉地竖立起耳朵，盯着猪獾。母狼突然出现，奔着猪獾冲了过去。

猪獾并没有退步，它在原地竖起了坚硬的毛发。这时候退步露出胆怯，无疑就是给狼机会。

猪獾体型小于成年狼五六倍，它的一丝胆怯都会让狼升起捕食的欲望。几次进攻都是由猪獾发起的，试探性的，并没有对狼穷追猛打，看得出来它只是强装作势。

猪獾在进攻了四五次之后终于和狼拉开了距离，转身离去。

母狼回到了小狼跟前，趴在草地上，两只小狼绕膝玩耍。

只有人类到来的时候，母狼才会不顾孩子仓皇离去，然后在安全距离呼叫小狼，人是狼最可怕的威胁。

白天较难见到群狼的影子，大都藏在灌木丛中休息，也有单只会偶

尔探探身子。到了傍晚，一只独狼蓦然现身，在空旷地带吼叫起来。东边传来了一声回应，西部也传来一声……四面八方响起了狼的吼叫声。

几分钟后，近二十只狼聚集到一起，看得出来它们并不饥饿，摇头摆尾，开始互相追逐，撕扯打闹起来。

狼群通过这样的打闹，迅速团结到一起，当夜幕完全落下，它们突然安静了下来，一只跟着一只，消失在夜色中。

它们的捕食开始了。

拍摄完这一段后，我们就地扎营，等待狼群第二天早上归来。当天夜里近十二点，狼群突然出现在帐篷跟前，嘶吼声响彻夜空。如果没有特殊的情形，狼一般不会主动攻击人，我们倒是没什么好怕的。录音师孙金龙拿出录音器材，收集了珍贵的群狼吼叫。

纪录片《祁连山国家公园》中的声效绝大部分都是实地采集，真实地反映了当时的状况。狼群的这次围拢为我们后来在成片中的声效做了补充。大部分野生动物的拍摄因为距离太远，声音的采集变得非常困难，一直是野生动物拍摄和制作中的难题之一。

如果说狼的世界和人类世界相仿：它是群居性物种，有着严格的等级分割，那么雪豹的世界就是孤独的世界，独来独往，藐视一切。

雪豹是很多人心生向往的动物，也是我们喜爱和追随的目标。

它是整个青藏高原灵魂性的物种，不仅仅是因为处于食物链最顶端，还因为猫科动物的可爱在它身上淋漓尽致，俗称大猫。我们在2013年开始拍摄雪豹，至今实际在野外拍到了20多次，并且放生了6只，救援了共7只雪豹，应该还是救助雪豹最多的团队，算是和这一物种有不小的机缘。

这部片中用了雪豹过河的红外视频，是甘肃盐池湾国家级自然保护区安置的红外线拍摄的。讲述了一只母雪豹带着三只小雪豹第一次过河，小雪豹不敢过，母雪豹最后将小雪豹一只一只叼过河的场景，将一位母亲的爱表现得淋漓尽致。

纪录片《寻找雪豹》讲述我和雪豹的故事，2022年3月29日已经播出了第一部两集，被评为央视纪录频道重大项目。第二部三集也已经交片，正在审核阶段，第三部的拍摄目前进行得比较顺利。

关于雪豹的内容，我会在下一本书《寻找雪豹》中和大家详细介绍。

整体来说，食肉类野生动物大都很难拍摄细节或者故事，只有小型的，如藏狐、赤狐相对好拍一点。

藏狐，是祁连山相对容易拍摄的动物。它俗称方脸侠，顾名思义，就是长着一张方方的脸。实际也是这样，除了刚脱完毛的时候，其他时间，藏狐都是一张国字方脸。

藏狐这个物种，直接推翻了我们对狐狸的认识。从小理解的狐狸，狡诈、谨慎……但是藏狐在这两个词面前都有些勉强。藏狐很会审时度势，有时候显得忠厚老实，有时候也威风八面，但是和狡诈沾不上边。

藏狐和人类比较亲近，主要原因是藏狐是草原上的益兽，它的食物是鼠兔。藏狐的存在有效限制了鼠兔的数量，让草原系统得以平衡。所以牧民是欢迎这一物种在他的草原上出现的。

方脸侠藏狐
它们是小型动物的杀手，全力以赴的捕食让被猎食者无处可逃，它们也是高原益兽，为高原维持着一个微妙的平衡。

藏狐遍布了祁连山，也遍布青藏高原。在祁连山的藏狐和别处的藏狐稍微有些不同，主要表现在习性上。在牧区的藏狐，对人类的敏感度一般，200米左右的距离它不会在意人类。但是在祁连山，一开始的一周时间除非偶遇，否则很难见到藏狐的身影。它应该在暗处观察，到了一周后，它大概熟悉了你，就不太在意，可以在不远处进行捕食，才到了拍摄时间。

我们将一只藏狐和它的两个孩子跟踪了两年时间。到后来再去寻找，已经找不到了。小藏狐应该已经长大，离开了母亲。小藏狐小时候很调皮，总爱和旱獭冲突。当然有时候会遭到旱獭的攻击。

旱獭和藏狐的关系是比较复杂的，我们未知的还有很多。

藏狐在片中的所占比并不小，两年中拍到了多次藏狐捕食的过程，藏狐和旱獭的战争，藏狐妈妈和孩子们玩的情景，成片中也主要就是围绕这三个方面展开的。

值得一提的是，有一年冬季在盐池湾，停下车拍摄远处的藏野驴，这时候一只健硕的藏狐走了过来，它应该是来找我们要吃的。藏狐一直围绕着我们转来转去，最近距离不到一米，后来无所得，又慢腾腾地走了。路上它还尝试捕捉鼠兔，可惜这个季节，植被枯黄，它没有隐身之处，被机灵的鼠兔发现躲开了。

片中对旱獭这一物种也有适当展现。

旱獭是草原上最常见的动物，之前在祁连山碰到的也是躲人的。后来在斑头雁群中见到了一只。其实旱獭才是真正的土著，它们祖祖辈辈都生活在这里，而斑头雁只是一段时间的季节居民。旱獭几乎每天都到斑头雁群中溜达。斑头雁追着旱獭，不知道是旱獭害怕斑头雁的追赶还是烦它吵闹，总之，旱獭会装出一副很害怕的样子，摆动着肥肥的尾巴，灰溜溜地走了。

但是当斑头雁产卵之后，我们才明白，旱獭的害怕是装出来的。当它想吃蛋的时候，根本不在意围在周边冲它乱叫的斑头雁，也对斑头雁的啄打浑然不理，甚至还会冲斑头雁发起象征性的攻击。吃饱了，才慢腾腾地离开，完全漠视斑头雁的敌视。

它每天都吃蛋，这段日子对它来说是很幸福的。

路边拍了两只旱獭打架的，发到朋友圈后被各种转载。两只旱獭互相掐着脖子，左一下右一下，配上合适的音乐，看起来非常有趣。

也有很可爱的旱獭，前几天就碰到一只。在湿地旁边的一个山坡上，我们正在拍摄赤麻鸭，突然听到"噔噔噔"的声音，转头一看，一只胖胖的旱獭跑到了我们跟前，径直走到摄像机前面，两个爪子

扒在摄像机镜头上，眼睛骨碌碌看着摄影师。

旱獭绕着我们几个转了一圈，似乎有些失望。格桑金巴打开一瓶矿泉水，瓶口伸过去，旱獭接住就喝，咕嘟咕嘟喝了几口，转过身就走了。

没给旱獭带点吃的，有些遗憾，我就下山取了干粮又爬到山坡上。远处有好几只旱獭，也不知道是哪一只不怕人。

我坐下来，拿出一个饼子啃了起来。过了几分钟，它又来了，直接

动物的故事

翻腾起我们的干粮袋。我给了一颗煮熟的鸡蛋，它闻了闻，看着我手里的大饼。

我撕了一块给它，旱獭几口就吃完了……看来它更喜欢吃大饼。

斑头雁和旱獭
两者之间说不清的恩怨。春季到来，斑头雁占领了旱獭的领地，但是当斑头雁产卵之后，旱獭成了偷蛋贼。

据说猞猁在全世界的分布很广，祁连山也不例外，但是猞猁是比较难见到的物种。我们拍到了几次猞猁捕食未果的细节，还有带着孩子们四处游荡的，也有在大石头下睡觉的，后来因为过于琐碎，很难组成一个物种较为有效的展示，最终在成片中舍弃了。

见过几次豺群，每次七八只，但是都没拍好。这几年，豺越来越不怕人，生活的区域距离人类也越来越近了。在肃南县祁丰乡一带时常有豺出没。豺的数量要比狼少得多，属于濒危物种，但是拍摄有危险，是少有的几种对人会主动攻击的动物之一。以后有机会再将它拍摄成专门的纪录片来介绍豺的世界。

兔狲是一个让人很遗憾的动物，很想拍摄它，但是一直未能如愿。在阿克塞县林业局的救助站见过一只娇小可爱的兔狲。当时是去看一只被抓的小雪豹，兔狲和小雪豹关在一起，小雪豹只有五六个月大，但是兔狲看起来很害怕，蜷缩在铁网子的高处。为了分开两者，护林员拿着宽大的纸板子将兔狲压在下面，谨慎异常。真实的兔狲凶猛敏捷，据说行动起来和闪电一样，会以迅雷不及掩耳的速度将人的脸撕成两半——这让很多护林员对它充满畏惧。

兔狲住在杂乱的石头堆里，不特别注意，很难发现。我们的拍摄中，一直没有安排对这个物种的专门拍摄，一个主要的原因就是一直没有发现它长年固定的窝。

第二集中涉及的野生动物主要是雪豹、狼和藏狐三种肉食者，除此之外，还有白唇鹿、野牦牛、岩羊等食草类动物。

白唇鹿是最珍惜的野生动物之一，属于中国特有物种。这个物种的种群这几年就见过两群，一群在肃北盐池湾乡，一群在肃南祁丰乡，各自都是两百只左右，目测，肃南的要稍微大一点。

白唇鹿群有明确的分工，比如总有几只放哨的哨兵，发现危险的反应各不相同，如果发现人类，会（不是绝对）迅速回到大群一起逃跑，如果发现捕食者，会朝着大群相反的方向跑，试图引开猎食者。

我们最近的一次拍摄，距离白唇鹿群十米左右。当时正好逆风，它很难嗅到人类的气味，一位摄影师猫着腰凑了上去，趴在距离十多米的地方开始拍摄。白唇鹿在交配期，把关注点放在了互相的打斗上，我们才能有机会靠近，公鹿之间的打斗声清晰地传到了摄像机中。后

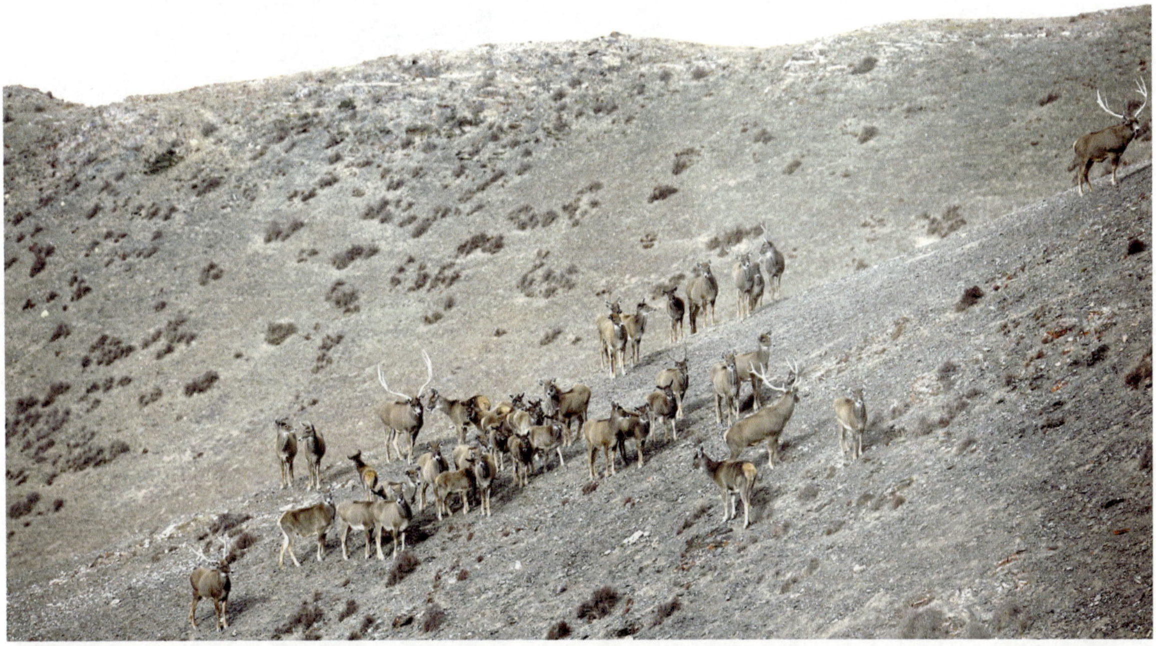

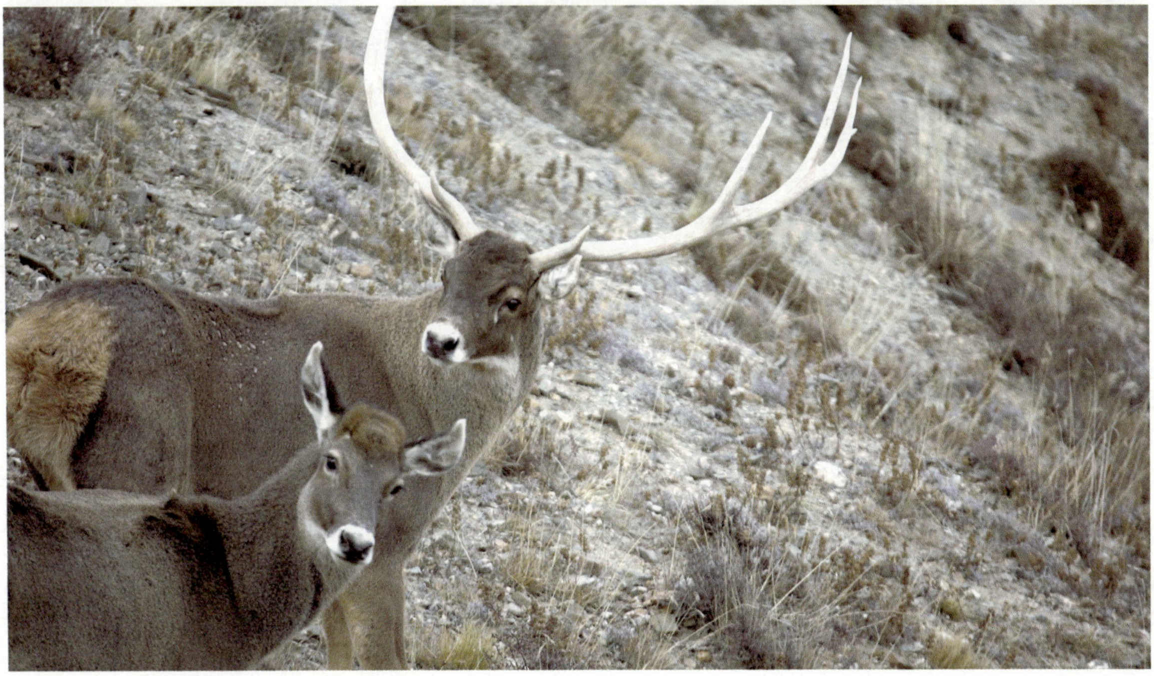

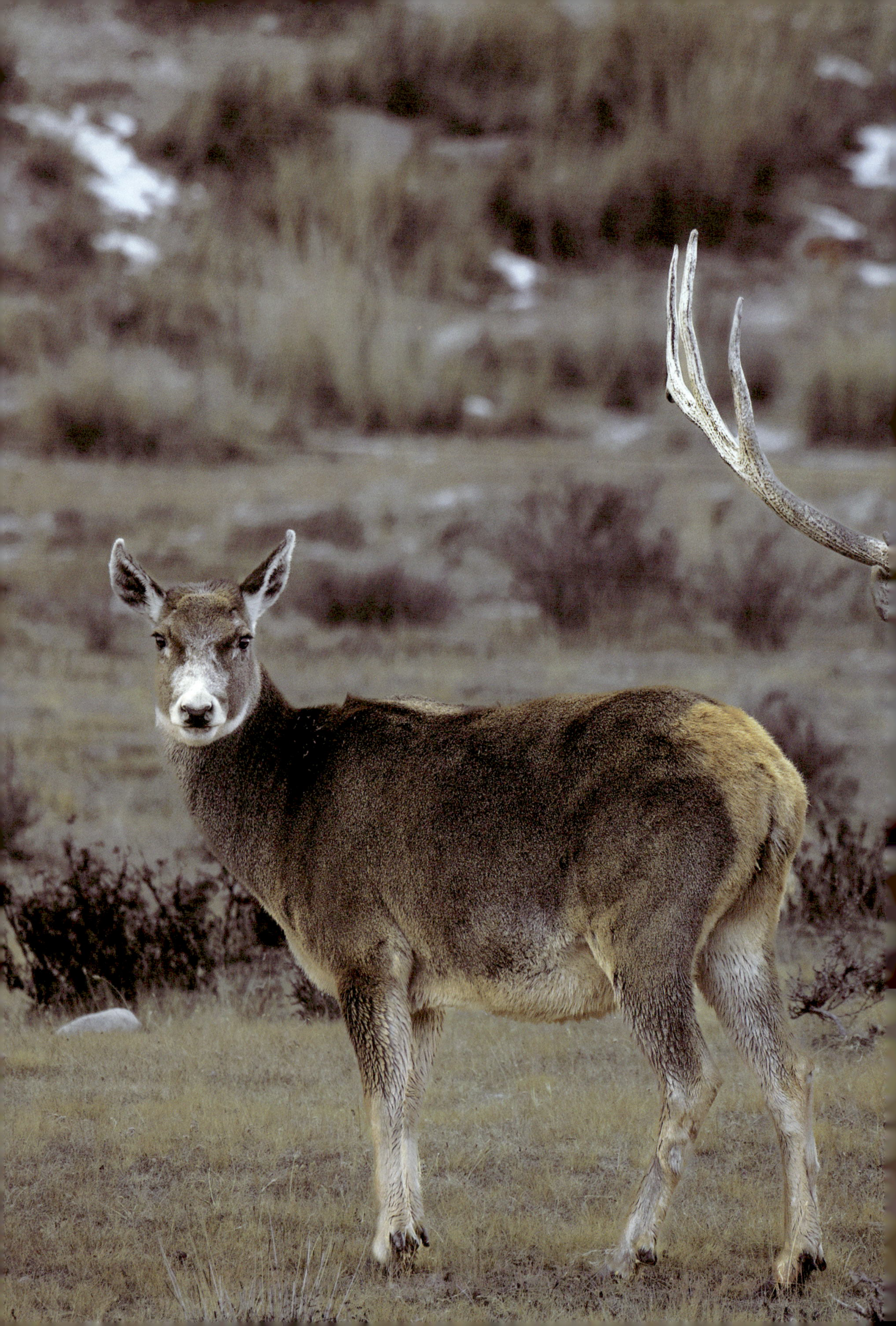

白唇鹿
目前，摄制组在祁连山发现了两个白唇鹿的大群，作为祁连山最具代表性的物种之一，白唇鹿优雅而高贵，即使是在争斗中，也举止有度，适可而止。

来一只白唇鹿径直走到拍摄者跟前，才发现有人，速度离开了。

在祁丰的一条沟里发现了巨大的白唇鹿骨骸，仅头骨和角就有一米八九，它应该是鹿群曾经的带头人，也有过难以忘怀的岁月，现在却成了溪水旁散落的骨堆。

按照人类的视角，白唇鹿这一高贵物种的生存环境是非常恶劣的。我们有一段素材是表现傍晚的白唇鹿群，它们在天黑前爬上了一座没有植被的碎石山顶端，整个山体非常陡峭，完全没有遮挡。当时风特别大，它们每踩下一步，都会有一股土从蹄子下升起，拉成线形在天空飞荡。

我们在对面的山坡拍摄，巨大的风吼叫着，镜头边上站着两个人扶着摄像机，阻止它剧烈地晃动，不时有飞溅的沙尘吹打着我们。这一刻，我们的世界里只有白唇鹿群和它们的故事。

祁连山中还有很多动物，如马鹿、马麝等。马鹿的故事在片中是以转场的形式出现的，主要还是因为它和白唇鹿的出现有冲突，进行了取舍。

不管是鸟类还是兽类，祁连山的野生动物还有太多的未知，它被称为国际野生动物多样性的典型地区，自然有它的原因。也期待有更多的团队进一步去探寻这些野生动物的秘密。

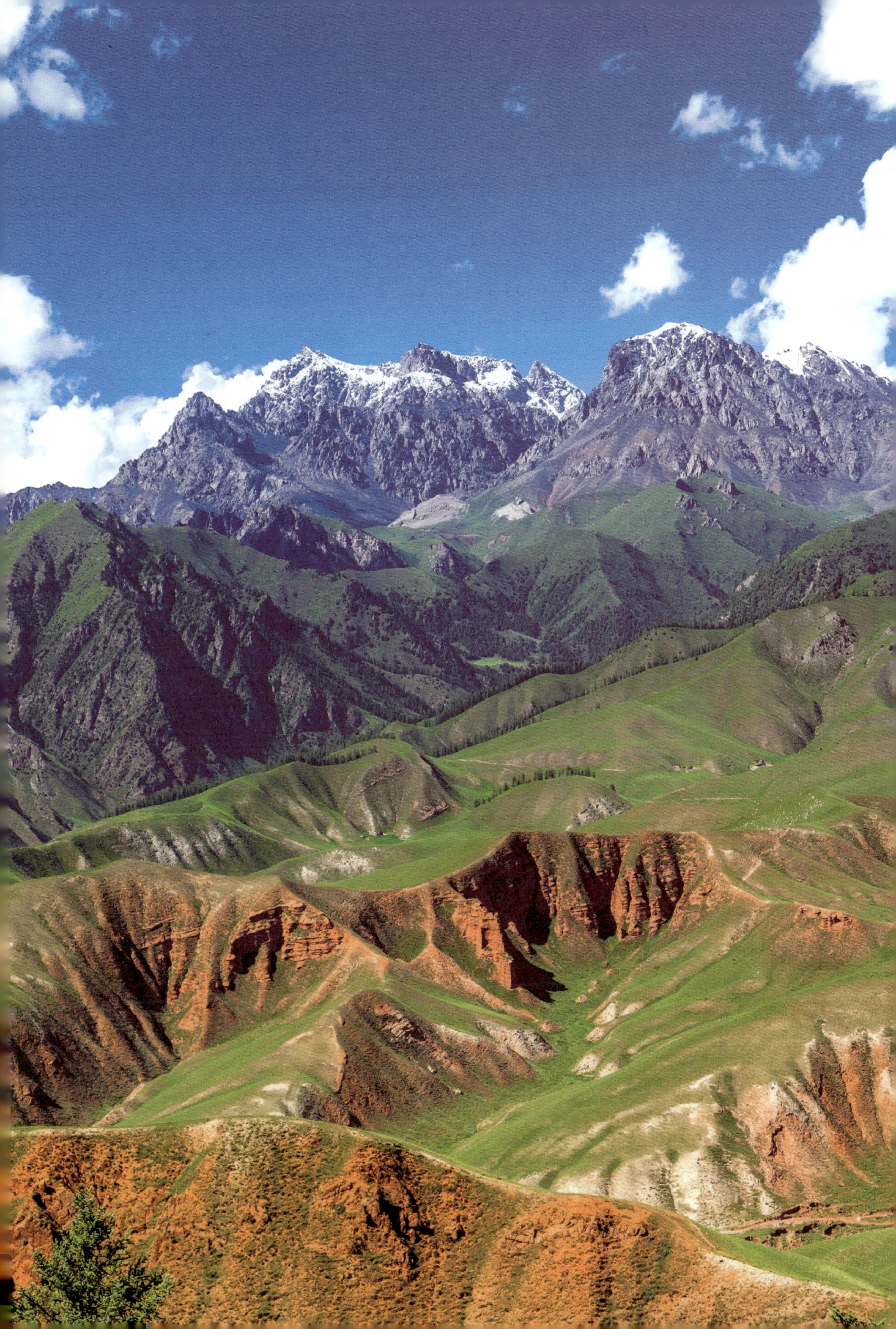

-10-
音画祁连

祁连山山势太大，剧烈的落差通过小小的摄像机或者航拍器很难展现。而就单个的风景来说，祁连山的特征并不明显。

我们曾把祁连山和黄石公园做了对比，结论是，在野生动物多样性方面，祁连山完胜黄石公园，祁连山野生动物的种类和珍贵程度都是超过黄石公园的，但是在风景方面，祁连山缺少了独特的一面。比如黄石公园有巨大的火山，有喷涌的地热泉，而这些祁连山是没有的。

所以，黄石公园可以讲自然风景的故事，而祁连山很难。即便如此，我们也将祁连山的冰川和荒漠单独提出来做了介绍。祁连山的冰川和相邻的荒漠是黄石公园不具备的，具有一定的独特性。

这部片中我们的重点是野生动物，对祁连山的植物没有过多涉及。

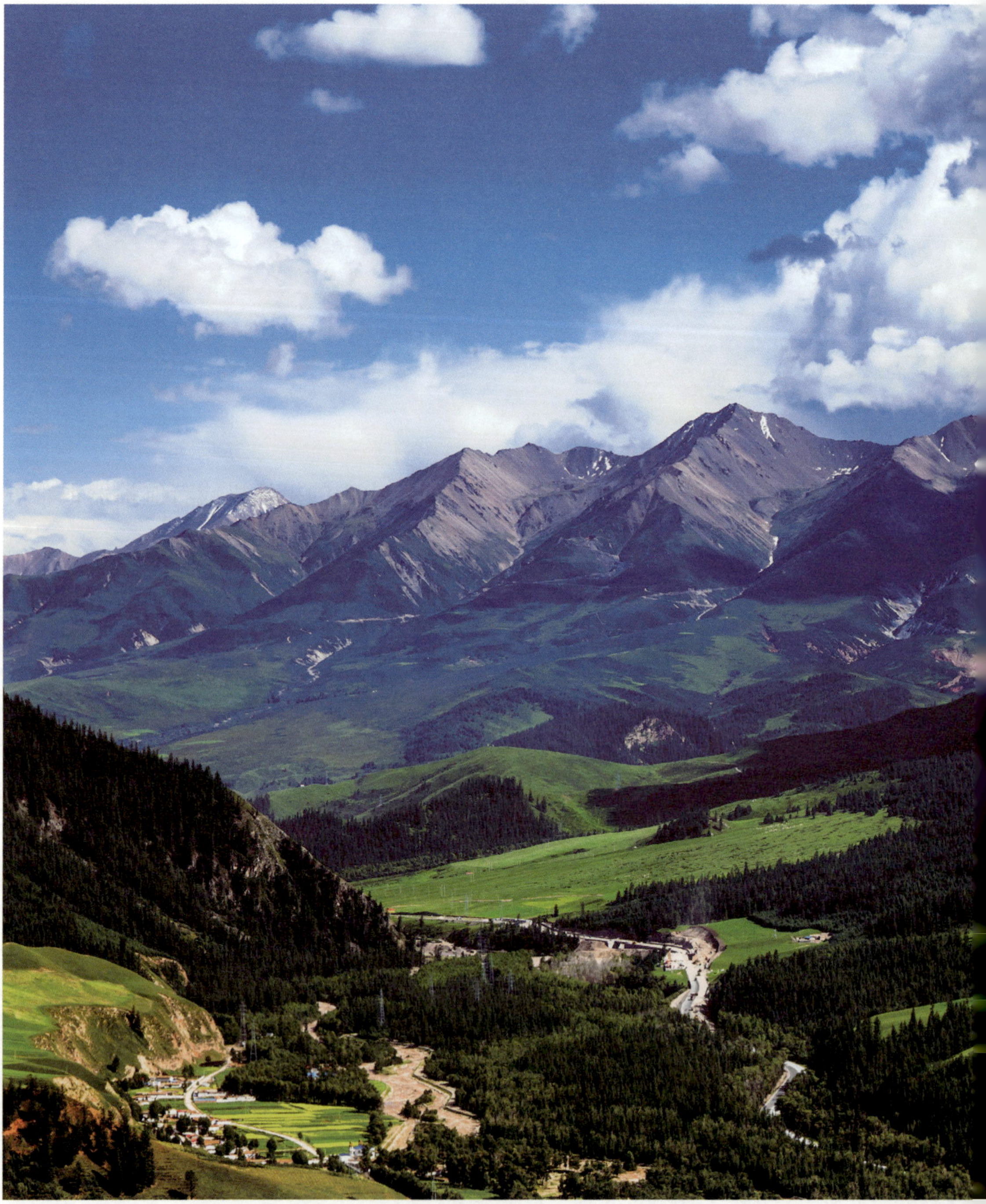

后来结合植物资料翻看了素材，发现我们已经拍了祁连山几乎所有的代表性植被，但都是在长达八九年的时间中碰到就顺手拍一下，还没有形成系统。以后如有机会，拍摄一部以祁连山植物为主的纪录片，也是一件美事。

选择南部茂密的森林作为开篇，是为了展现祁连山作为西北生态屏障的作用。祁连山独特的树种不多，有表现特色的更加稀少，但是郁郁葱葱，一眼望不到边的森林本身就是最美的风景。

总之，中南部茂密的森林隐藏着的动植物还有待进一步发掘和拍摄；北部荒凉贫瘠，却是野生动物拍摄的乐土。

观众的反馈中，有这么一句话：看了纪录片《祁连山国家公园》，才知道祁连山有这么多珍贵的野生动物，这么美丽的风光，难怪我们的保护措施如此严厉。

苍凉的音乐，有声的诉说

音乐是纪录片很重要的组成部分。

甘肃在音乐这一领域有它独到的地方。我小时候跟着村子里的一帮孩子一起耍社火，学会了很多社火桥段。其中有一段歌唱十二个季节的是我奶奶教的，我学会的第二年老人家离世了。我们家里大伯父母都会唱秦腔，父亲曾在县剧团工作过，我的童年中有几年也是跟着秦腔剧团度过的，记忆很是深刻，虽然直到今天依旧听不懂秦腔用陕西方言唱的词。前些年一直对秦腔无感，去年突然开始愿意主动去听听。我最爱的秦腔片段是《花亭相会》，感觉很美，不过不能理解为什么相恋多年的恋人分开几年见了面，还要假装不认识。后来想想，遮遮掩掩也是文化的一种表达方式，这也许才是它吸引人、几百年流传不绝的原因。我们这一辈中，就我二姐和我爱人还能唱几句，但是完全没有唱功，更谈不上动作的配合。

我小时候和大家一样，爱听流行歌曲，热爱摇滚乐，可惜现今已经听不到摇滚了，于是有了民谣。民谣全世界都有，但是甘肃这块神秘大地和中国民谣有着千丝万缕的关系。这里诞生了野孩子乐队，也有幸认识了领头羊张佺，认识了李建傧，低苦艾乐队，还有现在比较火的张尕怂等等。

最早认识的是低苦艾乐队的刘堃，大概是 2010 年，当时做了一部纪录片，想找一位音乐人配乐，通过朋友就认识了刘堃。刘堃是我兰州大学新闻与传播学院的师弟，比我大概低两届，同门师兄弟，什么话都好说。那时候他还没有现在这么有名气，曾有时间和我去罗布泊、民勤做过创作。央视纪录频道 2013 年播出的我们制作的纪录片《行走的骆驼》里他也有出镜。

后来，刘堃告诉我，歌曲《兰州兰州》一开始走路的声音，就是他录的我在罗布泊雪地里走路的声音。低苦艾乐队和刘堃的音乐偏向流行，有自己的特色。刘堃做的曲子非常大气，有国际范。我早期的纪录片《新无人区》《拯救雪豹》等中包揽了他所有音乐制作。后来他的档期变得非常非常忙，就很难顾及我这里，让他安心去演出，我不好意思再打扰。

纪录片《寻找雪豹》第二部，我重新用了刘堃在《拯救雪豹》中的部分音乐。

纪录片《寻找雪豹》第三部，我准备更多采用本土民族音乐，这样更加符合文化特色，也是一种很有意思的尝试。

纪录片《祁连山国家公园》的音乐作者比较多，但是以李建侯为主。大概是四五年前，祖厉河传媒当时还在兰木大厦办公，有一天兰木的老板、后来成为好朋友的祁勇邀请我入岚沐产业园，并给了我们很大的支持。我们这些年的发展和岚沐产业园的支持是难以分开的。

随后，我就将公司搬到现在的地方，岚沐产业园B区201室，一直到今天。

李建侯的工作室名为素谈，正好在我对门。有时候素谈有小型演出，我也去听听，一来二去，就熟悉了。

建侯兄吃素，桌子上总是摆满各种小吃，我经常去蹭吃，顺便还讨杯茶喝。

有一天聊到我的一部纪录片《简丹向死而生》还没音乐，建侯兄说他来做。这部纪录片的音乐做得非常好。主人公简丹（高小丹）后来跟我说，她是流着眼泪看完片的，而音乐直接触发了她的泪腺。片子在央视纪录国际频道播出后，反响很好，为此，频道还给我们发了奖状以作鼓励。我想音乐起到了很好的烘托和渲染作用。

对《祁连山国家公园》的音乐，建傧兄非常重视，时间很紧，给了他仅仅三四个月时间。他多次跟我说力竭了，非常痛苦。

我做过十年的调查记者，思维早已形成了定式，对于有故事的东西能很快分解，但是对于虚幻的东西完全没有创造力，所以我非常理解他的苦楚。

全片音乐是他一贯的曲风，苍凉而内涵丰富，大气天成。祁连，是匈奴语"天"的意思。西汉时期的《匈奴歌》唱道："亡我祁连山，使我六畜不蕃息。失我焉支山，使我妇女无颜色。"现代也有海子的：目击众神死亡的草原上野花一片……祁连山确实是一条很有历史的山脉，恐怕在中国历史上很少能有一条山能和祁连山相提并论。

病，野远为吏，死生恐不相见□。毋它，昆弟与□□。

兄行，弟病。诸君幸为。

甘肃的简牍中记载了祁连山下出土的这样两封家书，令人震撼。

现在去河西走廊，总能碰到叫什么营的地名，可想曾经万里黄沙、金戈铁马，黑色甲胄包裹的将士端着夜光杯盛满鲜红的葡萄酒，刀光在寒夜中闪闪发光；马革裹尸、客死他乡……悲壮得只剩下冷峻的雪映月光。

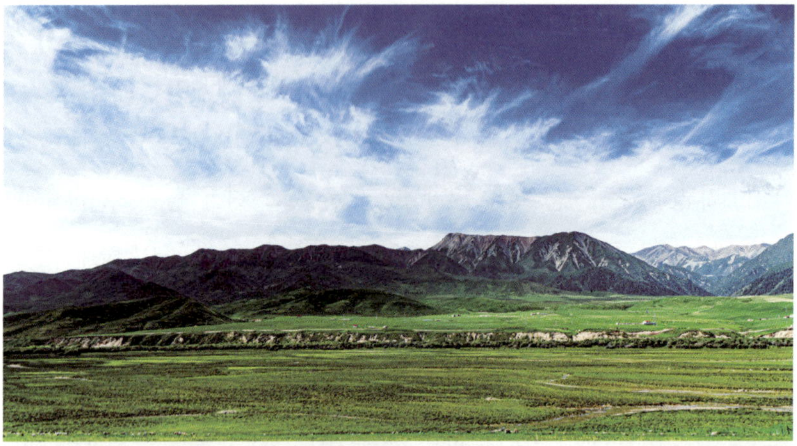
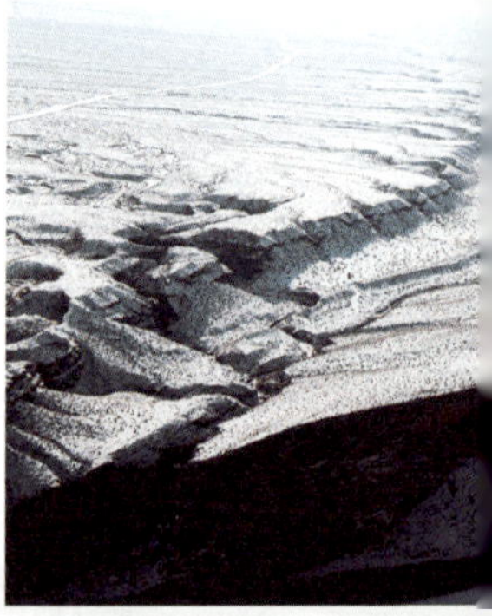
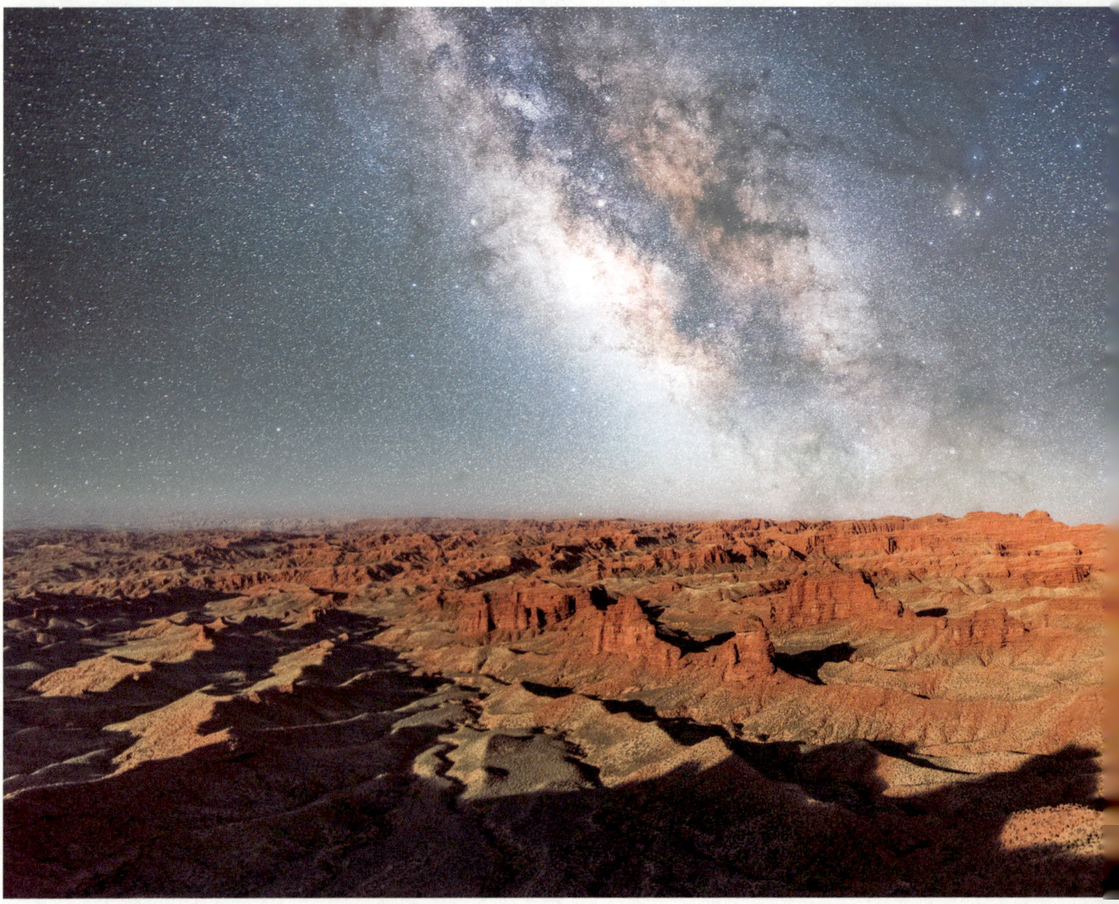

音画祁连

阿干是哥哥的意思。建傧兄的一首《阿干之歌》，便是唱鲜卑族兄弟感情的。大家可以听听，大风呼呼，呜咽声凉，就是祁连山的感觉。

阿干之歌：阿干西，我心悲，阿干欲归马不归。为我谓马何太苦？我阿干为阿于西。阿干身苦寒，辞我大棘住白兰。我见落日不见阿干，嗟嗟！人生能有几阿干。

阿干之歌也是建傧兄的成名作之一。

建傧兄为《祁连山国家公园》所做的音乐相比《简丹向死而生》的更加宏大，讲究了叙事，而不是抒发情感。自然类纪录片要求讲故事，但是拍摄很难，要达到完美的叙事，还需要好的音乐来衬托。他的这些音乐让这部纪录片节奏更加紧凑。

大概在十年前，就有意地拍了一些演唱会，有低苦艾乐队的，也有李建傧的，还有野孩子、张尕怂等，粗粗算下来也拍了十多场了。一直在找一个机会，把甘肃的民谣做成一部纪录片。

甘肃盐池湾国家级自然保护局的索义拉书记帮忙找

了一位老哥哥，姓严，是一位蒙古族牧民。我们录了他唱的小调，跌宕起伏，如绕梁的柔丝无法扯断。

在央视刘永老师的指导改编下，请朝格乐队主唱巴磊演奏录制了一晚上，使用了骨笛和马头琴，这些蒙古族特有的乐器。这几小段音乐就像祁连山北部独山子呼呼的风声，每天都是天昏地暗地刮着，又像极了野牛沟大水河潺潺的水声，在低声对话，讲着唠唠叨叨细细碎碎的话，更是黑刺沟那边的那只带着孩子的雪豹，踩着轻微的豹步凝视着我们……是祁连山北部的魂，讲述着游牧生活的寂寞，放在小斑头雁找父母这一段，恰如其分吧。

建傧兄说嘉斯密和席兵联合创作了一段音乐，他感觉放在棕熊这里很合适。我找来听了几遍，和嘉斯密签了个协议，付了款之后，这段音乐我们就可以来用了。

嘉斯密是英国人，来兰州做创作，要待够一两个月，和低苦艾乐队的贝斯手席兵一起演奏创作了这首曲子。她看了《祁连山国家公园》最初的样片，对雪豹那一段爱不释手。

国籍虽然不同，但是大家对美的感触几乎是一致的，热爱音乐，热爱野生动物，热爱生活。

这段音乐一开始听起来很诡异，低音有些过低，对纪录片的后期调音增加了难度。棕熊的故事很难拍到，国内极少见。我们有幸拍到了一段两只棕熊恋爱的。后来因为棕熊的故事被整体删掉，就将这段音乐放到了藏狐捕食的过程，非常完美。高低大落差的音乐把藏狐捕食的可能性变得虚无缥缈，让人揪心。

较多使用纪录片音乐，是这部纪录片的一个特色。当然这个"较多"是对比了我们之前的纪录片。祖厉河传媒的纪录片因为拍摄相对比较扎实，基本都采取了三秒切换的剪辑方式，片子的节奏很快，观众看起来不累。快节奏剪辑的另外一个结果是，音乐在其中的使用量就少了，因为故事本身通过镜头和同期声就得到足够的表达，很多地方不需要音乐的烘托作用。尤其在《寻找雪豹》中，每一集几乎都是两三处转折才会用到音乐，或者是最后的结尾。

音乐的使用在《祁连山国家公园》中还是有克制的。一开始的计划是全片铺音乐，铺上后感觉效果很不好，杂乱而浮躁。于是开始删减，在音效专家的指点下，重新就音乐做了颠覆性的调整。最后的结果还算让人满意。

纪录片的制作过程就是一个学习和摸索的过程，其拥有一个庞杂的体系，和我以前采访写稿的单线有很大的不同。

但是这种新的挑战让我感到兴奋。尤其要感谢刘永老师在声效方面给我的启蒙和启发。

刘永老师是央视的音效师，是陈响园老师介绍我们相识。陈老师以前在央视工作，现在是兰州大学新闻与传播学院的兼职教授、博士生导师。陈老师非常认真，对全片提出了宝贵的意见。

刘永老师做了一版《祁连山国家公园》的音效，很精彩，可惜我们拿不到这些音效的使用权，最后只能作罢。

无法模仿，只有吸取精华，似乎掌握了一点规律。对音效的处理从几乎一无所知到有效处理，我经历了一个痛苦的过程。

2002年我从兰州大学新闻与传播学系（今兰州大学新闻与传播学院）毕业之后，最开始在电视台做过一段时间的编导，时间很短，到了"非典"开始，

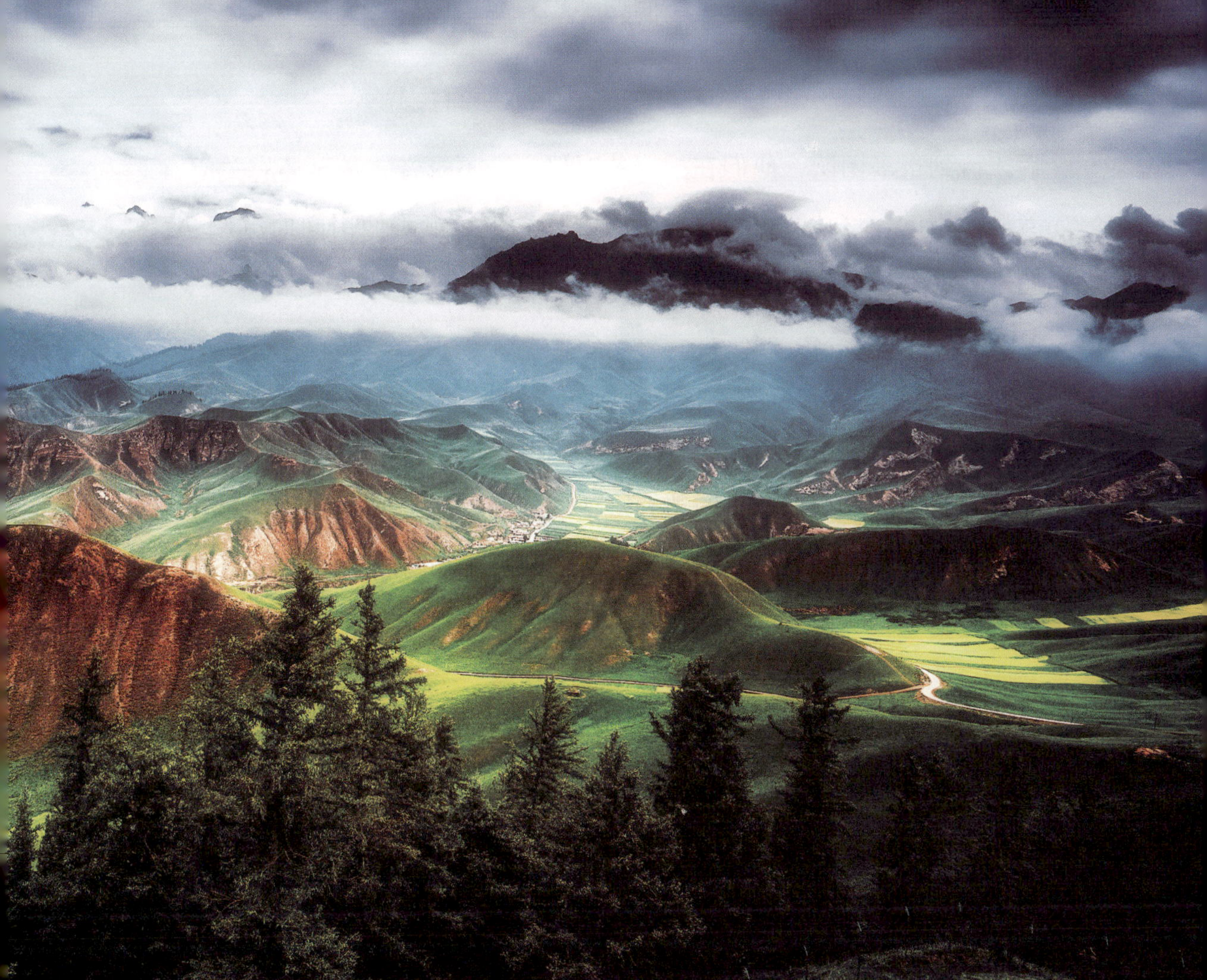

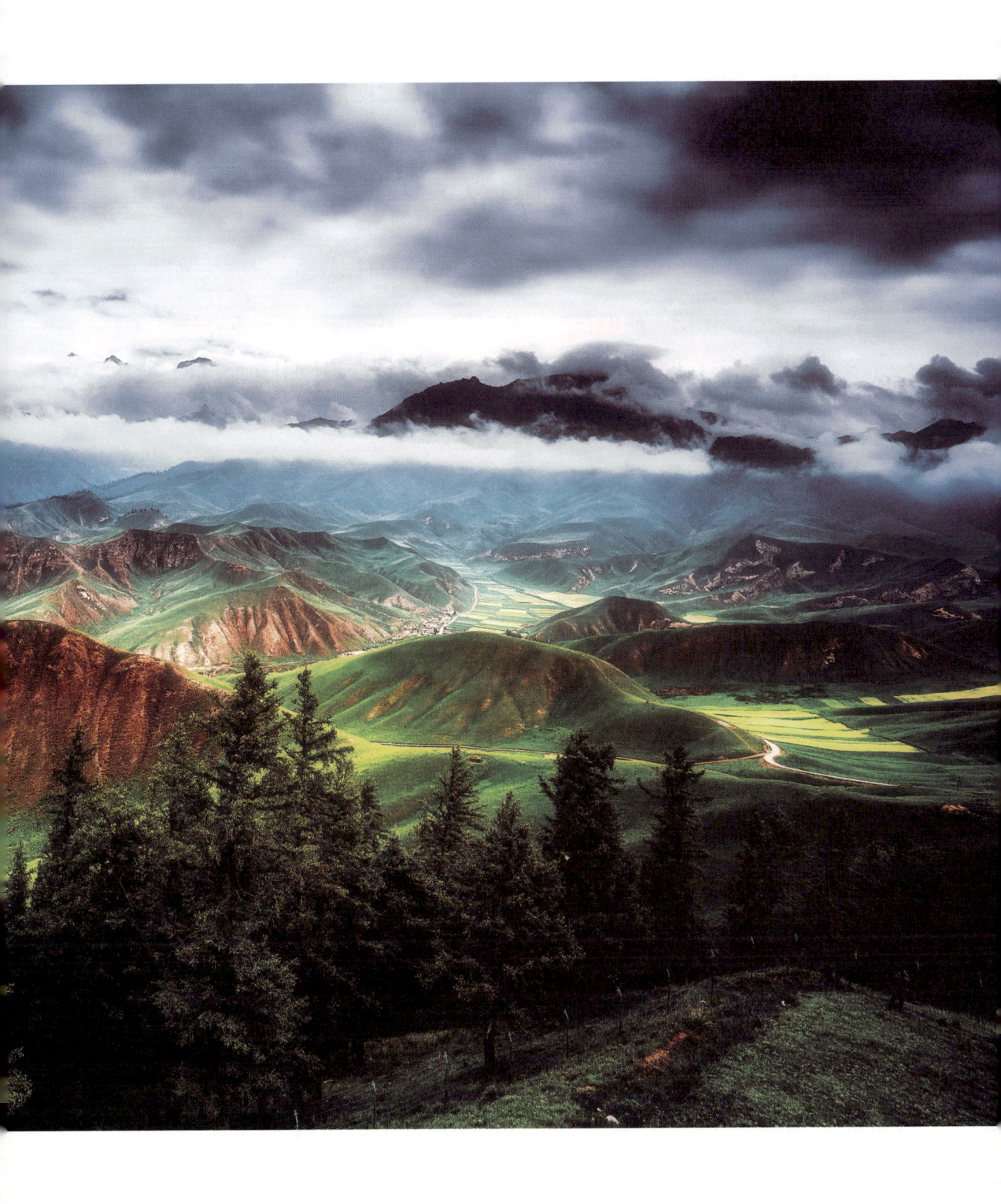

就离开了电视台,随后去了纸媒。在电视台的时候,对同期声的录制也是讲究的,但是偏向于干净和纯粹。一般是在拍完一段之后,录音师在单独安静的环境下录制同期声,剪辑的时候,在需要同期声的地方铺上就可以。

后来碰到很多团队,他们在拍摄的时候完全不录音,甚至还有关闭音频录制的,这让我很诧异。他们在后期也可能不使用同期声(也叫国际声),而是直接用音乐替代了同期声的位置。

2010年我们拍摄《新无人区》的时候,对同期声的录制是很严格的,并在后期完全舍弃了解说,这也是纪录片比较高的表现形式:无解说版本。我对纪录片的理解是,为什么要用解说词,是因为镜头拍摄的信息量不够,不能将要表达的内容呈现出来,只能用解说词来补充。那么同期声在纪录片中的地位就非常重要。

后来我们在给国外一些平台供片的过程中,深刻体会到这一点。2020年,我们在韩国广播公司(KBS)播出了《LAST WILD LIFE》,在剪辑过程中,同期声的问题就非常复杂,多次反复。

在剪辑《祁连山国家公园》的时候,同期声的问题就显露出来了。问题出在素材的跨度太大,涉及从2013年到2020年近8年的素材。录制的设备更替了多次,涉及各个品牌和各种录制格式。效果五花八门,有些噪声特别大,极难处理,有些录制的声控大小不同，简直是一个杂货店。

同期声的调整至少进行了四五次颠覆性的过程。从一开始的相同标准漫铺，到后来的一个镜头一个同期声标准，进行了精准铺设。最后的结果还是让人比较满意。当时的过程有些痛苦，主要是理解的痛苦。

具体如何处理音效的问题属于专业范围，这里就不赘述了。总之，还在学习和试验中。

同期声、声音反相等问题是由我们的后期成员王开蓉和王蓓蓓两位小姑娘处理的。她们和央视的后期技术人员多次沟通，最后终于成功解决了这些深藏多年的问题，自身也得到了磨炼和提高。最近她

们处理《寻找雪豹》就轻松了不少，很快就符合了播出的技术要求。

纪录片《祁连山国家公园》，这部片子跨时从 2013 年到 2021 年，达到 9 年，这期间要感谢太多太多的人。在这些年中，我也有幸经常去大学讲堂，和老师同学探讨这部纪录片的进展和面临的困惑。

这期间在浙江大学前前后后待了半年之久，分享祁连山野生动物的拍摄，也经常去陕西师范大学、西安外国语大学，也去了北京大学、上海交通大学、兰州大学、上海纽约大学、广东外语外贸大学、西北民族大学、西北师范大学、甘肃政法大学等做一些主题演讲。

通过这些演讲和交流，将之前破碎的实践进行了总结，不断更新对纪录片的理解。这几年播出的纪录片多了起来，并且好评不断，也是之前多年素材的积累和纪录片专业知识积累的结果。

回想最初的我们，只有一腔热血，无所畏惧，却是那么稚嫩，庆幸坚持了下来，而起点，就在这座祁连山。

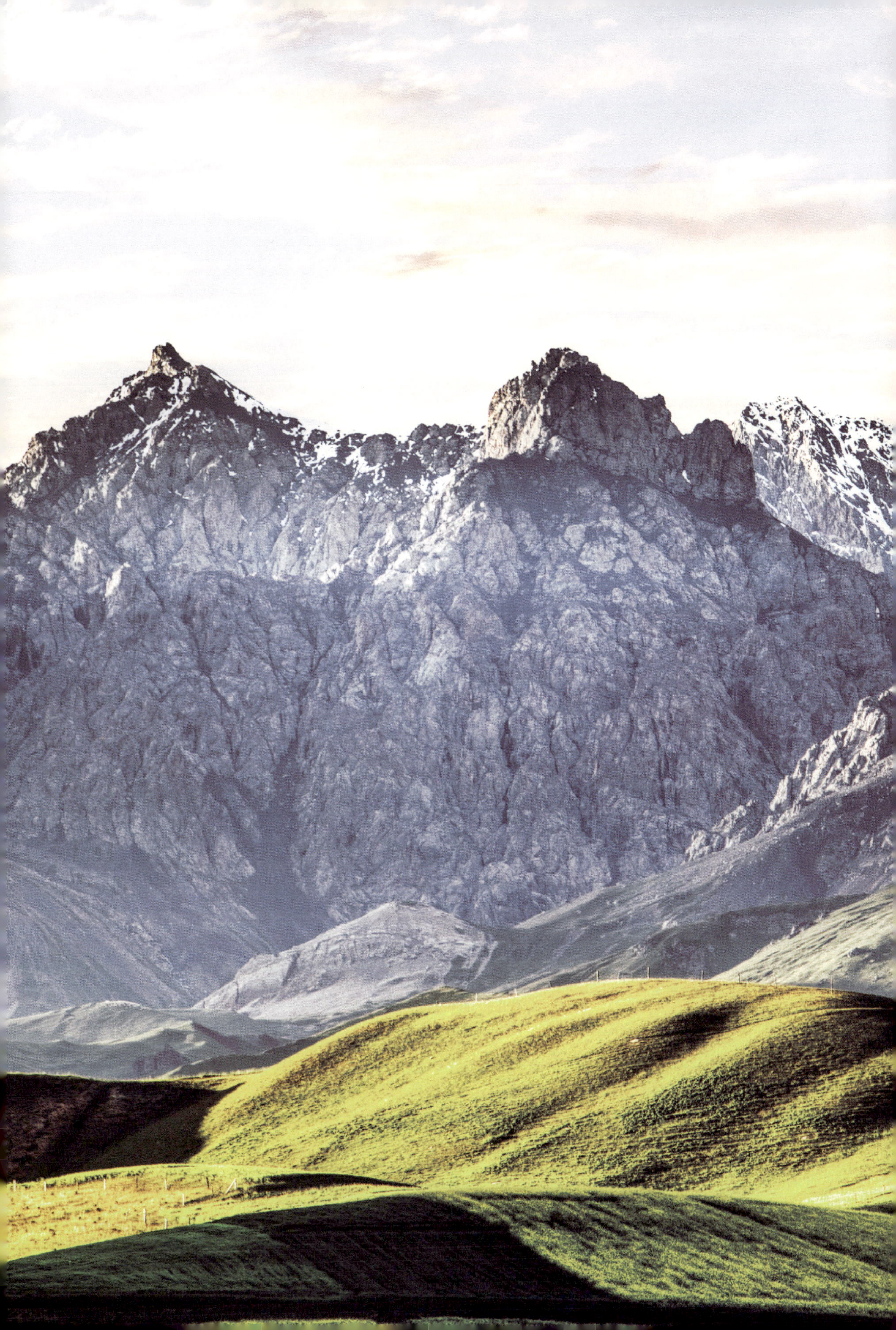

-11-
关于纪录片

2017年10月，我和团队在老家照顾小狼，接到了甘肃省环保厅的电话。让我带着拍到的雪豹素材到宁卧庄来，国家林业局相关专家要见我。

第二天一早，我向专家们展示了在祁连山拍摄到的雪豹。他们这次到祁连山，带着证实祁连山真有雪豹存在的任务。他们之前从青海到甘肃，对祁连山进行了为期半个月的考察，但是没有见到雪豹。我们的视频直接证明了祁连山有雪豹存在。

国家林业局专家邀请我作为祁连山国家公园前期筹备组野外调研员，并就雪豹的状况进行了详细的询问。

随后我们承接了祁连山前期筹备的部分项目，并参加了几次祁连山国家公园的会议，提交了《祁连山以雪豹为主的野生动物多样性汇报片》。

2018年9月，我们的纪录片《拯救雪豹》代表国家林业和草原局，在国际雪豹保护年会播出，受到50多个国家和组织的关注，展示了我们国家对雪豹这一野生动物的保护力度。

纪录短片《祁连山风云》代表中国在2018年全球气候变暖行动峰会上，作为中国唯一一部现场展示作品播出。

关于纪录片

后来，我们又承接了国家林业和草原局的雪豹轨迹调研项目，这个项目一直持续到今天。

纪录片《祁连山国家公园》在央视纪录频道多达百遍地播出，以及播出之后观众雨点般的正面叫好评价，就充分证明了最初的想法是对的。

实际上，对于最初接到任务的我们，这部纪录片最终会是什么样子，心里同样没有底。

我之前有过十年的调查记者经历，对于社会现实类，包括事件类、人物类纪录片都有一定的理解和知识储备，做起来得心应手。但是这些年偏偏选择了纪录片类型里难度最大的自然类，并且投入了几乎全部的精力，至今想来也有一些匪夷所思。

纪录片要求在央视播出。我所在的兰州祖厉河文化传媒有限公司从2011年央视纪录频道成立，就是制作机构，这些年也完成了一些频道交给的纪录片任务，但是都属于社会现实类。对于自然类纪录片，尤其是野生动物纪录片，这是最初的尝试，还要不断去摸索。

反反复复观看和分析自然类纪录片的经典影片，将它们的解说词全部打印出来，反复揣摩。例如：镜头和解说词之间的关系到底是怎样的，每一个小段落多长时间合适，每一个细节如何展现才能更加吸引观众，段落之间的转折怎样才能水到渠成……

一开始有3个90分钟的版本，后来在央视纪录频道制片人的建议下，将90分钟版本压缩成50分钟版本，做了颠覆性的改版。90分钟的版本制作费尽心思，到了50分钟版本，就简单多了。删掉了可有可无的细节和镜头，删掉了所有有缺陷的段落……

纪录片《祁连山国家公园》的创作过程有惊喜，但是更多的是痛苦不堪，焦虑异常，万幸的是在播出的那一刻，忘了所有的苦痛过程，只留下祁连山的美好。

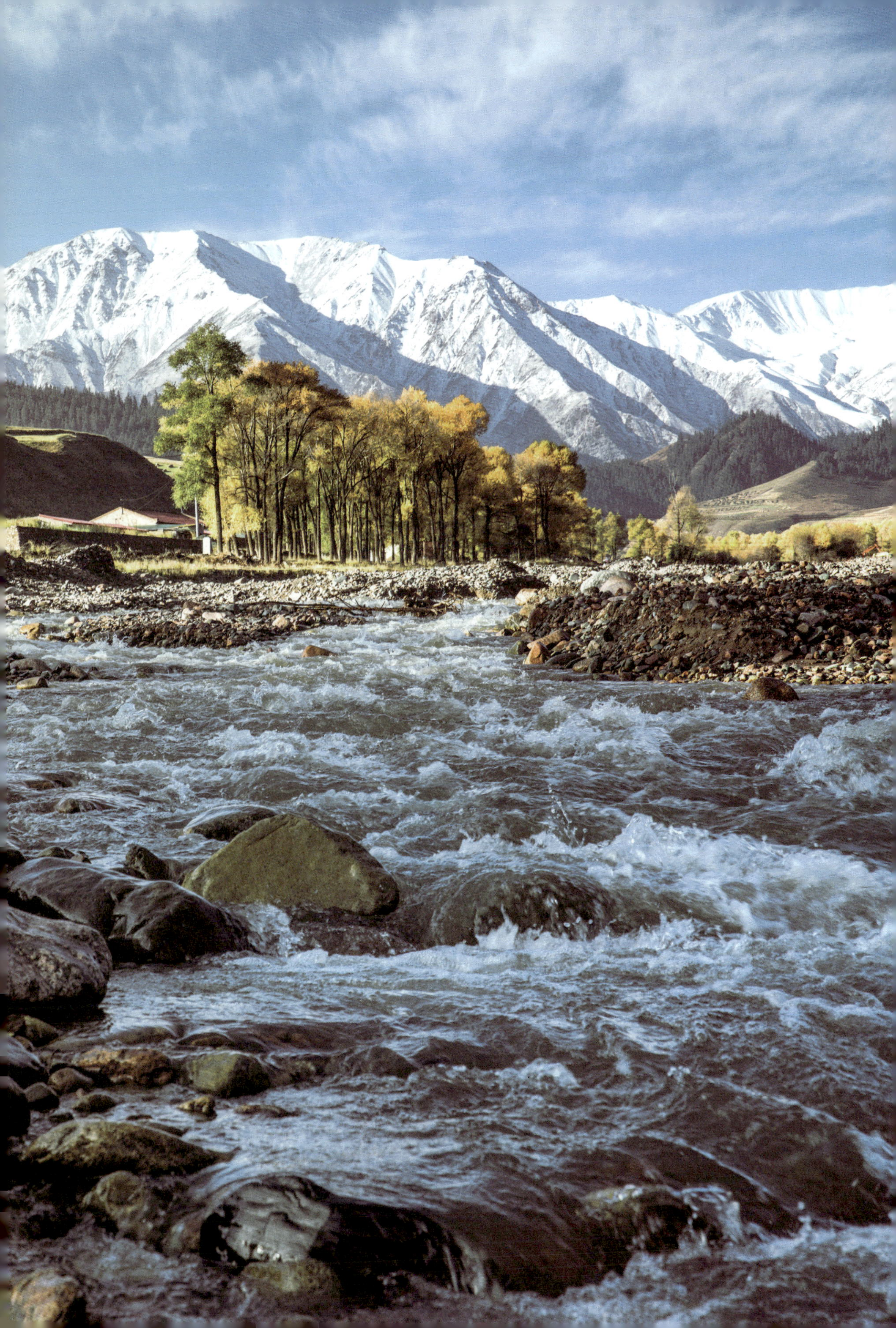

-12-
兽类，何以为家
解说词（下集）

这里被动物学家认为是地球上野生动物多样性最典型的区域之一

祁连山苦寒的冬季
夕阳的余晖中，还保存着一丝温暖

雪豹从睡眠中醒来，开始了它每天的必修课

长而松软的毛发不仅具有极好的保温作用
而且能在行进中减少摩擦
即使奔跑也悄无声息

它在跟踪远在数千米外的岩羊群

单只雪豹足以应付几乎所有可能的危机

它是孤独的行者,也是祁连山野生动物的王者

祁连山是中国雪豹分布的四大区域之一

寂寞难耐之时,才会传来它低沉的吼叫

冬末春初,是雪豹的交配期,山谷出奇安静

雪豹发情期维持一周,交配可达十余次

但是王者的温柔乡并不轻易示人

母雪豹孕期在100天左右

幼崽出生后两个月便能随着母亲外出

宁静的山谷中

雪豹妈妈带着它的孩子出窝了

这是小雪豹生命中的第一次长途远行

挡在途中的小溪

成了小雪豹的第一道难题

没有妈妈的帮助

它们还不敢涉水而过

雪豹的生存环境颇为艰辛

只有强壮的幼崽才有长大的可能

祁连山是这颗星球上的特殊存在
处于青藏高原、内蒙古高原和黄土高原的交汇地带
三面被沙漠围堵
是一座临接死亡之海的生命半岛
多种因素的叠加
构成了祁连山独特的大陆性高寒半湿润山地气候

茂密的森林分布在祁连山的南段和中段
这里出没着珍稀的野生动物
也形成了它明显的地域差异

北部，紧挨库姆塔格沙漠南缘
是一片高原荒漠景象
这里生态脆弱，人迹罕至
却也因此成为野生动物的家园

一群岩羊在群山间穿梭
它们在寻找一处安全的地方
等待冬至的到来

个别公岩羊不再安心吃草

变得躁动不安，跃跃欲试
岩羊群持续一年的平静生活被打破了

公岩羊之间的争斗在冬至过后变得激烈起来
它们要将积蓄一年的力量全部挥霍
才有可能争得一份交配权

同样进入发情期的母岩羊被迫离开群落
躲在陡峭的悬崖上逃避公岩羊无穷无尽的骚扰
但是公岩羊具有同样高超的攀爬能力
只要有立锥之地，就能稳步而上

岩羊混乱喧闹的交配仅仅持续一周左右便接近了尾声
它们还要躲避雪豹
保存体力度过祁连山苦寒的漫长冬季

到了冬末春初，觅食困难的岩羊体力严重下滑
杂技般的攀岩不复存在，那是这个物种最难熬的阶段

平缓的山野，一群藏原羚在追逐嬉闹
一只藏狐经过
藏原羚已经长大
藏狐没有可乘之机

它只有去别处寻觅食物

雪豹占据了高山悬崖和深沟大涧
在平坦地带，身材矮小的藏狐成了霸主

被鼠兔发觉，藏狐即宣布捕食失败
今天它的运气的确差了一些

低矮的枯草难以遮掩藏狐的身躯和散发出的气味
为它的捕食增加了难度
好在冬季即将过去
一切都会发生改变

暖风逐渐替代了寒风
春末夏初，祁连山正式进入绿意盎然的季节

藏狐在享受它难得的美味
它是爱干净的动物
对于美食
在这个季节
它有更多的选择

藏狐脱去了厚厚的毛发，身姿轻盈起来

它四处游荡，在搜寻猎物
它甚至尝试捕捉鸟雀，这对犬科动物是高难度的事

大自然给了藏狐最好的恩惠
这是它一年当中捕食最轻松的季节
藏狐不能忍受鼠兔对它的挑衅
挖掘鼠兔洞是它不常见的行为
今天这只藏狐的玩性不小
挣扎求生的鼠兔成了藏狐的玩具

它的两只即将成年的小藏狐食量越来越大
疲于为孩子们捕食的藏狐妈妈
只有在孩子们吃饱玩耍的时候
才有机会享受生活

藏狐妈妈在和贪吃的小藏狐争夺鼠兔
这是藏狐妈妈带给另外一只小藏狐的食物
鼠兔被撕成两半
小藏狐飞扑而来
要走了藏狐妈妈的半只
又从兄弟姐妹口中要走了另外半只
孩子们即将两岁，离开妈妈的时间不远了
不愿待在洞中的小藏狐四处闲逛

这只喜马拉雅旱獭并不喜欢藏狐的靠近
它的出现威胁到了喜马拉雅旱獭的两只宝宝
藏狐妈妈带着小藏狐来讨个公道

在三只藏狐的攻击下
强悍的喜马拉雅旱獭也只能败下阵来

在祁连山中

还生活着一种猛兽

它的威胁超过了珍稀的雪豹和矮小的藏狐
它们分布在祁连山的各个角落
它的存在是祁连山物种平衡的重要一环

一匹狼在享用它夜里偷袭得手的牦牛
它吃饱了，跑进了大山
两个小时后，带来了它的同伴

狼是最具团队精神的野生动物之一
因此具备了捕捉大型食草类动物的条件
但是它们的生活依旧艰辛

夏初的一场大雪，让出生不久的小狼好奇
但是寒冷、饥饿和疾病都是它们的敌人

大雪过后，两只小狼存活下来

母狼捕食归来，小狼急不可待

母狼艰难吐出藏在胃里的食物

和孩子们一起享用这份晚餐

狼爸爸回来了

它今天的捕食并不成功

没有给孩子们带来任何食物

喂饱小狼后，老狼又开始寻找新的猎物

吃饱的小狼对周围的一切都充满了好奇

一只路过的猪獾引起了小狼的注意

杂食者猪獾对小狼有生命威胁

但是此刻的猪獾对小狼毫无心思

它嗅到了危险的气息

母狼一直隐藏在四周

这是猪獾回家的必经之路，它必须突破母狼的防线

母狼对猪獾的闯入给予了警告

它并没有动杀伐的念头

毕竟，猪獾的攻击力并不弱

母狼回到小狼身边

照顾年幼的孩子

一刻也不能掉以轻心

到了秋季,小狼就可以跟着狼群一起活动了

甘南马鹿到了交配的季节

雄壮的公马鹿用奔跑向母鹿展示着强健的躯体

太阳落山之前,马鹿离开了

这里是危险区域,狼群的栖息地

狼隐藏在灌木丛中,整个白天,它们都在休息,积蓄体力

黄昏时分,天地间安静了下来

一匹孤狼闯入视野,它在召唤同伴

大约有20匹狼,这是一个庞大的狼群

它们的打闹嬉戏

直到夜幕完全降临才作罢

狼群没入黑暗

秋末,公白唇鹿积极准备着一场争斗,来争夺交配权

到处都是它们的战场

失败者被迫离群

冬季,雪上留下了白唇鹿的踪迹

两只狼随着气味寻觅而来

白唇鹿群被迫开始转移

有时候，这种转移要进行两百千米

受伤落单的白唇鹿成为狼的食物

这是野生动物之间直观的食物链关系

山地生态系统是祁连山国家公园的主体

面积达5万平方千米

地貌辽阔而复杂

水网密布、地形起伏剧烈

遍布群山沟壑的灌木丛、森林

甚至裸露的山石都是野生动物天然的栖息地

独特的地理环境下

众多的野生动物形成了完整的食物链

祁连山因此吸引着全球动物学家的目光

巨大的公牛承担着放哨的任务

狼群紧随而来

野牛群再一次开始大规模地转移

这是祁连山脉体型最大的物种

游荡在海拔最高的地区

俯视群山

祁连山野生动物的生与死

一幕幕上演，生生不息

祁连山国家公园野生动物隐藏的秘密

期待人类进一步探知

-13-
野生动物摄影师

野生动物摄影师是一个充满神秘感和吸引力的职业，同时也充满了挑战和艰辛。这个职业在国内从事的人是比较少的，国内完全以野生动物纪录片拍摄为生的人不超过50名，甚至更少，这是个让人尴尬的数字。主要原因是国内市场还没有完全形成；国际市场上，中国的拍摄和制作力量相对薄弱，国内的野生动物纪录片作品能进入国际舞台的少之又少。

纪录片有很多的分类，野生动物无疑是其中最艰辛的，并且需要长期的积累。时光如梭，我们从2009年进入罗布荒原拍摄野骆驼开始，拍摄野生动物已经过去了十四个年头。中间屡次断粮，面临各种困境，却从来没有质疑过对这条道路的选择。

曾经有七八名团队成员离开了祖厉河传媒，离开的原因大都是因为太辛苦——但是我认为，要做成任何一件事，恐怕吃苦是最简单的

条件，还有很多很多的事即使再多的辛苦也无济于事。我有幸选择了野生动物纪录片创作这项工作，是我喜爱的，也符合我内心野马般驰骋的性格；让人欣慰的是，只要全力付出，就能有所收获——还能有什么职业能和这个职业相媲美？

感谢我们的团队——兰州祖厉河文化传媒有限公司的所有同事，现在的荣誉正是大家多年坚持和努力的结果。

十年的调查记者，让我学会了去观察，学会了将一件事给别人讲清楚，同时也明白到什么时候才是一个阶段的结束。但是从调查记者的经历来说，社会现实类才应该是最适合我的，也是我最熟悉的领域。

我在疫情封控的一个月中，顺利粗剪完三集《寻找雪豹》第二部，这部纪录片是纯粹的社会现实类，故事的张力游刃有余。而纪录片《祁连山国家公园》我剪了两年多，剪辑的痛苦，不断去学习和实践的过程，让我至今记忆犹新，所幸坚持了下来，得到了专业提升。

我曾在我的微信公众号上宣称，纪录片《祁连山国家公园》让我们团队完全迈入了国际野生动物类纪录片的门槛。2021年4月29日，在纪录片《祁连山国家公园》播出前5个月，我们在韩国广播公司（KBS）播出了《THE LAST WILD LIFE》，这部纪录片是我们祖厉河传媒和韩方、塔吉克斯坦外交部合作的。最后的成片，我们中国的部分占了70%以上，赢得了韩国文化产业振兴院（KOCCA）和播出方韩国广播公司（KBS）的肯定。因此，我们韩方的伙伴顺利拿下2022年和2023年的项目。

祖厉河传媒和美国国家地理、英国BBC自然类摄制组进行了多次接触，也是有一点期待能和国际顶级同行合作，且提升我们的水准。祖厉河传媒的纪录片，更大一点，甚至说祖厉河传媒的纪录片所附加的文化输出要走向世界，一定要了解国际通行的语言方式，其次就是按照纪录片的规则，制作出扎实的作品。任何取巧和虚假都是对作品的伤害，也是作者人生的败笔。

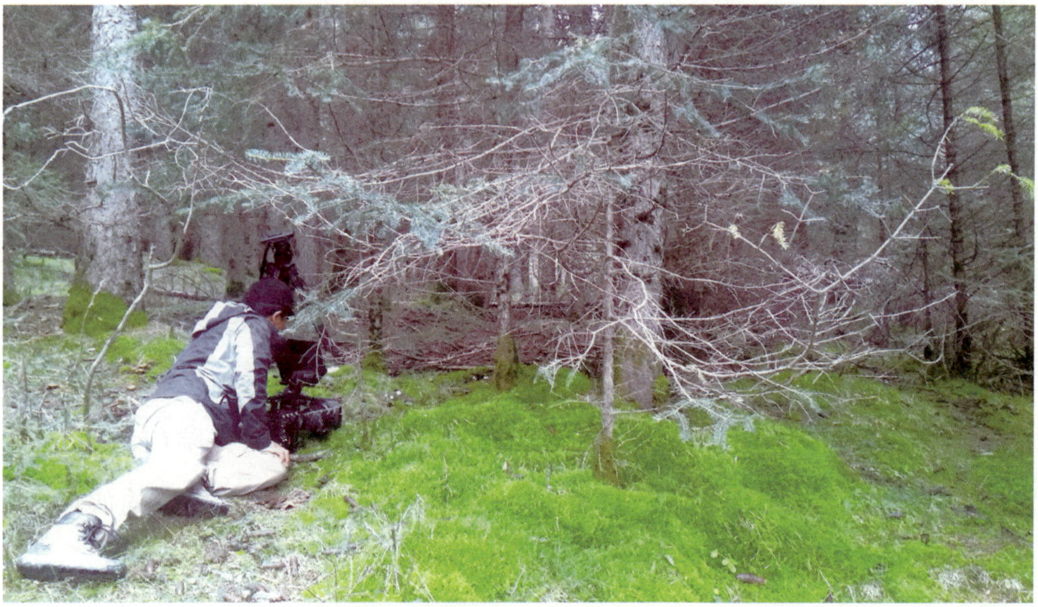

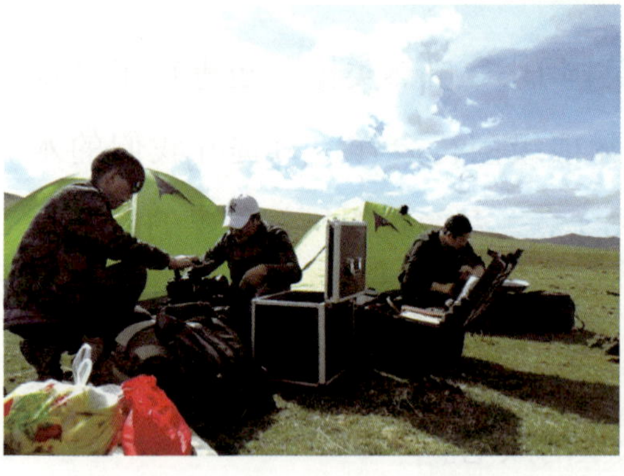

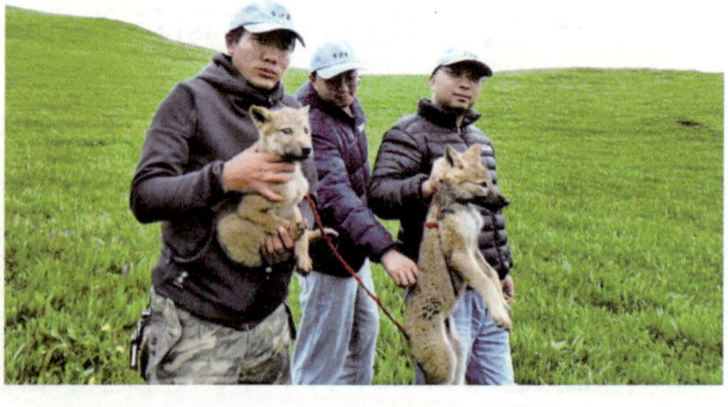

我们玩不了技术和科技，在这两个方面我们都是弱项，但是能用扎实的作品唤起时代的关注，留下在这个时代的一点印记，这恐怕也是纪录片人最终的价值所在。

资金和设备的限制可以用多倍的努力去替代。比如我们能和野生岩羊近到伸手去摸；能和旱獭一起吃干粮，它一口我一口地喝矿泉水；能在干吃方便面的时候，乌鸦落在你的肩上等你喂食……只有和自然融为一体，才有可能得到自然界的认可。

做一个纯粹的纪录片人，是我们祖厉河传媒所有人努力的方向。虽然现实是一块坚硬的石头，但是那又能如何，只会更加催促我们向着更高的专业化山巅迈进。

我们的努力同样得到央视纪录频道的肯定，祖厉河传媒从 2011 年央视纪录频道成立，就是其供片机构。最早期的作品《向往鹰的飞翔》至今还在经典纪录片库中。最近播出的《寻找雪豹》第一部两集更是央视纪录频道的重大项目，《寻找雪豹》第二部三集已经交付验收。相对于第一部，第二部更加激烈，故事性也更强，更加符合纪录片的特征。而《寻找雪豹》的第三部已经在拍摄中，相比之前的两部，制作会更加精良。

写这本书的过程中，我重新梳理了一遍在祁连山的那些日子，不禁有些感慨：从 2013 年到 2022 年，十个年头中，逐渐熟悉了每一条沟壑，每一座山梁；也清楚在什么时间，在什么地方能见到什么动物。

记得2016年的那个夏日，阳光从头顶近在咫尺的乌云中四射而下，金黄色的光斜射在整个天际，我拿了一把凳子坐在野牛沟保护站，呆呆望着白墙一般的亚麻图，那一面扇形的矗立的山，两只小狼支支吾吾说着什么……一直坐到太阳落山，暗青色的天空将漫天星洒满，云朵消失，斗转星移，一阵凉风吹拂。那天晚上我没有关门，就躺在床上睡着了。

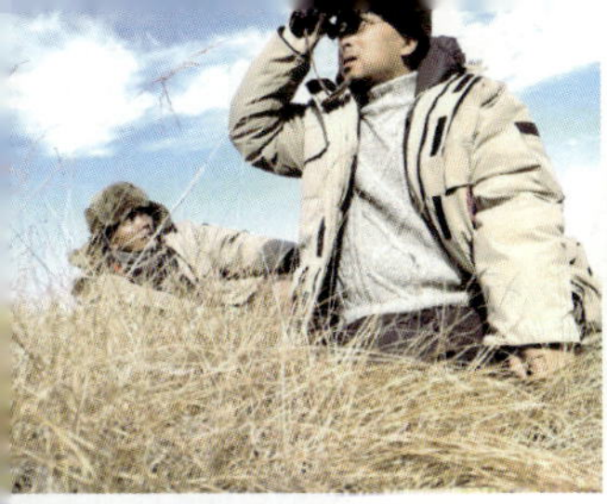
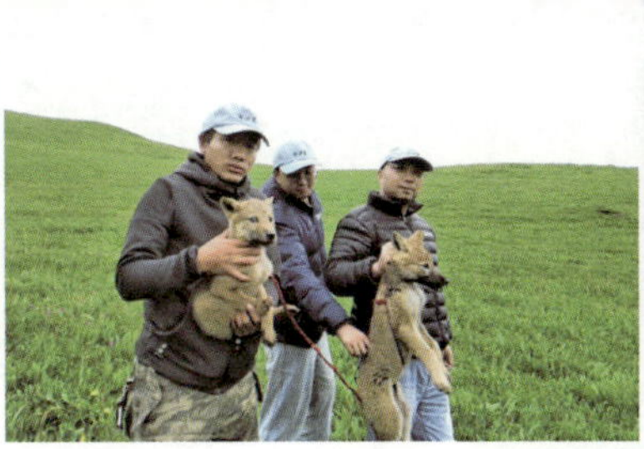
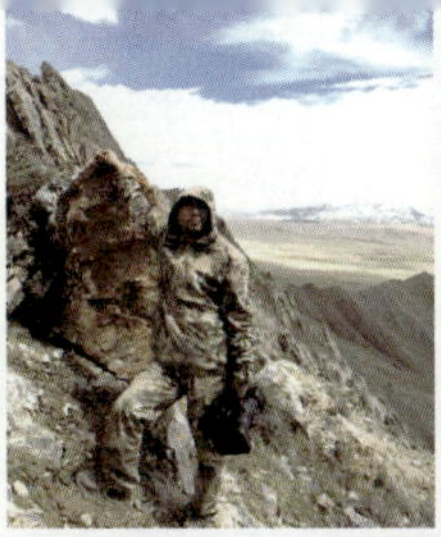
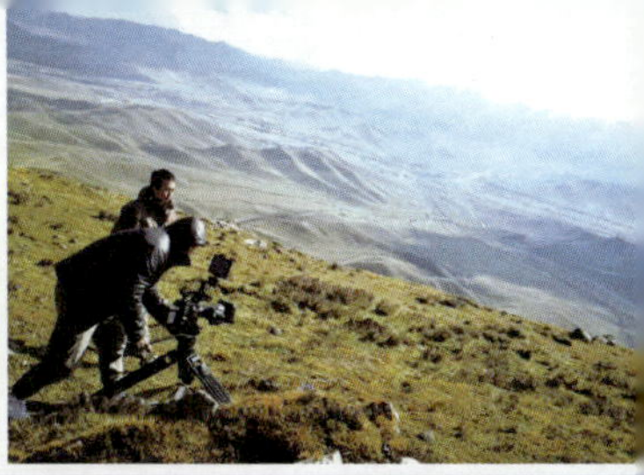
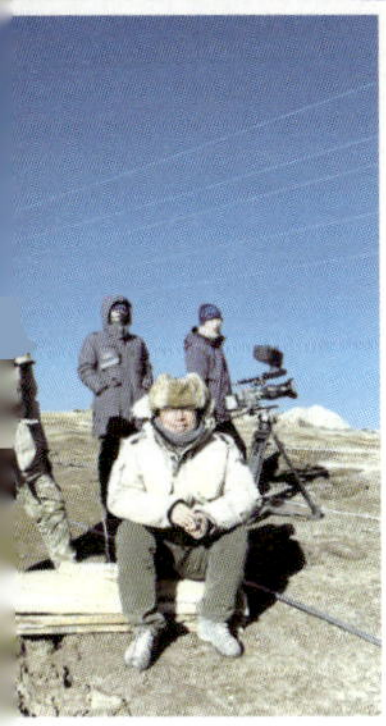
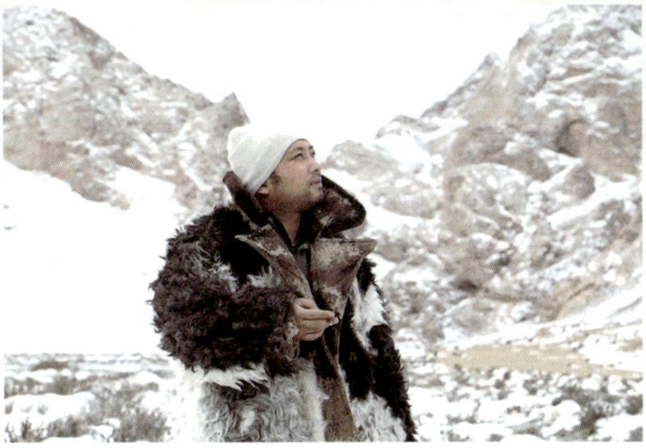
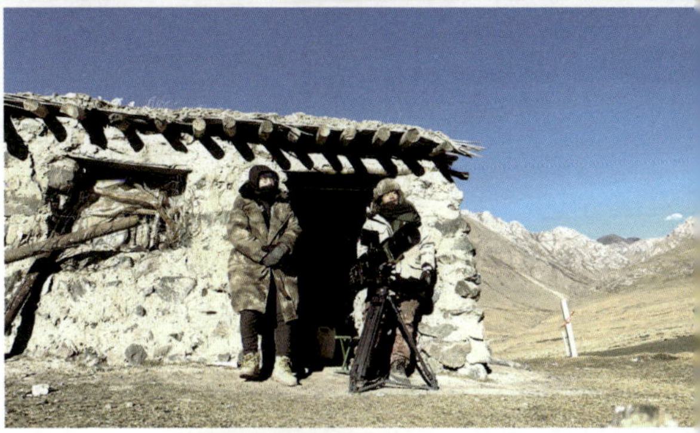
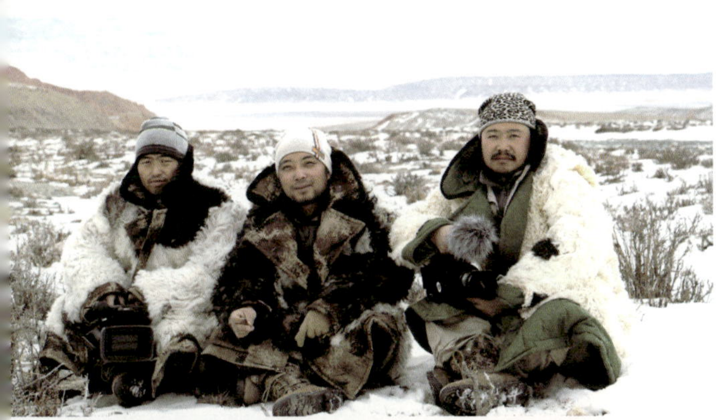
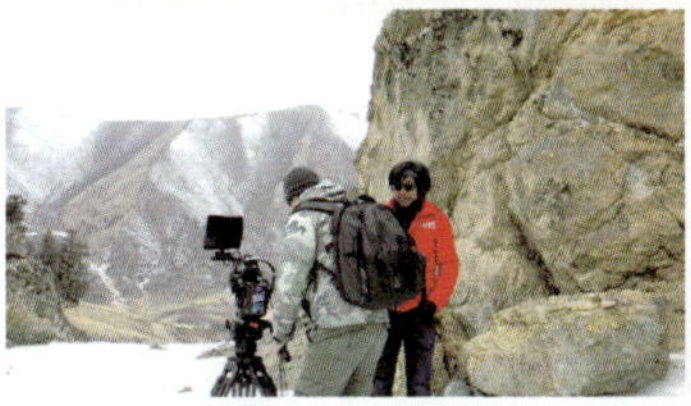
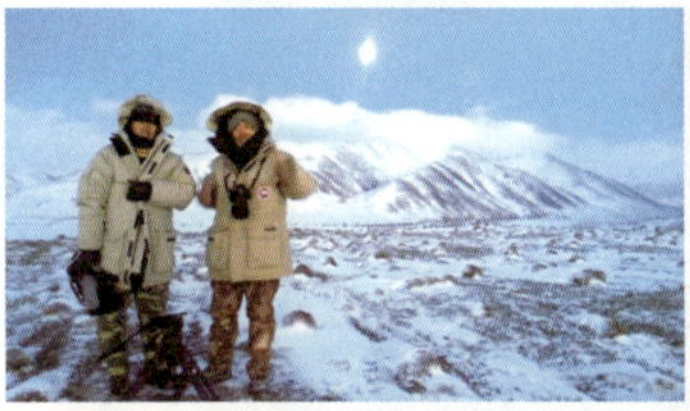
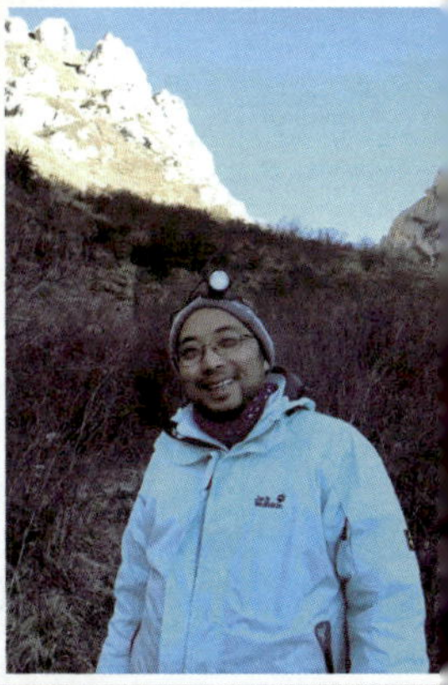
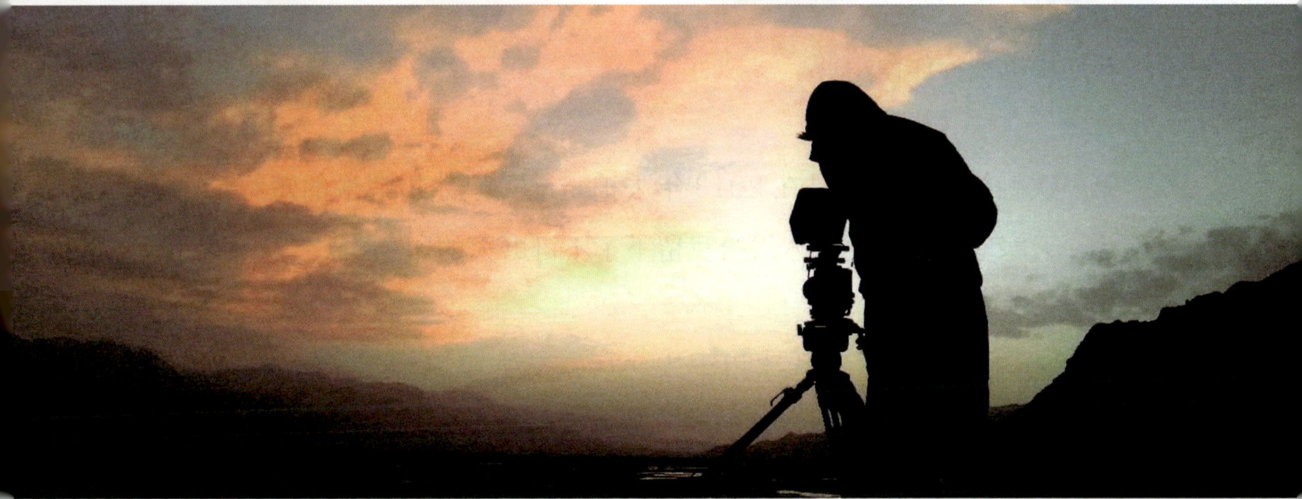
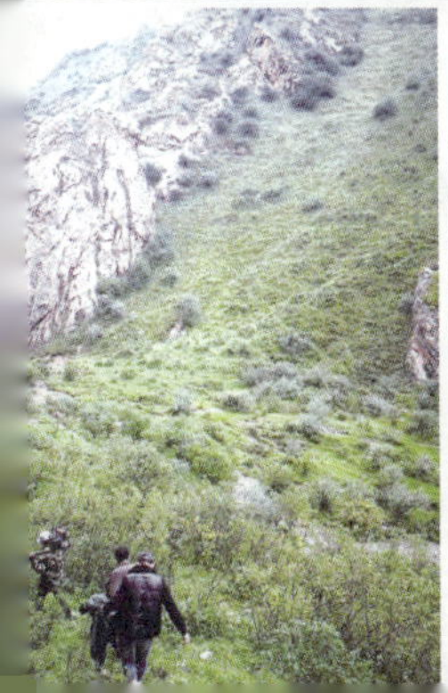
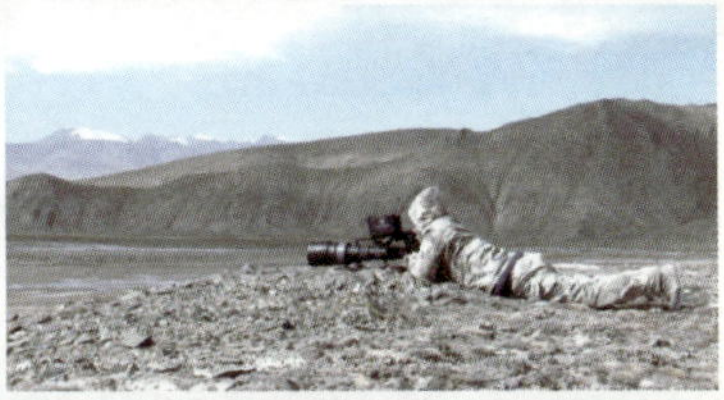
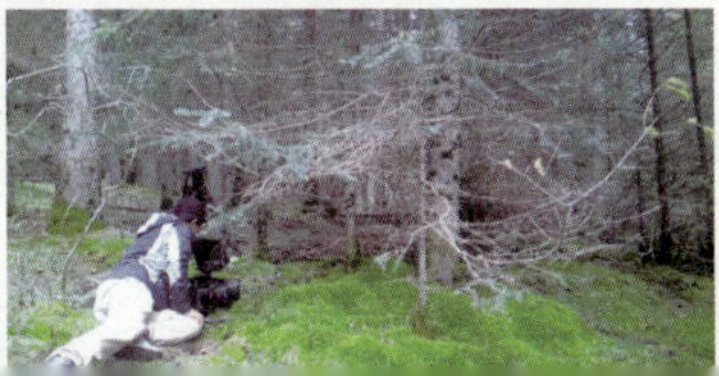
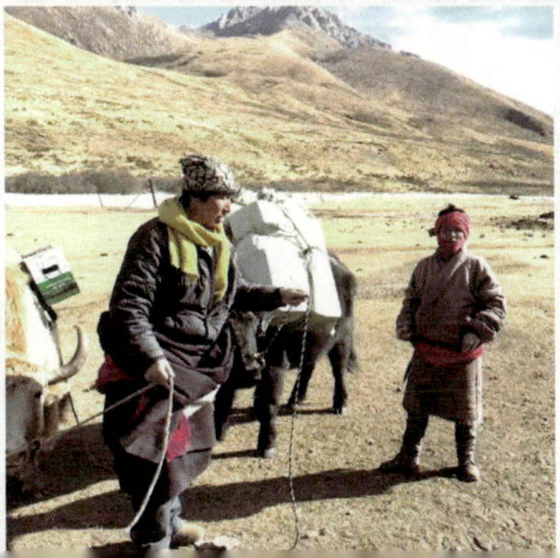
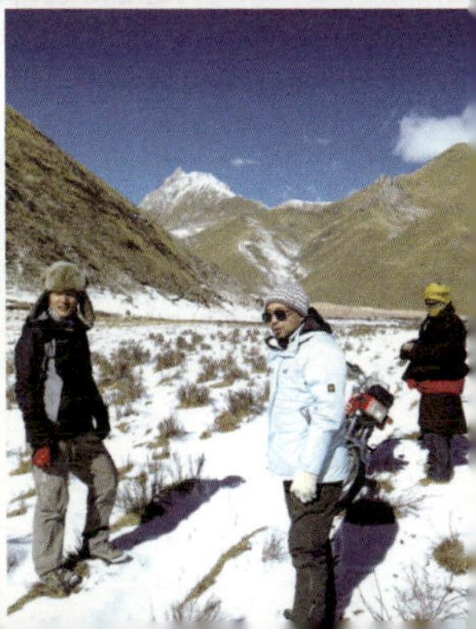

后记

饮马南山
——纪录片《祁连山国家公园》

侠客饮马南山,是我向往已久的生活方式。

祁连山也被称作南山。

第一次触摸祁连山,是在2013年去拍一部关于冰川消融的短纪录片,天寒地冻的老虎沟冰川给我留下了不可磨灭的印象。

2013年10月23日,从冰川下来之后,又去了已经沉寂的湿地。枯草掩映中,只剩下两只黑颈鹤,很谨慎,扇扇翅膀离开了。它们是湿地最后的停留者,很快就南飞过冬了。

在盐池湾保护站站长达布希力特的向导下,我们从海拔3300米的湿地驱车去了4700米的更高处。风要撕破人脸，野牦牛也躲在了高山的凹处避风，我拖着沉重的双腿走在队伍最后面，但是内心深处，却无比兴奋——一个野生动物王国与我不再遥远。

前面的人已经翻过了山，四周目力所及，只有我一个人，耳旁除了风声就是我的喘息声。我还想着他们告诉我的一个消息：盐池湾一条沟里布置的红外线，拍到了几张雪豹的照片。

2013年，雪豹这个物种默默无闻，极少有人去关注，和今天不一样，现在是个大明星。

这个消息让我震惊：根据当时国外野生动物专家的推断，中国的雪豹已经灭绝了。祁连山北部的盐池湾拍到了雪豹的照片，这是不是给了我一个机会：把雪豹拍成纪录片，向世界展示中国的野生动物之美，同时也实现我个人的人生价值。

当时的我刚离开广东的报社不久，在国内一线的媒体当了十年的调查记者，对接下来的人生规划还处于摸索状态，依旧想着找一个机会撇开碌碌无为，能够做一点自己喜欢的事。

曾经有一段时间，国外野生动物摄影师将能否成功拍到一次野外雪豹当作世界顶级野生动物摄影师的标准之一。雪豹纪录片，可想而知绝不是想象中的那么简单。掐指数来，我和团队拍摄雪豹已经过去了整整十个年头。这十年的时间已经证实，它比我们最艰难的预计还要艰难。面对雪豹，国外的野生动物纪录片同行同样也在苦苦寻求突破的机会。有时候我们聊聊，还是一个字——难。

也正因为难，才是我们的机会，我一直这么认为。

2014年初，我们（兰州祖厉河文化传媒有限公司）正式开始了漫长的高原野生动物拍摄旅程。一直到今天，这个旅程仍在持续中。也许，会持续到2040年，如果可以的话。

2017年，受国家林业和草原局的委托，制作《祁连山以雪豹为主的野生动物多样性汇报片》。当时的祁连山国家公园还叫作"祁连山雪豹国家公园"，后来才改了名字。这也是祁连山国家公园前期项目之一，也是我们为祁连山所做的第一个成片。

2018年，受中共甘肃省委宣传部的委托，制作纪录片《祁连山国家公园》第一、二集。这部纪录片是我们之前八年素材的集合展现。2021年9月29日、30日，该纪录片在央视纪录频道播出。可以用好评如潮来形容播出后的反馈。

祁连山在中国漫长的历史中拥有重要的地位，这一点毋庸置疑。如今，随着国家的发展，更赋予了祁连山"一带一路"生态屏障的重任。实际上，祁连山还是世界野生动物多样性最典型地区之一。野野生动物是山水的精灵，生态环境的灵魂。只有生态环境向好，祁连山才是野生动物永远的乐园。

本人才疏词拙，斗胆成文，望读者海涵。

王鹏于甘肃兰州

2022 年 4 月 21 日